高职高专电子信息类“十二五”规划教材

电路仿真与PCB设计

主　编　劳文薇

副主编　邢云凤

西安电子科技大学出版社

内 容 简 介

PSpice(Simulation Program with Integrated Circuit Emphasis)是公认的通用电路仿真程序中最优秀的软件平台之一。PSpice 不仅可以对模拟电子电路进行支流分析、瞬态分析及交流分析等，还可以对数字电路和数模混合电路进行分析。

本书分为两部分，第一部分介绍电路仿真设计，主要介绍了利用 PSpice 软件进行电路仿真的方法，举例说明了基本单元电路的设计与仿真方法；第二部分主要介绍基于 PCB 的电路设计，其中以 Protel 99SE 为设计工具，以单片机开发板电路原理图设计和 PCB 设计为项目。全书以培养学生具备一般电路设计及仿真和 PCB 设计的能力为宗旨。

本书面向工学结合的教改，突出职业能力培养，兼顾职业证书考试，可作为高等职业院校工科电类相关专业的教材，也可供相关职业培训和工程技术人员使用。

图书在版编目(CIP)数据

电路仿真与 PCB 设计 / 劳文薇主编. —西安：西安电子科技大学出版社，2012. 6

高职高专电子信息类“十二五”规划教材

ISBN 978-7-5606-2765-6

Ⅰ. ①电…　Ⅱ. ①劳…　Ⅲ. ①电子电路—计算机仿真—应用软件，Protel 99SE—高等职业教育—教材　Ⅳ. ①TN702

中国版本图书馆 CIP 数据核字(2012)第 035096 号

策　　划　张　媛

责任编辑　张　媛　张　瑜

出版发行　西安电子科技大学出版社(西安市太白南路 2 号)

电　　话　(029)88242885　88201467　　邮　　编　710071

网　　址　www.xduph.com　　电子邮箱　xdupfxb001@163.com

经　　销　新华书店

印刷单位　西安文化彩印厂

版　　次　2012 年 6 月第 1 版　2012 年 6 月第 1 次印刷

开　　本　787 毫米×1092 毫米　1/16　印张　13.5

字　　数　312 千字

印　　数　1～3000 册

定　　价　21.00 元

ISBN 978-7-5606-2765-6/TN・0646

XDUP 3057001-1

＊＊＊ 如有印装问题可调换 ＊＊＊

前　言

EDA(Electronic Design Automation，电子设计自动化)技术是现代电子工程领域的一门实用新技术，它提供了基于计算机的电路设计方法。EDA 技术的发展和推广极大地推动了电子产业的发展，掌握 EDA 技术是电子工程师就业的基本条件之一。

电路仿真和 PCB 设计是 EDA 技术的重要内容，也是工程实践中应用最多的技术之一。本书依托目前使用较多的 PSpice 及 Protel 软件平台，介绍了电路仿真的方法，举例说明了基本电路单元的设计与仿真，并以单片机开发板电路设计及 PCB 设计作为背景介绍 Protel 99SE 的应用方法。这样安排的目的在于使读者在学习了本书内容之后，能够具备一般电路设计、仿真及相应的 PCB 设计的能力。

PSpice(Simulation Program with Integrated Circuit Emphasis)是美国 MicroSim 公司于 20 世纪 80 年代开发的电路模拟分析软件。高版本的 PSpice 不仅可以对模拟电子电路进行支流分析、瞬态分析及交流分析等，还可以对数字电路和数模混合电路进行分析。目前，该软件被公认为通用电路仿真程序中最优秀的软件平台之一。

Protel 软件是实现基于 PCB 设计的一个杰出工具。Protel 软件在国内流行最早、应用面最宽，是具有强大功能的电子设计 CAD 软件，一向以其高度集成性和扩展性著称于世。Protel 设计系统是由澳大利亚 Altium 公司推出的世界上第一套将 EDA 环境引入 Windows 操作系统下的 EDA 电路集成设计系统，Altium 公司 1999 年正式推出了 Protel 99 版，在进入 21 世纪之前又将 Protel 99 版改进为 Protel 99SE 版。Protel 具有电路原理图(Schematic)设计、印刷电路板(PCB)设计、可编程逻辑器件(PLD)设计和电路仿真(Simulate)模块功能，是电子工程师进行电子设计广泛使用的工具之一。

本书内容共分 12 章，包括：第 1 章电路设计仿真概述，第 2 章 PSpice 电路基本仿真，第 3 章 Pspice 软件的实际应用，第 4 章 Protel 99SE 简介，第 5 章电路原理图的设计与编辑，第 6 章电路原理图电检查、报表的生成及输出，第 7 章原理图库操作，第 8 章印刷电路板图设计基础，第 9 章 PCB 设计与布局，第 10 章 PCB 设计与布线，第 11 章 PCB 设计的后续处理，第 12 章元件封装编辑。

本书编写注重面向工学结合的教改，突出职业能力培养，各高校教师在授课时也可以根据本校特点，按编者下面建议的顺序进行讲解。第 1～3 章讲解模拟单元电路设计与仿真，第 7 章讲解单片机开发板电路原理图元件的设计与制作，第 4～6 章讲解单片机开发板电路原理图设计与制作，第 12 章讲解单片机开发板电路元件封装的设计与制作，第 8～9 章讲解单片机开发板电路的 PCB 设计与布局，第 10～11 章讲解单片机开发板电路的 PCB 设计与布线。

本书由具有多年 EDA 教学及教改经验的教师编写，共分 12 个章节。其中劳文薇老师负责第 1～3、8～12 章的编写，邢云凤老师负责第 4～7 章的编写。本书的所有习题均结合具体实践编写，具有系统性及递进性。

由于编者水平有限，书中不妥之处在所难免，恳请广大读者批评指正。

编者

2011 年 5 月

目录

第1章 电路设计仿真概述

在本章中，对 PSpice 电路设计仿真进行简单的介绍，在后续章节中将逐步介绍它的神奇功能。

本章主要内容包括：

- PSpice 的发展
- PSpice 的优越性
- PSpice 的基本组成及主要功能

1.1　绪　论

在众多的 EDA 工具中，PSpice 是当前使用最广泛的电路级仿真工具软件。PSpice 最初是专门用来进行模拟电路仿真的，现在高版本的 PSpice 软件也可以对数字电路进行仿真，这使得 PSpice 的应用范围更加广泛。对一个电路设计工作者来说，熟练地使用 PSpice 来进行电路的分析和设计是必不可少的专业技能之一。PSpice 是以 Spice(Simulation Program with IC Emphasis)为核心发展起来的，由美国加利福尼亚大学伯克利分校电工和计算机科学系开发，主要用于集成电路的电路程序分析。

1.1.1　PSpice 的发展过程

1. Spice 通用电路分析程序

Spice 的发展已走过 40 多年的历程。美国加利福尼亚大学伯克利分校(D.c. Berkeley)于 20 世纪 60 年代末开发了 CANCER 电路分析程序，并在此基础上，于 1972 年推出了 Spice 程序。1975 年推出了升级版的 Spice2，随后又相继推出了 Spice2G，Spice3A，…，Spice3G。Spice 源程序是开放的，能够迅速地进行扩展和改进，使得它的电路分析功能不断扩充，算法不断完善，元器件模型不断增加和更新，分析精度和运行时间也得到有效的改善，因而成为工业和科研领域电路模拟的标准工具之一。

Spice 程序具有面板、示波器等整个电子实验室的功能，可对复杂的电路与系统进行分析，这主要是由于 Spice 程序含有高精度元器件模型。获取准确的器件模型参数对于电路分析和设计人员来说是非常重要的。Spice 程序具有庞大的器件库，其中包括无源器件模型，如电阻、电容、电感、传输线等；半导体器件模型，如二极管、双极型晶体管、结型场效应管(JFET)、MOS场效应管(MOSFET)等；各种电源，包括线性和非线性的受控源，如独立电压源、电流源，受控电压源、电流源等；模/数(A/D)、数/模(D/A)转换接口电路以及数字电路器件库。应用Spice程序，可以建立许多宏模型电路，这使得运算放大器、电压比较器等电路功能的模拟成为可能。

应用Spice程序还可以进行多种电路分析，这些分析包括：非线性直流分析(DC)，计算电路的直流工作点；线性小信号分析(AC)，分析电路的频率响应；瞬态分析(TRAN)，确定电路的时域响应；小信号电路直流传输特性分析(TF)；直流小信号灵敏度分析(SENS)；畸变分析(伴随交流分析)；噪声分析(NOISE，伴随交流分析)，计算特定输出和输入节点的等效输出、输入噪声；输出变量的傅里叶分析(FOUR)(与瞬态分析同时完成)；温度分析(TEMP)；数字电路分析，包括电路的逻辑运算和延迟时间的计算、D/A转换电路的分析。

2. DOS版PSpice

DOS版PSpice 软件包具有通用、高效和多功能特点，它适用面广，可仿真模拟、数字、接口等全部通用电路，同时具有电子工程设计的全部分析功能。另外，PSpiee 极具特色的探测器(PROBE)功能，提供了全功能、全频段的测试仪器平台，其主要功能如下：

(1) 直流分析：可实现工作点分析(OP)、扫描分析(DC)、小信号灵敏度分析(ENS)、转移函数计算等。

(2) 频域分析：可实现频响分析及噪声分析。

(3) 时域分析：可实现瞬态分析、频谱分析、失真度分析和快速傅里叶变换(FFT)。

(4) 器件容差统计分析：包括蒙特卡罗分析(MC)、灵敏度分析和最坏情况分析(WCASE)。

(5) 温度扫描分析。

(6) 激励波形编辑修改功能。

(7) 器件模型参数建库和修改功能。

DOS版的PSpice由以下3个部分组成：

(1) 电路输入文件编辑器Edit。将需要分析的电路按电路描述语言和规则进行输入、编辑，加入控制指令，生成扩展名为“.dl”的文件。有语法错误时，编辑器会有错误信息提示。

(2) 电路分析程序PSpice。PSpice可将电路输入文件filename.eir按分析指令进行相应分析，生成filename.dat数据文件和filename. out输出文件。filename.dat和filename. out文件可直接进行打印。

(3) 曲线显示处理器Probe程序。Probe程序可以显示filename.dat数据文件记录的输入输出曲线，可以以各种比例的线性坐标、对数坐标等方式显示。

DOS版的PSpice还包括电源波形编辑产生器，可编辑、显示各种输入激励源波形；模型组件库产生器Parts，可以进行模型参数提取，建立新组件库。控制程序CS (Control Shell)将以上PSpice各种功能和各组成部分以窗口形式组合起来，产生一个良好的人机交互界面，便于用户进行操作。

3. Windows版PSpice

Windows版PSpice与DOS版PSpice的区别，主要在于用户作业文件的输入方式。DOS版的用户作业文件只有一种文本方式，它需要用户编写待分析电路系统的PSpice源程序。

而 Windows 版不仅可接收作业源程序，而且还可以以作业电路原理图方式输入。这样对于习惯画电路图的工程技术人员来说就比较方便、直观。随着 PSpice 版本的更新，PSpice 8.0 软件的功能和库文件比以前增加了许多，用户可以利用现有的库资源分析电路与系统，应用范围比以前大大扩展。

随着版本的升级，PSpice 的功能不断完善。Microsim 公司被 EDA 领域最负盛名的公司 OrCAD 并购后， PSpice 程序更名为 OrCAD PSpice A/D，版本升级至 V9。主要包括 Schematics、PSpice、Probe、Stmed (Stimulus Editor)、Model Editor (Parts)等 5 个软件包及其他的一些辅助工具。

1.1.2 PSpice 仿真软件的优越性

PSpice 软件具有强大的电路图绘制、电路模拟仿真、图形后处理和元器件符号制作等功能。PSpice 以图形方式输入，自动进行电路检查，生成图表，模拟和计算电路。它的用途非常广泛，不仅可以用于电路分析和优化设计，还可用于电子线路、电路和信号与系统等课程的计算机辅助教学。与印制版设计软件配合使用，还可实现电子设计自动化。PSpice 被公认为是通用电路模拟程序中最优秀的软件，具有广阔的应用前景。这些特点使得 PSpice 受到广大电子设计工作者、科研人员和高校师生的青睐。

电路设计软件有很多，它们各有特色。如 Protel 和 Tango，它们对单层/双层电路板的原理图及 PCB 图的开发设计很适合，而对于布线复杂、元件较多的四层及六层电路板来说 OrCAD 更有优势。但在电路系统仿真方面，PSpice 可以说是其他软件无法比拟的，它是一个多功能的电路模拟试验平台。PSpice 软件由于收敛性好，适于做系统及电路级仿真，具有快速、准确的仿真能力。

PSpice 具有以下特点：

(1) 图形界面友好，易学易用，操作简单。从 DOS 版的 PSpice 到 Windows 版的 PSpice，该软件由原来单一的文本输入方式升级为原理图输入方式，使电路设计更加直观形象。PSpice 6.0 以上版本全部采用菜单式结构，只要熟悉 Windows 操作系统就很容易掌握，利用鼠标和热键一起操作，既提高了工作效率，又缩短了设计周期。即使没有参考书，用户只要具备一定的英语基础就可以通过实际操作很快掌握该软件。

(2) 实用性强，仿真效果好。在 PSpice 中，对元件参数的修改很容易，它只需存一次盘、创建一次连接表，就可以实现一个复杂电路的仿真。如果用 Protel 等软件进行参数修改仿真，则过程十分繁琐。在改变一个参数时，哪怕是一个电阻阻值的大小都需要重新建立网络表的连接，设置其他参数更为复杂。

(3) 功能强大，集成度高。在 PSpice 内集成了许多仿真功能，如直流分析、交流分析、噪声分析、温度分析等，用户只需在所要观察的节点放置电压(电流)探针，就可以在仿真结果图中观察到其“电压(或电流)-时间图”。而且该软件还集成了诸多数学运算功能，不仅为用户提供了加、减、乘、除等基本的数学运算，还提供了正弦、余弦、绝对值、对数、指数等基本的函数运算，这些都是其他软件所无法比拟的。

另外，用户还可以对仿真结果窗口进行编辑，如添加窗口、修改坐标、叠加图形等。PSpice 还具有保存和打印图形的功能，这些功能给用户提供了制作所需图形的快捷、简便的方法。Windows版的PSpice更优于DOS版的PSpice，它不但可以使用原理图输入方式，而且也可以使用文本输入方式，是广大电子电路设计者的好帮手。

1.2 PSpice的基本组成及主要功能

PSpice 实际上是个软件包，整个分析过程通过软件包中的各个软件协调完成。下面介绍PSpice 8.0版本的各个组成部分及主要功能。

1.2.1 PSpice的基本组成

(1) 设计管理器Design Manager。Design Manager可帮助管理设计文件，它有强大的文件管理能力，可以将一个设计中所有的输入输出文件以及电路图等文件当作一个整体进行处理，并能观察它们的结构。

(2) 电路图输入程序 Schematics。 PSpice 的输入形式一般有电路原理图和网单文件两种。采用电路原理图的形式输入比较简单、直观。在PSpice的电路元器件符号库中除了必需有的电阻、电容、电感、晶体管等基本元器件外，还有运算放大器等宏模型符号，以及数字电路中的寄存器、门电路等。用户在设计中，可以避开输入麻烦的电路描述语句，而只需非常直观地用电路图编辑器进行电路图的编辑。编辑成功后，可以利用电路原理图编译器把电路图转化成电路网单文件，并标上节点号，提供给仿真工具进行模拟，这样对于习惯画图的工程技术人员来说比较方便、直观。

(3) 输出结果绘图程序Probe。Probe是PSpice 8.0的输出图形后处理软件包。它接收仿真程序输出的绘图文件(*.dat)，在屏幕上绘出波形曲线供仿真人员分析电路性能，并可输出到打印机上。

(4) 电路仿真程序PSpice A/D。电路仿真工具是PSpice 8.0的核心部分，它包括以下功能：直流工作点的分析、直流转移特性分析、传输函数的计算、交流小信号分析、交流小信号的噪声分析、瞬态分析、傅里叶分析、直流灵敏度分析、温度分析、最坏情况分析和蒙特卡罗统计分析等，同时它还能够对数模混合电路进行仿真。在使用过程中，它接受网单文件的输入，并列方程进行计算求解，最后输出结果。仿真的结果一般由图形文件(*.dat)和数据文件(*.out)两部分组成。

(5) 激励源编辑程序Stimulus Editor。PSpice 8.0中的信号源种类较多，尤其是瞬态分析的信号源，包括正弦源、脉冲源、指数源、分段线性源、单频调频源等。为了方便用户设定这些信号源，PSpice 8.0用激励源编辑程序帮助用户快速地建立输入信号源波形。

(6) 模型参数提取程序Parts。在实际电路设计中需要的元器件多种多样，而模型参数库中的模型是有限的。针对这一问题，PSpice 给出了一个从元器件特性中直接提取参数模型的软件包Parts。Parts是一个优化提取的程序，可根据用户给出的元器件特性或参数初值用曲线拟合等优化算法，得到参数的最优解，进而有了元器件的模型，然后将该模型放入库中，就可以利用该模型进行仿真了。同时，PSpice 8.0 还允许用户对已有的模型参数进行修改。

(7) 电路设计优化程序Optimizer。PSpice所提供的优化工具Optimizer用于针对已经具有大致基本功能的电路进行优化。Optimizer 将调整电路中某些参数的值，观察参数的微弱变化对电路性能的影响，然后再次调整参数，直到达到要求为止。当对电路的性能要求较多时，需要调整的参数就多，这时 Optimizer 就会体现出它的强大功能。

(8) 文本编辑器 Text Edit。文本编辑器可以对输入文件进行编辑，也可以浏览输出的网单文件等。

以上各个组成部分分工合作，协助设计者完成电路的设计过程。一般电路的设计过程是用电路图编辑器 Schematics 将要仿真的电路按照一定的规则组成电路图，转化成网单文件，或通过文本编辑器运用电路描述语句对电路进行描述得到电路的网单文件；然后调用 PSpice A/D 工具对网单文件进行处理，得到电路的输出文件；再通过 Probe 程序根据输出文件用图形、曲线等形式表示电路的特性，或通过文本编辑器输出网单文件，并通过该网单文件给出该电路的各项指标特性等。

1.2.2　PSpice 的主要功能

PSpice 8.0 程序的主要功能有非线性直流分析、非线性暂态分析、线性小信号交流分析、灵敏度分析和统计分析。

1. 直流分析

非线性直流分析功能简称直流分析。它是计算直流电压源或直流电流源作用于电路时电路的工作状态的。对电路进行的直流分析主要包括直流工作点分析、直流扫描分析和转移函数分析。

直流工作点是电路正常工作的基础。通过对电路进行直流工作点的分析，可以知道电路中各元件的电压和电流，从而知道电路是否正常工作以及工作的状态。一般在对电路进行仿真的过程中，首先要对电路的静态工作点进行分析和计算。

直流扫描分析主要是将电路中的直流电源、工作温度、元件参数作为扫描变量，对这些参量以特定的规律进行扫描，从而获取这些参量变化对电路各种性能参数的影响。直流扫描分析主要是为了获得直流大信号暂态特性。

与直流扫描分析相类似的还有温度分析。在这种分析过程中，将电路的温度作为扫描变量进行分析。因为电路的主要器件的特性都是与温度有关的，所以这就为分析电路在环境变化时的工作情况提供了一种非常有用的工具。特别重要的是，通过这种分析，我们可以预测电路在某些特殊环境，如极端温度条件、极端电源电压条件或元件开路短路条件下的工作情况，从而在进行电路设计时采取必要的预防措施。

2. 暂态分析

非线性暂态分析简称为暂态分析。暂态分析计算电路中电压和电流随时间的变化，即进行电路的时域分析。时域分析是指分析在某一函数激励下电路的时域响应特性。通过时域分析，设计者可以清楚地了解到电路中各点的电压和电流波形以及它们的相位关系，从而知道电路在交流信号作用下的工作状况，检查它们是否满足电路设计的要求。

3. 交流分析

线性小信号交流分析简称为交流分析。它是 PSpice 程序的主要分析功能。它能在交流小信号的条件下，选择合适的线性模型将电路的非线性元件在其直流工作点附近线性化，然后在用户指定的范围内输入一个扫频信号，并计算出电路的幅频特性、相频特性、输入电阻、输出电阻等。这种分析等效于电路的正弦稳态分析即频域分析。频域分析用于分析电路的频域响应即频率响应特性。这种分析主要用于分析电路的幅频特性和相频特性。小信号转移特性分析主要分析在小信号输入的情况下电路的各种转移函数，通常分析的是电路的电压放大倍数。

噪声分析是电路设计的重要内容之一。在模拟电路中，无源器件和有源器件均会产生噪声，主要包括电阻产生的热噪声，半导体器件产生的散粒噪声和闪烁噪声。在噪声分析时，将元件的噪声等效为对一个输入信号进行的交流分析。通过噪声分析可以计算出各器件在某一输出节点产生的总噪声以及某一输入节点的等效输入噪声，从而可以分析一个电路产生噪声的主要来源，采取一定的电路设计措施来减小噪声的影响。

4. 灵敏度分析

灵敏度分析包括直流灵敏度分析和蒙特卡罗分析两种。直流灵敏度分析也称为灵敏度分析。它是在工作点附近将所有的元件线性化后，计算各元件参数值变化对电路性能影响的敏感程度。通过对电路进行灵敏度分析，可以预先知道电路中的各个元件对电路的性能影响的重要程度。对于那些对电路性能有重要影响的元件，要在电路的生产或元件的选择时给予特别关注。

5. 统计分析

统计分析主要包括蒙特卡罗分析和最坏情况分析。蒙特卡罗分析是在考虑到器件参数存在容差的情况下，分析电路在直流分析、交流分析或暂态分析时电路特性随器件容差变化的情况。另一种统计分析是最坏情况分析，它不仅对各器件参数的变化逐一进行分析，得到单一器件对电路性能的灵敏度分析，同时分析各器件容差对电路性能的最大影响量(最坏情况分析)，从而达到优化电路的目的。

习　题

1. PSpice 仿真有何优越性？
2. PSpice 8.0 的主要功能是什么？

PSpice 电路基本仿真

在本章中，我们首先了解和认识 Windows 版本 PSpice 的环境，并逐步掌握利用它进行电路仿真的基本方法。

本章主要内容包括：

- PSpice 的环境及参数设置
- Microsim 设计管理器
- Schematics 窗口
- PSpiceA/D 窗口
- Probe 程序项等
- PSpice 软件的使用及快速入门

2.1 PSpice 的环境及参数设置

使用 Windows 版本的 PSpice 可以更容易地绘制电路图和进行分析，本节主要以 PSpice 8.0 为基础介绍 PSpice 的开发环境。

2.1.1 Microsim 设计管理器

PSpice 8.0 提供了 Design Manager，可以方便地管理各种组件。在打开 Schematics 窗口时 PSpice 会同时打开 Microsim 设计管理器，也可以单击【开始】按钮，指向【程序】(Programs)中的【Designlib Release8】，最后单击【Design Manager】即可启动 PSpice 8.0 进入 Design Manager。

Microsim 设计管理器让用户能够方便地管理文件。这个窗口中主要包括菜单栏、工具栏、工作区窗口以及窗口下部的说明行四个部分。菜单栏中各个菜单标明了这个管理器的全部功能；工具栏中的按钮为常用的工作键；工作区窗口用来显示工作过程；说明行用来说明当前操作。下面简单介绍工具栏和菜单栏的主要组成。

1. Microsim 设计管理器的工具栏

Microsim 设计管理器窗口工具栏共有两组：一般快捷功能键和应用快捷键。

(1) 一般快捷功能键。一般快捷功能键共包括 11 项：

[新建]，新建一个设计工作区。

[打开]，打开一个已存在的设计工作区。

[剪切]，剪切一个在工作区中选定的文件，并把它放在剪贴板上。

[复制]，复制一个在工作区中选定的文件，并把它放在剪贴板上。

[粘贴]，将剪切或者复制的文件粘贴在指定位置。

[全复制]，复制所有的或者所有选中的激活的工作区。

[移动]，移动所有的或者所有选中的激活的工作区。

[保存]，保存激活的工作区。

[重建]，重建激活的工作区。

[按类排列]，按类别排列激活的工作区。

[按名排列]，按名称排列激活的工作区。

(2) 应用快捷键。应用快捷键有 9 项：

[打开 Schematics 窗口]

[打开 PSpiceA/D 窗口]

[打开 PCBoards 窗口]

[打开 PLSyn 窗口]

[打开 Optimizers 窗口]

[打开 Parts 窗口]

[打开 Probe 窗口]

[打开 Stimulus Edit 窗口]

[打开 TextEdit 窗口]

2. Microsim 设计管理器的主菜单

Microsim 设计管理器窗口的主菜单包括 7 个常用命令项。用鼠标单击其命令项或按下“Alt”+热键(有下画线的字母)可以打开相应的命令菜单。

(1) File (文件)。文件菜单各项功能如下：

[Open]，打开选中的文件。

[New Workspace]，新建一个设计工作区，并保存当前工作区。

[Open Workspace]，打开一存在的设计工作区。

[Close Workspace]，关闭当前的设计工作区。

[Properties]，显示所选文件的属性，包括其位置、大小、完成日期和具体描述等。

[View Massages]，观察区或工作区的错误列表。

(2) Edit (编辑)。编辑菜单包括基本的剪切、复制、粘贴、删除命令，与快捷功能键作用一样，这里不再赘述。只对后两项特殊的做简要介绍。

[Localize]，定位选中的外部元素。

[Go To Definition]，打开包括所选元素的工作区。

(3) Workspace (工作区)。工作区菜单主要是对工作区进行操作。

[Copy…]，复制激活的所有的工作区或者所有选中的工作区部件。

[Move…]，移动激活的所有的工作区或者所有选中的工作区部件。

[Delete…]，删除激活的所有的工作区或者所有选中的工作区部件。

[Archive]，保存激活的所有的工作区或者所有选中的工作区部件。

[Restore]，重建前一个保存的工作区。

[Add Object…]，添加部件到激活的工作区。

(4) View(查看)。查看菜单主要用来控制管理器窗口的组件及排放。

[By Category]，按目录查看激活的设计。

[By name]，按名称查看激活的设计。

[Refresh]，更新激活的查看窗口。

[Expand Item]，扩大选择的树目录。

[Staus Bar]，选中则在窗口下出现标志栏，不选择则隐藏。

[Workspace Toolbar]，选中则在窗口下出现一般快捷键标志栏，不选择则隐藏。

[Application Toolbar]，选中则在窗口下出现应用快捷键标志栏，不选择则隐藏。

[Options]，选择选项进行编辑。

(5) Tools (工具)。工具栏菜单中选项的作用和相应应用快捷键的作用一一对应。

(6) Windows (窗口)。窗口菜单各项功能依次如下：

[Cascade]，组织窗口使它们重叠放置。

[Tile Horizontal]，使窗口全部垂直排列在绘图窗口上。

[Tile Vertical]，使窗口全部水平排列在绘图窗口上。

[Arrange Icons]，在菜单下部排列列出的图形名单。

(7) Help(帮助)。各项功能依次如下：

[Search For Help On…]，弹出对话框，输入要帮助的部分关键字或者全称进行查找。

[Technical Support]，显示技术支持列表。

[Using Help]，显示如何使用帮助。

[About Design Manager]，显示程序信息，包括序列号和版权信息。

2.1.2　Schematics 窗口

正确安装 Windows 版的 PSpice 8.0 后，单击【开始】按钮，指向【程序】(Programs)中的【Designlib Release8】，最后单击【Schematics】即可打开 Schematics 窗口进入 Schematics 电路图绘制环境，如图 2-1 所示。

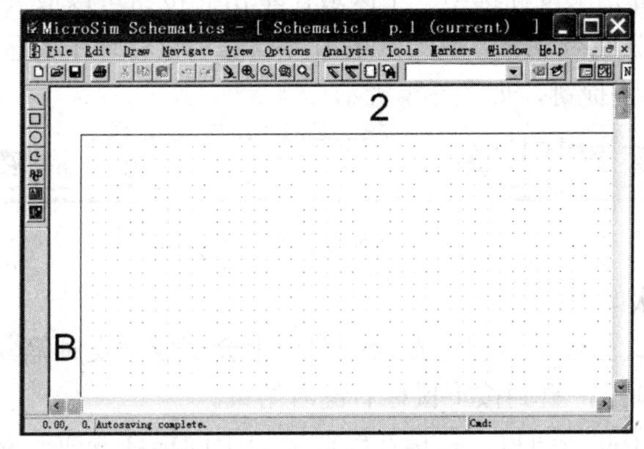

图 2-1　Schematics 电路图绘制窗口

该绘图窗口由三个部分组成：主菜单、工具栏和绘制电路原理图窗口。

1. 绘图窗口的工具栏

绘图窗口的工具栏有 4 组快捷键按钮，其中每一个快捷键可以执行菜单条中的一个常用命令，可大大提高工作效率。

(1) 基本功能快捷键，如图 2-2 所示。

图 2-2 基本功能快捷键

各快捷键功能依次如下：

[新建]，用于创建一个新的图形文件。单击出现一个新的“未命名”的绘图窗口，程序自动将前一个图形存盘。

[打开]，用于打开一个已存在的图形文件。单击此按钮将出现一个“Open”对话框，可选择一个图形文件来打开，程序会自动将前一个图形存盘。

[存盘]，用于将当前绘制的图形文件存盘。如果当前文件没有命名，单击此按钮将会出现一个[Save As]对话框，此时可输入一个文件名来存盘。文件默认的扩展名为“.sch”。

[打印]，用于将当前绘制的图形文件输送到与计算机相连的打印机，打印机按照预先设置进行打印。

[剪切]，具体操作为：首先按住鼠标左键，拖动鼠标，可以出现一个选择框，被选中的内容变成红色，然后单击此按钮可以将当前选中的内容转移到剪贴板上。

[复制]，具体操作类似剪切，选中内容后，单击此按钮可以将当前选中的内容复制到剪贴板上。

[粘贴]，单击可以将剪贴板中的内容粘贴到当前插入点的位置。

[撤消]，单击可以撤消最近一次的操作。

[恢复]，单击可以恢复被撤消的最近一次的操作。

[重画]，单击可以重新绘制当前页的全部内容。

[放大]，单击可以放大整个绘图窗口。从图形所在的窗口中心开始放大。

[缩小]，单击可以缩小整个绘图窗口。从图形所在的窗口中心开始缩小。

[部分放大]，首先用鼠标选中一个区域，单击此按钮可以放大这个区域。

[部分缩小]，功能类似部分放大，单击可以缩小鼠标选中的区域。

(2) 基本操作功能快捷键，如图 2-3 所示。

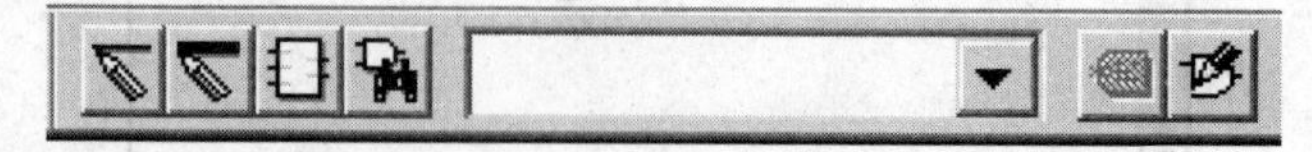

图 2-3 基本操作功能快捷键

各快捷键功能依次如下：

[画线]，单击此按钮后，鼠标在绘图窗口上会变成一支画笔。在选中点按下鼠标左键，拖动鼠标，线条画出，直到按下鼠标右键时结束。

[画总线]，单击此按钮后，鼠标在绘图窗口上同样会变成一支画笔。在选中点按下鼠标左键，拖动鼠标画总线(线条粗)，在按下鼠标右键时结束。

[画框]，单击此按钮后，绘图窗口上鼠标下出现一个矩形框。在选中点按下鼠标左键，放置框，按下鼠标右键时结束。

[查找器件]，单击此按钮出现一个对话框，如图 2-4 所示。列出了常用的器件目录，可以在“Part Name”中输入器件名称，也可以在列表中查找。单击【Place】按钮后，鼠标会跟随所选器件的形状，按下左键即可放下所选器件。对话框中的 Libraries 列出了不同的库，可从中选择需要的器件库，查找元器件。单击【Advanced】按钮得到所选元器件的具体参数和形状及型号。

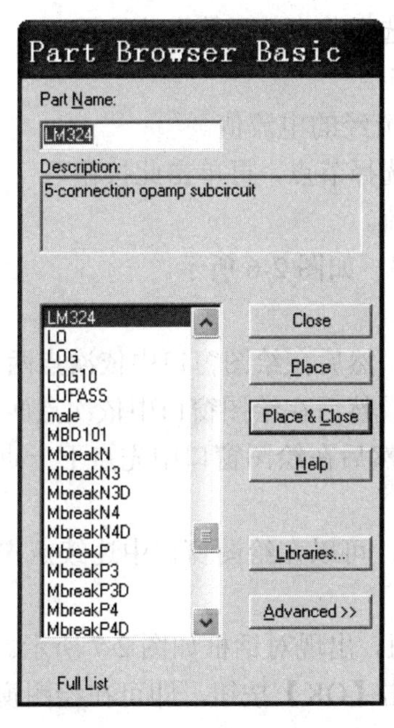

图 2-4　Get New Part 对话框

[元件名列表框]，列表框中列出已选择的元件名，单击元件名，可重复放置该元件。若知道未放置的器件名，也可在此输入器件名，按回车可以找到。

[元件属性编辑]，首先选择一个元器件，然后单击此按钮，绘图窗口上出现被激活选项(红色器件)的属性框，可以修改该选项的属性。

[符号编辑]，选择部分图，单击此按钮出现 Symbol Edit 窗口，可以对所选部分进行编辑。

(3) 分析功能快捷键，如图 2-5 所示。

图 2-5　分析功能快捷键

各快捷键功能依次如下：

[分析设置]，单击此按钮打开“Analysis Setup”对话框，可以进行分析设置。此按钮等效于 Analysis 菜单上的 Setup 命令。

[分析]，单击此按钮，对当前绘图窗口上的电路进行分析。此按钮等效于 Analysis 菜单上的 Simulate 命令。

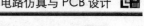

[着色]，操作如下：用鼠标选中某一元件，然后下拉菜单，选择自己喜欢的颜色，这样元件之间就容易区别了。

图 2-6　绘图和注释功能快捷键

[节点电压]，操作如下:单击此按钮，在绘图窗口中鼠标上会跟随一个小图标，在你所关心电压的节点上单击。双击图标弹出对话框显示所选点电压。

[节点电流]，操作同上，显示节点电流。

[电压]，显示所有节点的电压值。

[隐藏显示节点电压]，选择节点，再单击此按钮可以选择显示或者隐藏该节点电压。

[电流]，显示所有节点流经的电流值。

[隐藏显示节点电流]，选择节点，再单击此按钮可以选择显示或者隐藏该节点电流。

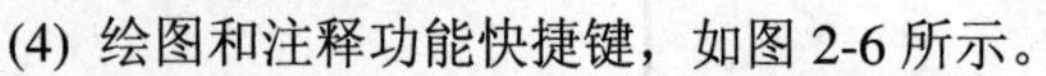

(4) 绘图和注释功能快捷键，如图 2-6 所示。

各快捷键功能依次如下：

[画曲线]，单击此按钮，然后在绘图窗口中依次点两点，可以画出一条弧线。

[画矩形]，单击此按钮，然后在绘图窗口中依次点两点，可以画出一个矩形。

[画圆]，单击此按钮，然后在绘图窗口中先点下一点为圆心，再点一点以两点之间的距离为半径可以画出一个圆。

[画折线]，单击此按钮，可以在绘图窗口中连续点击，两个连续点之间为线段，依次点击可以画折线。

[插入文本]，单击此按钮，出现对话框如图 2-7 所示。在空白处可以输入将要粘贴到绘图窗口中的文字或字母。单击【OK】按钮，即可在绘图窗口的任何位置单击鼠标左键放置文本。

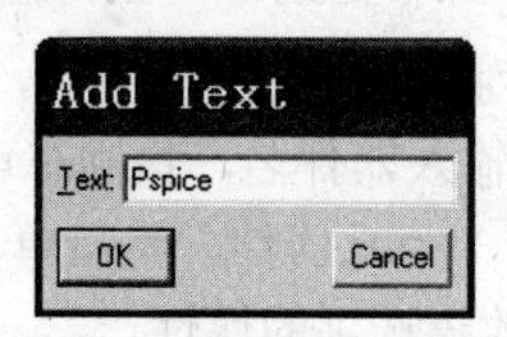

图 2-7　画文本对话框

[插入文本框]，这个按钮同样是在绘图窗口输入文本，不同的是要先在绘图窗口中选取要输入文本的位置，画一个文本框之后才能输入文本。输入结束后，文本的周围会有一个框，这是和插入文本不同的地方。

[插入图片]，单击此按钮后，会弹出对话框让你选择所要插入的图片。选择完毕后就可以在绘图窗口中适当的位置插入图片了。

以上是 Schematics 程序项窗口的快捷键简单介绍。如果想不起某个按钮的功能，可以将鼠标移到命令按钮上，在绘图窗口的下边会出现该按钮的英文注释。

2. 绘图窗口的主菜单

Schematics 窗口上的主菜单包括 11 个常用命令项。用鼠标单击其命令项或按下 Alt+热键(有下画线的字母)可以打开相应的命令菜单，下面对这 11 个命令项一一介绍。

(1) File (文件)。文件菜单如图 2-8 所示，主要用于打开、保存和打印图形文件，与其他的 Windows 应用程序相似。

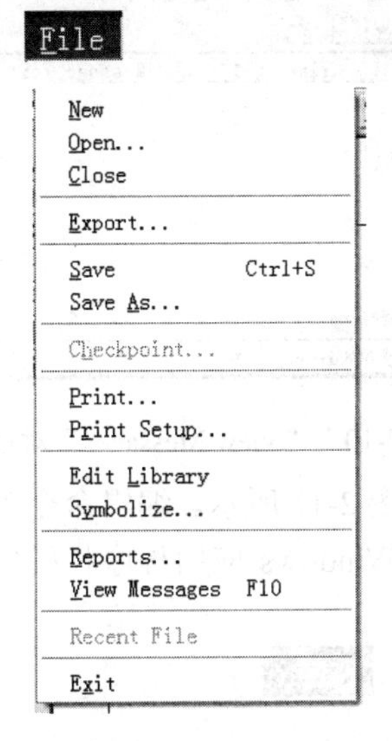

图 2-8　File 菜单

[New]，更新绘图窗口，绘制新的文件。

[Open]，打开已存在的图形文件。

[Close]，关闭当前的编辑窗口。

[Export]，图形文件输出，选择此项会出现如图 2-9 所示的对话框。

图 2-9　“Export”对话框

[Save]，按照原文件名保存当前编辑的文件。

[Save As]，按指定文件名保存当前编辑的文件。

[Checkpoint]，打开、创建或者删除探测点。探测点为放置在电路图中用来观察电路属性的点。

[Print]，打印命令，打印当前图形文件的一页或多页。

[Print Setup]，设置打印属性。

[Edit Library]，进行库编辑。单击此按钮，出现符号编辑窗口，可以编辑库中符号或者绘制新元件符号。

[Symbolize]，符号编辑。单击此按钮弹出一存储对话框，输入当前符号名，单击【OK】按钮，弹出另一对话框，给所编辑的符号选择元件库，将编辑完成的元件符号存入库中。

[Reports]，创建一个材料列表的详细报告。

[View Messages]，查看电路图绘制或建立网单文件时的信息，如图 2-10 所示。

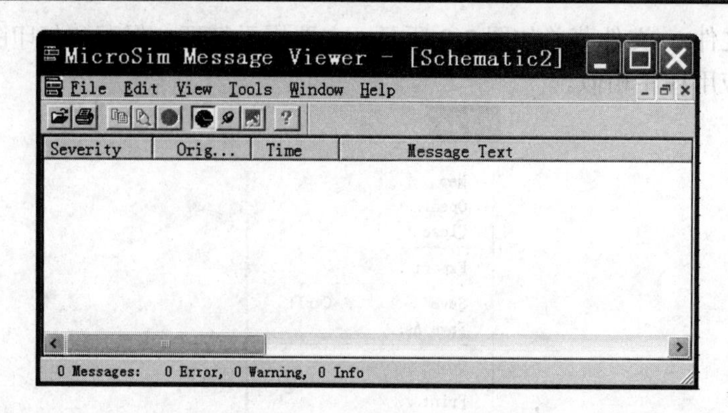

图 2-10 “View Messages” 对话框

(2) Edit (编辑)。编辑菜单如图 2-11 所示。编辑命令主要用于修改和删除当前图形文件的内容，上半部分的命令与其他 Windows 应用程序相同，在这里不进行介绍，只对下半部分进行介绍。

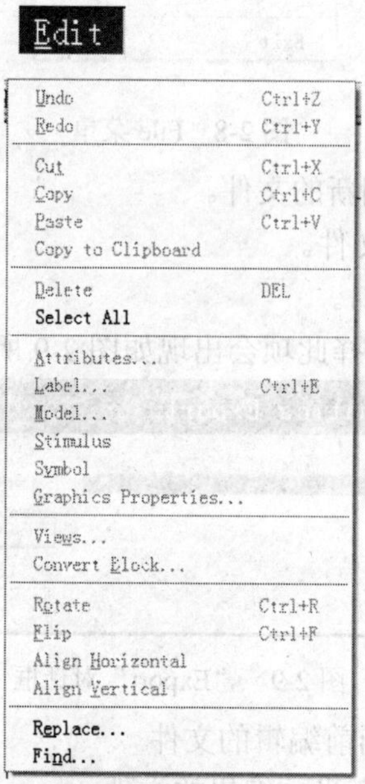

Edit

Undo Ctrl+Z
Redo Ctrl+Y
Cut Ctrl+X
Copy Ctrl+C
Paste Ctrl+V
Copy to Clipboard
Delete DEL
Select All
Attributes...
Label... Ctrl+E
Model...
Stimulus
Symbol
Graphics Properties...
Views...
Convert Block...
Rotate Ctrl+R
Flip Ctrl+F
Align Horizontal
Align Vertical
Replace...
Find...

图 2-11 Edit 菜单

[Attributes...]，属性编辑，打开当前元件的属性框，在其中可以修改元件的参数。在绘图窗口中双击元件，也能产生同样的效果。

[Label...]，标记编辑，可以为激活的线段或者 Off page 放置标记，或修改原来的标记。

[Model…]，宏模型标记，可以编辑或重命名 .MODEL 和 .SUBCKT 描述的宏模型。

[Stimulus]，打开激励源编辑器。可以直接激活已选择激励源的编辑器，也可以编辑当前图形文件中的所有激励源。

[Symbol]，符号编辑，可以激活当前选定符号的编辑器。

[Graphics Properties…]，编辑图形或者文本属性。

[Views…]，查看其他层的图形文件、图形块和符号。

[Convert Block…]，将选定的块转换为一个符号。

[Rotate]，逆时针 90° 旋转选定的器件。

[Flip]，镜像转换选定的器件。

[Align Horizontal]，所有选定的器件沿水平方向对齐。

[Align Vertical]，所有选定的器件沿垂直方向对齐。

[Replace…]，器件替换，可以用一个新器件替换所有当前选定的器件。

[Find…]，查找当前图形文件页中与期望值匹配的器件。

(3) Draw(绘图)。图 2-12 给出了绘制电路原理图的常用绘图工具。

Draw

Repeat	Space
Place Part	Ctrl+P
Wire	Ctrl+W
Bus	Ctrl+B
Block	
Arc	
Circle	
Box	
Polyline	
Text...	Ctrl+T
Text Box	
Insert Picture...	
Get New Part...	Ctrl+G
Rewire	Ctrl+D

图 2-12　绘图菜单

[Repeat]，重复执行上次的操作命令。

[Place Part]，重复使用上一次用 Get New Part 选择的器件。

[Wire]，画线命令，单击鼠标变成一支笔，在选中点按下鼠标左键，拖动鼠标画线，按下鼠标右键结束画线。

[Bus]，画总线命令，单击鼠标变成一支笔，在选中点按下鼠标左键，拖动鼠标画总线，按下鼠标右键结束画总线。

[Block]，画框命令，单击鼠标出现一个矩形框，在选中点按下鼠标左键，放置框，按下鼠标右键结束画框。

[Get New Part…]，选择器件，单击该命令，出现如图 2-13 所示的窗口，可直接在“Part Name”文本框内输入元器件名或下拉滚动条进行浏览选择。

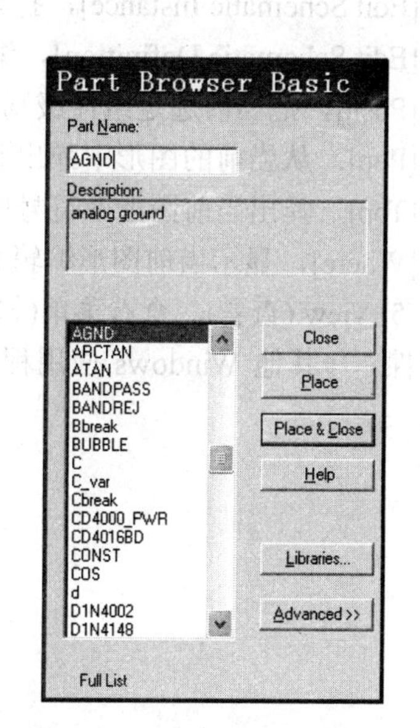

图 2-13　“Get New Part”对话框

[Rewire]，对电路中的线或总线重新布线而不改变其端点。

(4) Navigate (导航)。导航菜单如图 2-14 所示。导航菜单的主要功能是选择电路原理图的其他页和搜索某页不同的层以便进行编辑。

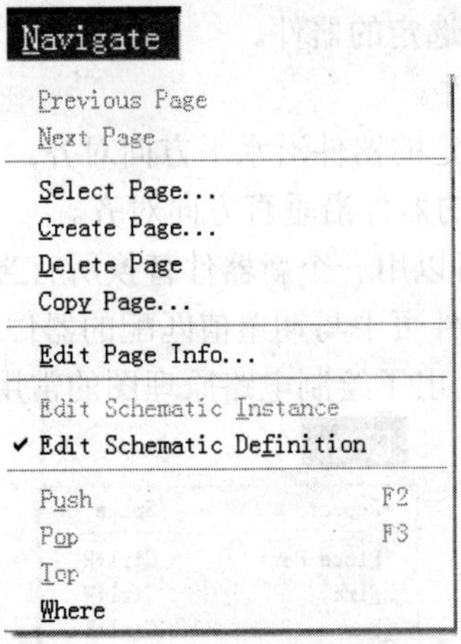

Navigate
Previous Page
Next Page
Select Page...
Create Page...
Delete Page
Copy Page...
Edit Page Info...
Edit Schematic Instance
✔ Edit Schematic Definition
Push F2
Pop F3
Top
Where

图 2-14　Navigate 菜单

[Previous Page]，对前一页进行编辑。

[Next Page]，对下一页进行编辑。

[Select Page...]，对选定页进行编辑。

[Create Page...]，增加新的一页到当前图形中。

[Delete Page...]，删除当前页。

[Copy Page...]，复制一页或几页到当前电路中。

[Edit Page Info...]，编辑页标题，将页标题存储到标题块中。

[Edit Schematic Instance]，打开已建立的图形文件。

[Edit Schematic Definition]，编辑已建立的图形文件。

[Push]，把当前选定组件级别推到下一级。

[Pop]，从当前的图形中弹出到上一级。

[Top]，弹出当前图形或符号中的最高级。

[Where]，显示当前图形编辑页的完整分析途径。

(5) View (查看)。查看菜单(如图 2-15 所示)，主要用于调整图形屏幕显示的大小、位置等属性。与其他 Windows 应用程序中的 View 菜单功能类似，但也有区别，下面一一进行介绍。

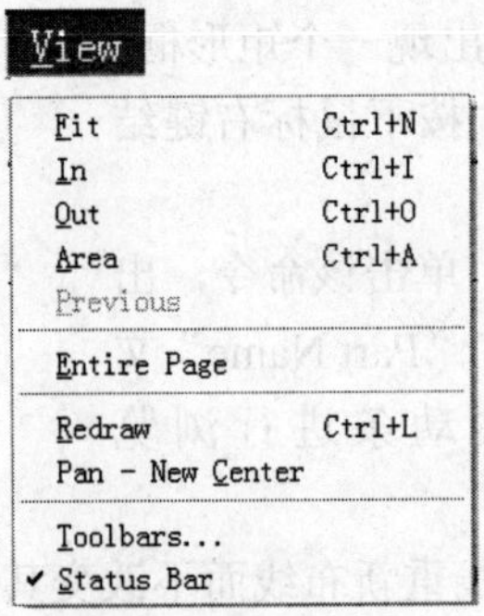

View
Fit Ctrl+N
In Ctrl+I
Out Ctrl+O
Area Ctrl+A
Previous
Entire Page
Redraw Ctrl+L
Pan - New Center
Toolbars...
✔ Status Bar

图 2-15　View 菜单

[Fit]，重设显示窗口内图形的显示模式为默认模式，当前页图形全部显示在窗口上。

[In]，以图形为中心点整个窗口放大。

[Out]，以图形为中心点整个窗口缩小。

[Area]，选择区域进行放大。

[Previous]，恢复到前一次的显示状态。

[Entire Page]，将整页图形全屏显示在屏幕上。

[Redraw]，重画当前的电路图形。

[Pan-New Center]，重新定义新的图像中心。

[Toolbars...]，工作栏选项。选择此项会出现一个对话框，其中列有标准绘图工作栏、电路图绘画工作栏、分析模拟工作栏和绘画工作栏四种工作栏的选项可供选择。名称前打上对勾则可在绘图窗口出现相应的快捷菜单。

[Status Bar]，显示或隐藏标志栏。

(6) Options (任选项)。图 2-16 给出了绘图参数设置命令，用来设置显示和打印的环境。单击每一个选项都会出现相应的对话框，可以对相应的参数进行设置。

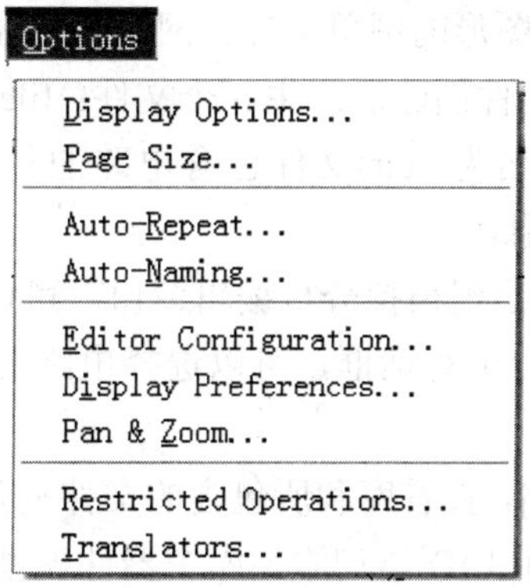

Options

Display Options...
Page Size...
Auto-Repeat...
Auto-Naming...
Editor Configuration...
Display Preferences...
Pan & Zoom...
Restricted Operations...
Translators...

图 2-16　Option 菜单

[Display Options...]，设置栅格显示。包括栅格间距、状态行、标尺、最小跳动距离等项。

[Page Size...]，页面设置。可以设置页面尺寸，包括以英寸为单位和以毫米为单位两种。可以选择固定格式，也可以自己定义大小。

[Auto-Repeat…]，自动复制当前选定的器件。

[Auto-Naming…]，可以按序自动追加文件名。

[Editor Configuration...]，定义器件库、库路径和除颜色之外的所有默认设置。

[Display Preferences…]，设置显示各层的属性。可以总体设置，也可分图形、文本分别设置。

[Pan&Zoom...]，整体放大或者缩小。

[Restricted Operations…]，受限制的操作。例如，禁止显示非连接点的警告。

[Translators…]，翻译程序。

(7) Analysis(分析)。电路图绘制完毕后，就要调用分析指令进行电路检查和分析。常用的分析命令如图 2-17 所示。

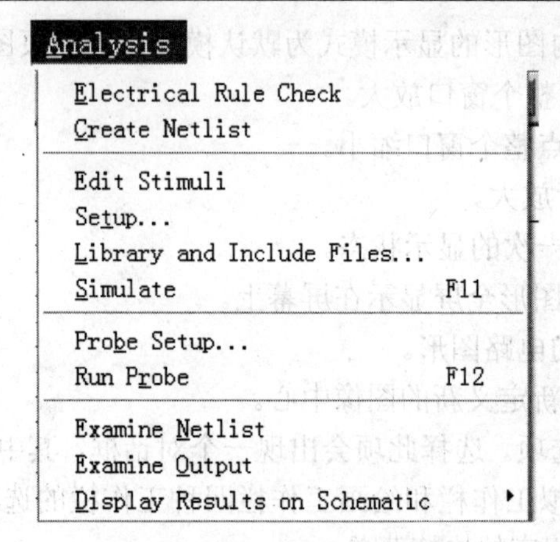

图 2-17 Analysis 菜单

[Electrical Rule Check]，对绘制完成的电路图进行电路规则检查，如有错误，可查看【File/Current Errors】。

[Create Netlist]，创建当前图形的网单文件。网单文件显示电路图中所有的元器件，相互连接的节点和元件值。网单文件创建后产生 3 个文件：file .net(扩展名为 .net)文件包含电路连接的网络表；file.cir(扩展名为 .cir)文件包含电路的描述和模拟命令；file.als(扩展名为 .als)文件包含电路的别名信息。

[Edit Stimuli]，选择此项会出现模拟分析编辑窗口，可以对分析结果进行编辑。

[Setup…]，选择此项出现一个对话框，可以选择电路分析类型，也可以进行电路分析参数设置。

[Library and Include Files…]，查看库和所包含的文件列表，可以将库文件和其他文件包含在当前建立的网表文件中。用.LID 语句添加库中器件模型，用.STMLID 语句添加激励源库中的激励源器件，用.INC 语句包含其他文件。

[Simulate]，执行当前电路图的电路分析。选择此项后自动执行【Annotation】(注释)、【Electrical Rule Check】(ERC 检查电路规则)和【Netlist】(建立网表)命令。在分析过程中如遇到错误，则自动停止执行，并提示查看输入文件。此时可选择【Analysis】菜单中的【Examine Output】来查看偏置点信息、模型参数、PSpice 错误等。

[Probe Setup...]，设置波形输出的方式，在分析完成后是否自动执行 Probe，是否存储所有节点的数据。

[Run Probe]，运行 Probe 程序，查看模拟结果的波形。

[Examine Netlist]，检查电路的网单文件。

[Examine Output]，查看输出的数据文件。输出数据文件包含电路的网表结构、电路模型的 I/O 接口，所有节点电压、支路电流的静态偏置点，电路的各种分析结果和错误信息等。

[Display Results on Schematic]，在绘图窗口显示结果。

(8) Tools (工具)。PSpice 的工具栏如图 2-18 所示，它给出了印制电路板版图设计的工具。

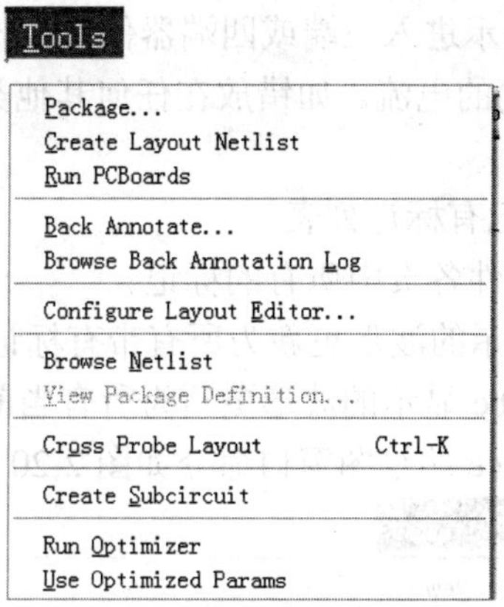

Tools

Package...
Create Layout Netlist
Run PCBoards
Back Annotate...
Browse Back Annotation Log
Configure Layout Editor...
Browse Netlist
View Package Definition...
Cross Probe Layout　Ctrl-K
Create Subcircuit
Run Optimizer
Use Optimized Params

图 2-18　Tools 菜单

[Package...]，封装、注释激活的图形文件。

[Create Layout Netlist]，创建一个布线版图的网单文件。

[Run PCBoards]，开始对已设置好的版图进行编辑。

[Back Annotate...]，返回版图编辑器上一批注释产生的文件。

[Browse Back Annotation Log]，浏览版图编辑器注释更改的记录。

[Configure Layout Editor...]，设置版图编辑器的参数。

[Browse Netlist]，浏览网单文件。

[View Package Definition...]，查看包定义。

[Cross Probe Layout]，在 PCB 板上高亮显示特定信号或者器件。

[Create Subcircuit]，创建子电路文件。

[Run Optimizer]，运行优化参数程序。

[Use Optimized Params]，使用被优化的参数。

(9) Markers (标记)。在电路原理图中添加标记，Probe 程序可以显示标记点的数值与波形，方便数据的读出。标记与电路图中的元件符号、参数不同，可单独编辑、设置，其设置命令如图 2-19 所示。

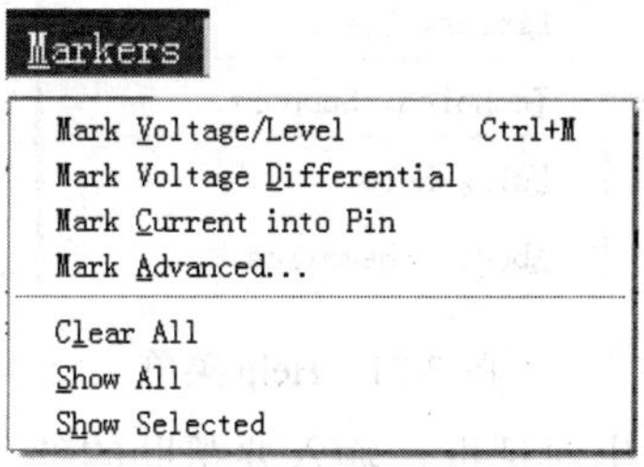

Markers

Mark Voltage/Level　Ctrl+M
Mark Voltage Differential
Mark Current into Pin
Mark Advanced...
Clear All
Show All
Show Selected

图 2-19　Markers 菜单

[Mark Voltage/Level]，标示网络中的电压或数字信号，标记必须放在已有的器件管脚(端点)或已有标签的线上。

[Mark Voltage Differential]，标示两个网络点之间的电压差。Differential Markers 由一对标号组成，一个标示“+”节点，一个标示“–”节点，每个标号都必须放在已有标签的线或点上。

[Mark Current into Pin]，标示进入三端或四端器件(晶体管、MOS 管等)端点的电流或通过一个两端器件(电阻、电容等)的电流。如错放在任何其他类型的器件上，将给出警告，且标记也会被忽略。

[Mark Advanced...]，显示已有标记列表。

[Clear All]，删除本图形文件各页中所有的标记。

[Show All]，将用 Probe 显示的波形更新为所有带有标记点的波形。

[Show Selected]，将用 Probe 显示的波形更新为所有当前被选择的标记点的波形。

(10) Window (窗口)。PSpice 的绘图窗口命令如图 2-20 所示。

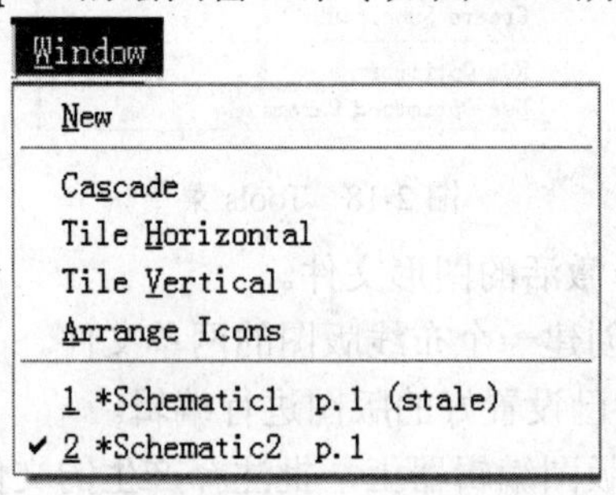

图 2-20 Window 菜单

[New]，创建一个新的窗口。

[Cascade]，组织窗口使它们重叠放置。

[Tile Horizontal]，使全部窗口垂直排列在绘图窗口上。

[Tile Vertical]，使全部窗口水平排列在绘图窗口上。

[Arrange Icons]，在菜单下部列出图形名单。

(11) Help (帮助)。绘图窗口帮助菜单如图 2-21 所示。

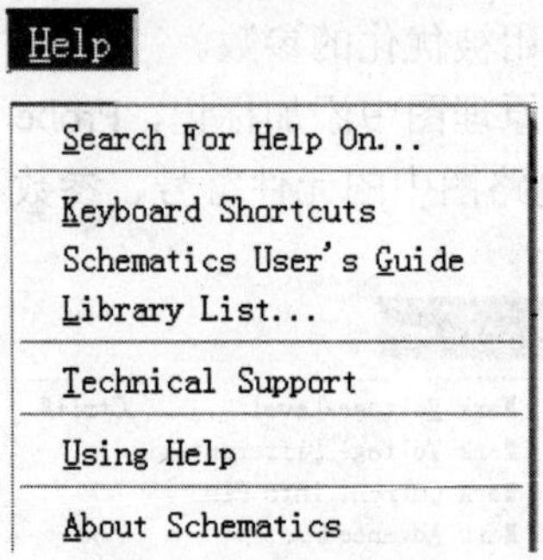

Help
Search For Help On...
Keyboard Shortcuts
Schematics User's Guide
Library List...
Technical Support
Using Help
About Schematics

图 2-21 Help 菜单

[Search For Help On...]，弹出对话框，输入要帮助的部分关键字或者全称进行查找。

[Keyboard Shortcuts]，显示热键及其作用。

[Schematics User's Guide]，显示用户向导。

[Library List…]，显示库参考列表。

[Technical Support]，显示技术支持列表。

[Using Help]，显示如何使用帮助。

[About Schematics]，显示产品信息，包括序列号和版权信息。

2.1.3　PSpiceA/D 窗口

1. 打开 PSpiceA/D

单击【开始】按钮，指向【程序】(Programs)中的【Microsim Release8】，最后单击【PSpiceA/D】即可进入 PSpiceA/D 窗口。也可在 Design Manager 中选择 PspiceA/D 图表直接打开。

2. PSpiceA/D 窗口常用命令项

(1) File (文件)。图 2-22 给出了 PSpice A/D 窗口的文件操作命令，可对模拟分析过程进行控制。

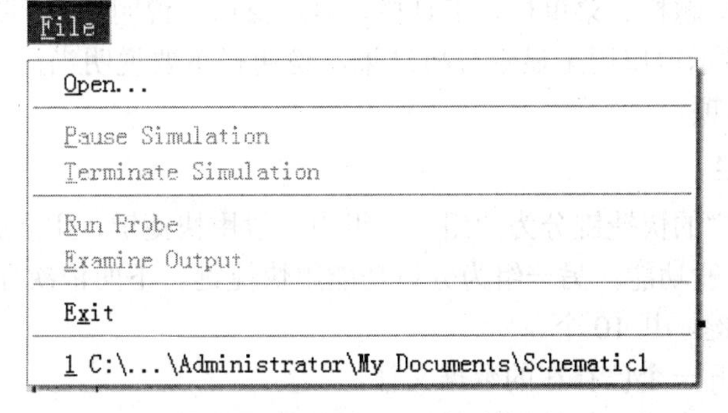

图 2-22　File 菜单

[Open…]，打开已有的*.cir 文件。

[Pause Simulation]，暂时中断模拟过程。

[Terminate Simulation]，终止模拟的进行。

[Run Probe]，运行 Probe 程序，查看输出波形。

[Examine Output]，查看输出数据文件。

[Exit]，退出此应用程序。

(2) Display (显示)。图 2-23 所示为 PSpice A/D 窗口的显示设置调整指令。

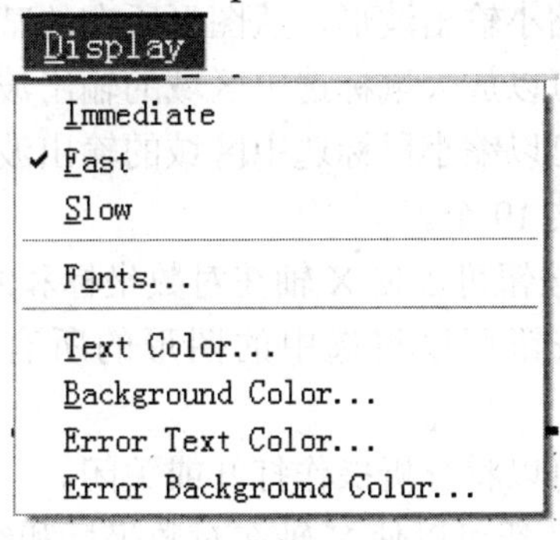

图 2-23　Display 菜单

[Immediate]，立即显示。

[Fast]，快速显示。

[Slow]，慢显示。

[Fonts...]，选择显示字体。

[Text Color...]，设置前景色。

[Background Color...]，设置背景色。

[Error Text Color...]，设置显示错误信息的颜色。

[Error Background Color...]，设置显示错误信息背景颜色。

2.1.4 Probe 程序项

电路分析完成以后，生成输出数据文件(*.dat)。可运行 Probe 程序来打开*.dat 文件，查看输出波形。在 Design Manager 中选择 Probe 对应的图标，即可打开 Probe。

Probe 窗口包括标题栏、菜单栏、工具栏、显示窗口、说明栏 5 部分。标题栏标明当前打开文件的名称，显示窗口用来显示分析结果，说明栏主要说明当前的操作。下边主要介绍工具栏和菜单栏两项。

1. Probe 工具栏

Probe 窗口工具栏的快捷键分为两组。一组为一般用快捷键，主要完成文件的打开、打印、剪切、放大等一般功能；另一组为分析功能用快捷键。下面依次介绍。

(1) 一般用快捷键。共 10 个。

[打开]，用于打开一个已存在的数据文件。

[附加]，用于将一个附加的数据文件加入当前数据文件中。

[打印]，用于将当前的输出图形文件输送到系统连接的打印机上进行打印。

[剪切]，首先选择所需的输出波形，选中的输出波形名变成红色。然后单击此按钮，可以将选中的内容放置在剪贴板上。

[复制]，首先选择所需的输出波形，选中的输出波形名变成红色。然后单击此按钮，可以将选中的内容复制一份放置在剪贴板上。

[粘贴]，单击此按钮可以将剪贴板上的文件复制到当前数据文件。

[放大]，单击此按钮可以放大输出波形，从图形所在的某个点开始放大。

[缩小]，单击此按钮可以缩小输出波形，从图形所在的某个点开始缩小。

[部分放大]，单击此按钮可以放大鼠标选中区域的输出波形。

[部分缩小]，单击此按钮可以缩小鼠标选中区域的输出波形。

(2) 分析功能用快捷键。共 19 个。

[切换 X 轴坐标]，单击此按钮可以使 X 轴在对数坐标和线性坐标之间切换。

[傅里叶变换]，单击此按钮可以将选中的图形的所有模拟输出波形变换成傅里叶形式。

[分析开关]，单击此按钮可以将分析操作打开或关闭。

[切换 Y 轴坐标]，单击此按钮可以使 Y 轴在对数坐标和线性坐标之间切换。

[添加波形]，单击此按钮可以添加当前数据文件中输出电压、电流的波形。

[目标方程]，单击此按钮可以报告目标方程值。

[文本]，单击此按钮则窗口上出现一个文本输入框。输入文本后，应单击【OK】按钮；选中点按鼠标左键，可放置文本标签。

[游标切换]，单击此按钮可以弹出游标或消除游标。

[峰值游标]，单击此按钮，游标位置移到输出波形的某个峰值。

[谷值游标]，单击此按钮，游标位置移到输出波形的某个谷值。

[拐点游标]，单击此按钮，游标位置移到输出波形的某个拐点。

[最小值游标]，单击此按钮，游标位置移到输出波形的最小值处。

[最大值游标]，单击此按钮，游标位置移到输出波形的最大值处。

[下一个游标]，单击此按钮，游标位置移到下一个数据点。

[查找游标命令]，输入查找命令查找游标。

[跳变]，查找下一个数字跳变点。

[当前跳变]，查找当前数字跳变点。

[标签]，标记出当前游标值。

[数据点]，在分析轨迹中标记数据点。

2. Probe 菜单

Probe 是输出波形后处理程序，直接调用分析程序产生 U*.DAT 文件。

Probe 窗口上面的主菜单包括 8 个常用命令项。用鼠标单击其命令项或按下 Ctrl + 热键可以打开相应的命令菜单。其中 Windows 和 Help 菜单命令与其他程序中相应的菜单功能相似，这里不再赘述。下面对前 6 个命令项逐一介绍。

(1) File (文件)。

Probe 是输出波形后处理程序，直接调用分析程序产生 U*.dat 文件。

[Open...]，打开输出数据文件(.dat)

[Append]，一个新的数据文件附加到当前的显示窗口。

[Close]，关闭整个 Probe 显示窗口。

[Print...]，打印 Probe 显示窗口。

[Print Preview]，打印预览。

[Page Setup...]，页面参数设置。

[Printer Setup...]，打印参数设置。

[Log Commands…]，将 Probe 所执行的命令装入命令文件中。

[Run Commands...]，将已存在的命令文件装入 Probe 中。

(2) Edit(编辑)。

编辑指令用来编辑输出波形。

[Cut]，剪切被选中的波形，放入剪贴板中。

[Copy]，复制被选中的波形，放入剪贴板中。

[Paste]，将剪贴板中的波形粘贴到当前的显示窗口中。

[Delete]，删除被选中的波形。

[Modify Object...]，弹出对话框，修改目标。

[Modify Title...]，修改题目。

(3) Trace (波形)。

Trace 命令用来调出输出波形。

[Add…]，添加输出波形。

[Delete All]，删除全部 Probe 窗口上的输出波形。

[Undelete]，撤消删除命令。

[Fourier]，显示对 Probe 窗口的全部输出波形的傅里叶变换。

[Performance Analysis…]，对多个分析程序的输出数据进行分析。

[Macros…]，设置一个宏定义。

[Goal Functions...]，建立、修改和评估输出波形的目标函数。

[Eval Goal Function...]，报告一个输出波形的目标函数值。

(4) Plot(绘图仪)。

绘图仪的设置命令如下。

[X Axis Settings...]，X 坐标轴设置。

[Y Axis Settings…]，Y 坐标轴设置。

[Add Y Axis]，添加 Y 坐标轴。

[Delete Y Axis]，删除 Y 坐标轴。

[Add Plot]，屏幕上再加一个图形。

[Delete Plot]，从屏幕上删除所选择的图形。

[Unsync Plot]，非同步图形。

[Digital Size…]，数字信号的大小设置。

[AC...)，交流分析。

[DC...)，直流分析。

[Transient...]，瞬态分析。

(5) View(查看)。

用于查看输出波形显示状态。

[Fit]，图形正常显示。

[In]，将图形放大显示。

[Out]，将图形缩小显示。

[Area]，将选定区域放大为全屏。

[Previous]，切换到前一显示模式。

[Redraw]，重画当前图形。

[Pan-New Center]，垂直显示当前图形。

[Toolbar]，选择有没有快捷工作栏。

(6) Tools(工具)。

工具命令的功能如下。

[Label]，设置标签。

[Cursor]，使用游标，可以读出同一时刻上下波形数值。

[Simulation Messages...]，仿真信息。

[Display Control…]，设置显示控制参数。

[Copy to Clipboard]，将所选内容复制到剪贴板。

[Options...]，选择项，用来设置绘图参数。

2.1.5　激励源编辑器

Pspice 8.0 允许单独编辑输入信号源，即激励源，可以同时编辑多个模拟或数字激励信号源，并存储扩展名为 .stl 的文件，在绘制电路原理图时可以直接调用。

打开 Stimulus Editor 窗口可采取下面两种方法：

(1) 在 Design Manager 中选择 Stimulus Editor 图标。

(2) 在【开始】菜单中选择【程序】中的【Designlib Release8.0】，再选其子菜单中的【Accessaries】选项，在它的子菜单中可以找到【Stimulus Editor】，单击可以进入窗口。如图 2-24 所示。

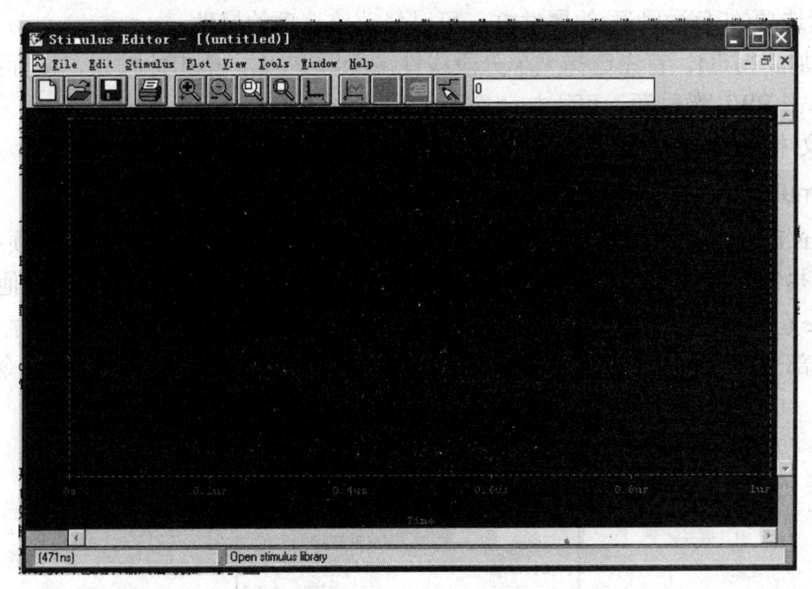

图 2-24　激励源编辑器主窗口

Stimulus Editor 窗口包括标题栏、菜单栏、工具栏和显示窗口。下面介绍工具栏和菜单栏的功能。

1. Stimulus Editor 工具栏

Stimulus Editor 工具栏共有 13 个按钮和 1 个文本输入框，如图 2-25 所示，下面依次介绍。

图 2-25　Stimulus Editor 工具栏

[新建]，用于创建一个新的激励源文件。

[打开]，用于打开一个已存在的激励源文件。

[存盘]，用于将当前设置的激励源文件存盘。

[打印]，用于将当前设置的激励源文件输送到系统连接的打印机上进行打印。

[放大]，单击此按钮可以放大整个激励源窗口。

[缩小]，单击此按钮可以缩小整个激励源窗口。

[部分放大]，单击此按钮可以放大鼠标选中的区域。

[部分缩小]，单击此按钮可以缩小鼠标选中的区域。

[坐标设置]，单击此按钮，弹出一个坐标设置对话框，可以设置 X 轴、Y 轴的坐标参数。

[新激励源]，单击此按钮，弹出一个新激励源设置对话框，首先给出新激励源的名称，然后设置激励源的类型，之后弹出该激励源的参数对话框，可以设置激励源的参数。

[添加激励源]，单击此按钮，弹出一个包含所有已有激励源的选择框，可以选择已有的激励源，添加到当前激励源绘图窗口。

[属性编辑]，首先选择一个窗口中已有的激励源，然后单击此按钮，激励源窗口上出现被激活选项(红色激励源)的属性框，可以修改该选项的属性。

[添加新拐点]，首先选择一个分段线性激励源 PWL，单击此按钮，鼠标指针变成一支笔，再单击 PWL 激励源，可添加一个新的拐点。

[0 文本输入框]，同样是起添加新拐点的作用。

2. Stimulus Editor 菜单栏

Stimulus Editor 窗口上的菜单栏中包含 8 个常用命令项。用鼠标单击命令项或者直接按下“Alt”+热键可以打开命令菜单。下面只介绍文件及编辑两种常用命令，其他不再赘述。

(1) File (文件)。图 2-26 给出了文件菜单的常用命令，主要用于打开、保存和打印激励源文件，大部分命令与 Windows 应用程序命令功能相似。这里只对其中几个命令加以介绍。

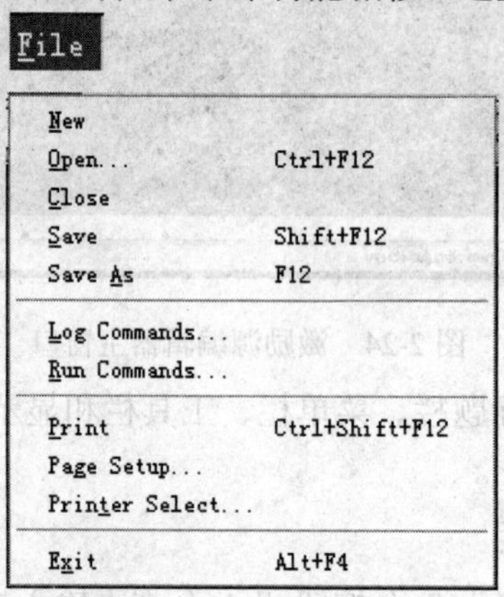

File

New
Open... Ctrl+F12
Close
Save Shift+F12
Save As F12
Log Commands...
Run Commands...
Print Ctrl+Shift+F12
Page Setup...
Printer Select...
Exit Alt+F4

图 2-26 File 菜单

[New]，清除工作区创建一个新的激励源文件。激励源文件可以同时有多个窗口。

[Save As]，按指定文件名存储当前编辑的文件，相当于 Windows 应用程序中的“另存为”命令。

[Log Commands...]，建立 Commands 文件。Commands 文件由一些命令组成，在屏幕上执行某些任务。键入文件名，所有的操作均被存储在 Command Log 文件中。

[Run Commands...]，从文件列表中选择需要执行的文件，单击【OK】按钮，文件中的 Commands 立即执行。

[Page Setup…]，页面设置，可以设置页边距、页数、显示标题等。

[Printer Select...]，选择打印机。

(2) Edit(编辑)，如图 2-27 所示。编辑命令主要有添加激励源、删除当前激励源和修改激励源属性等作用。

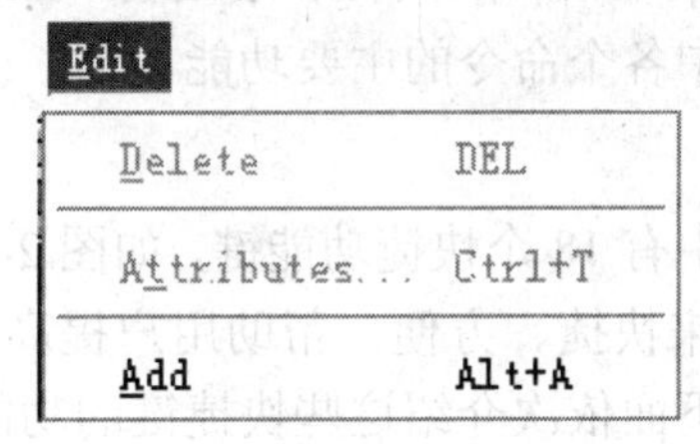

图 2-27　Edit 菜单

2.1.6　模型参数提取程序 Parts

由于电子元器件种类复杂，模型参数库中的模型有限，所以 PSpice 提供了从器件特性直接提取模型参数的软件包 Parts。它从元器件制造商提供的数据表中直接提取 PSpice 的模型参数，而不需要对器件进行测量，直接将该模型放入库中就可以利用模型进行仿真。

PSpice 还允许用户对已有的模型参数或者器件的方程进行修改。设计者可以将现有的元件修改成符合要求的新元件，也可以自行绘制新元件的符号，定义新元件参数；可将新元件放入原来的元件库中，也可建立一个新的元件库。如果要完全从无到有地建立新的元件及其仿真模型，难度相当大，最好利用元件厂商提供的元器件，对性能进行改进。

打开 Parts 程序窗口可以用以下三种方法：

(1) 选择 Design Manager 中的 Parts 图标，可以直接进入 Parts 窗口。

(2) 在【开始】菜单中选择【程序】中的【Designlib Release8.0】，再选择其子菜单中的【Accessaries】选项，在它的子菜单中可以找到【Parts】，单击可以进入。

(3) 在 Schematics 窗口选择【File】中的【Edit Library】进行库编辑。用鼠标单击后，编辑窗口会更新，出现如图 2-28 所示的窗口。

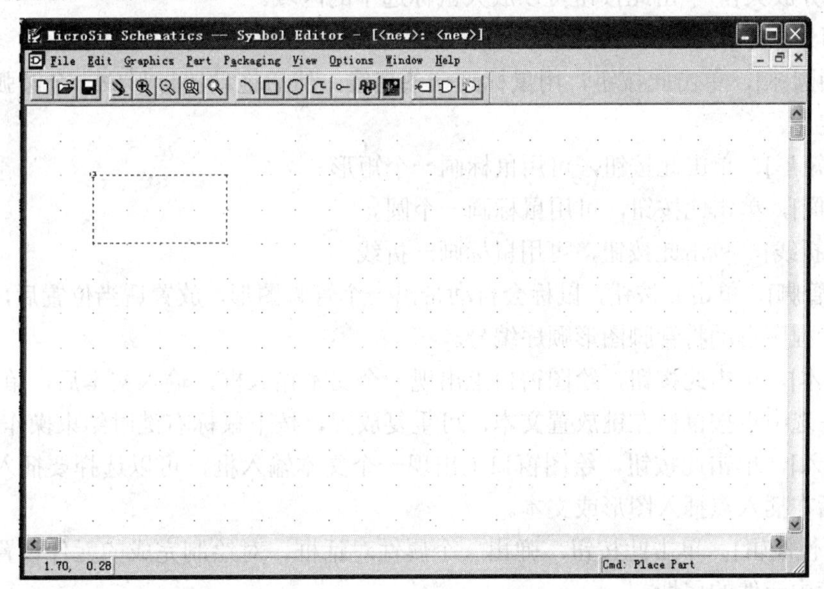

图 2-28　新元件(库元件)编辑窗口

Parts 窗口主要用来修改元件的参数。而元件库编辑窗口主要用于建立新元件或库文件的编辑。元件库编辑窗口分为菜单栏、工具栏和绘图窗口三个主要部分。下面主要介绍工具栏上快捷键的作用和菜单栏中各个命令的主要功能。

1. 元件库窗口的工具栏

元件库绘图窗口的工具栏中有 18 个快捷功能键，如图 2-29 所示。每一个按钮可以执行菜单条中的一个命令，使用起来快捷、方便，帮助用户提高工作效率，不用反复在繁多的菜单选项中寻找所需的命令。下面依次介绍这些快捷键的功能。

图 2-29　元件库窗口的工具栏

[新建]，用于创建一个新的元件库文件。单击此按钮将会出现一个未命名的元件绘图窗口，同时程序会自动将前一个元件图存盘。

[打开]，用于打开一个已存在的元件库文件。单击此按钮将会出现一个“Open”对话框，可以选择一个元件库文件来打开，同时程序会自动将前一个图形存盘。

[存盘]，用于将当前绘制的元件图形文件存盘。如果当前文件没有命名，单击此按钮将会出现一个“Save As”对话框，此时可输入一个文件名来存盘，默认的文件扩展名是“.slb”。

[重画元件窗口]，单击此按钮，自动保存元件图形，重画窗口内的所有元件。

[放大]，单击此按钮可以放大整个绘图窗口。从图形所在的窗口中心开始放大。

[缩小]，单击此按钮可以缩小整个绘图窗口。从图形所在的窗口中心开始缩小。

[部分放大]，单击此按钮可以放大鼠标选中的区域。

[部分缩小]，单击此按钮可以缩小鼠标选中的区域。

[画圆弧]，单击此按钮，用鼠标画一条直线，然后拖动鼠标形成一个圆弧，再按鼠标左键确定。

[画矩形]，单击此按钮，可用鼠标画一个矩形。

[画圈]，单击此按钮，可用鼠标画一个圆。

[画折线]，单击此按钮，可用鼠标画一折线。

[画管脚]，单击此按钮，鼠标会自动带出一个管脚图形，放置适当位置后，再按鼠标左键确定。程序自动将管脚图形顺序编号。

[文本]，单击此按钮，绘图窗口上出现一个文本输入框，输入文本后，单击【OK】按钮，再在选中点按鼠标左键放置文本，可重复放置，按下鼠标右键时结束操作。

[插入]，单击此按钮，绘图窗口上出现一个文本输入框，可以选择要插入的图形或文本，然后在插入点插入图形或文本。

[属性编辑]，单击此按钮，弹出一个属性对话框，对绘制完成的元件设置属性。也可以修改库中元件的属性。

[选择文件]，单击此按钮，弹出元件描述框，可选本元件库中的任意元件进行编辑或者插入。

[建立新元件]，单击此按钮，弹出新元件描述框，可以写入新元件名和关于新元件的描述。

2. 元器件编辑窗口菜单

元器件编辑窗口菜单条共有 9 个常用命令项。Parts 程序项还有一排功能按键，可以执行相应的功能。下面只介绍文件及编辑两种常用命令项，其他不再赘述。

(1) File (文件)。下面依次介绍元件编辑窗口的文件菜单功能。

[New]，创建一个新的库文件。

[Open...]，打开一个已存在的库进行编辑。

[Close]，关闭当前编辑窗口，返回到图形编辑窗口。

[Export]，输出文件。

[Save]，将修改后的库文件存储到当前文件名中，旧的库文件被复制到 backup 子目录中。

[Save As…]，把修改后的库文件存到一个新的文件名中。

[Print...]，打印当前窗口。

[Print Setup...]，打印设置。

[View Messages]，查看过程记录和错误信息。

(2) Edit(编辑)。编辑命令的主要功能是对元件图形、符号进行编辑，下面依次介绍。

[Undelete]，撤消删除。

[Cut]，剪切被选的图形，放入剪贴板中。

[Copy]，复制被选的图形，放入剪贴板中。

[Paste]，在指定处粘贴剪贴板中的图形。

[Delete]，删除所选中的图形。

[Change]，可以编辑被选择的管脚、文本或属性。

[Pin Type...]，选择管脚的类型。

[Model]，对元器件模型参数进行编辑。

[Stimulus]，请求打开激励源编辑器。

[Push]，加进一个由分级符号表示的图形。

Parts 窗口的主要功能为编辑已存在的元件属性，并保存。在其他窗口也可以直接通过单击元件来调用、修改保存过的元件。Parts 窗口的打开方式在本节开始已经介绍，此处不再赘述。

2.1.7　Optimizer 优化窗口

PSpice 所提供的优化工具 Optimizer 是针对已经具有基本功能的电路的，如果需要调节某些性能参数，如增益、带宽等，就可以使用 Optimizer 对电路进行优化。通过 Optimizer 调整电路中某些参数的值，观察参数的微弱变化对电路性能的影响，然后再次调整参数，直到性能达到要求为止。当对电路性能参数要求比较多时，则需要调节的参数也比较多，这时 Optimizer 就能充分表现出它的优势。

可以用以下两种方法打开 Optimizer 程序窗口：

(1) 选择 Design Manager 中的 Optimizer 图标，可以直接进入 Optimizer 窗口。

(2) 在【开始】菜单中选择【程序】中的【Designlib Release8.0】，再选择其子菜单中的【Accessaries】选项，在它的子菜单中可以找到【Optimizer】。Optimizer 编辑窗口由标题栏、菜单栏和显示窗口三部分组成，与通用的 Windows 程序相同，此处不再赘述。

2.2 PSpice 软件的使用

2.2.1 Schematics 功能简介

PSpice 利用软件包中的 Schematics 程序提供电路图形编辑环境。双击 PSpice 程序组的 Schematics 进入编辑环境，如图 2-30 所示。

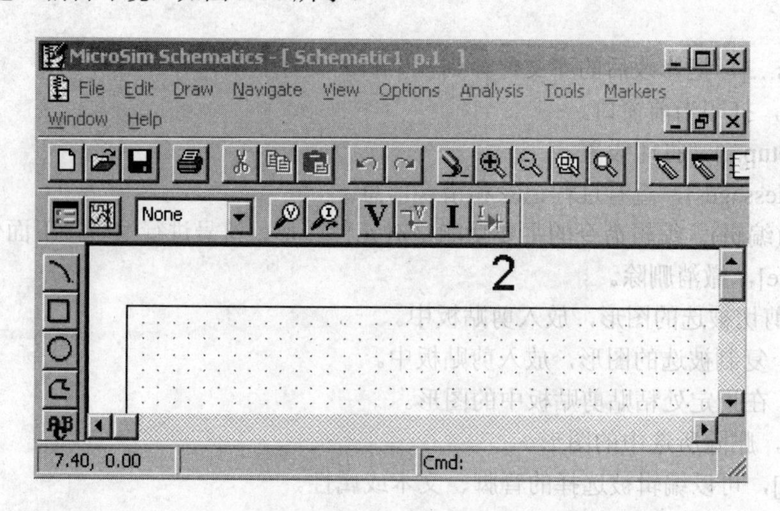

图 2-30　电路编辑窗口

在电路编辑窗口上方有 11 个下拉式菜单，单击不同的菜单,会弹出各自的子菜单。单击相应的子命令，可以完成编辑电路，设置分析电路的类型和运行仿真程序，观测仿真结果等工作。

除了下拉菜单方式选取命令以外，Schematics 还提供一种图标工具栏的快捷方式选取命令。这种方式可以在【View】下拉菜单的【Toolbar】命令中设置。Toolbar 将所有命令分为四组图标工具栏，即标准工具栏、绘制电路图工具栏、仿真计算工具栏和注释画图工具栏。单击图表式工具栏内相应的图标，可以完成与下拉式菜单中某些选项相同的工作。

标准工具栏中各图标所表示的命令含义与通用的 Windows 程序具有相同的意义，这里不再赘述。

注释画图工具栏提供绘制及插入非电气性质图标的快捷方式，各图表所代表的命令列于表 2-1 中。

表 2-1　注释画图工具栏

图　标	名　称	功　能
	弧线	在编辑区画弧线
	矩形框	在编辑区画矩形框
	圆	在编辑区画圆
	折线	在编辑区画折线
	文本	在编辑区写入文本
	文本框	在编辑区画文本框
	图片	在编辑区插入图片

绘制电路图工具栏提供提取电路元件、绘制编辑电路图的快捷方式，各图标所代表的命令列于表 2-2 中。

表 2-2　绘制电路图工具栏

图　标	名　称	功　能
	线	画元件的连接导线
	总线	画电子模块间的数据线
	元件框	画电子模块外框
	取新元件	提取新元件
	取元件	从最近提取的元件列表框中提取元件
	元件属性	定义，修改元件的属性
	元件符号	创建，修改元件符号

仿真计算工具栏提供设置分析类型、运行仿真程序、观察输出结果等快捷方式，各图标所代表的命令列于表 2-3 中。

表 2-3　仿真计算工具栏

图标	名　称	功　能
	设置分析类型	在激活 Schematics 窗口的情况下，设置分析类型
	仿真运算	开始仿真运算当前已编辑完的电路
	标识颜色	在下拉菜单中，选定当前标识的颜色
	节点电压标识符	放置节点电压标识符于仿真电路的节点上，在 Probe 运行后，给出该节点电压的波形曲线
	电流标识符	放置电流标识符于仿真电路的支路上，在 Probe 运行后，给出该支路电流的波形曲线
V	显示电压	显示偏置电压
I	显示电流	显示偏置电流

2.2.2　电路图的绘制

先开启【Schematic】，点选【Draw】/【Get New Part】，或单击工具栏上的取元件图标，

即可打开如图 2-31 所示对话框。该对话框列出了全局符号库中的所有符号。可以在“Part Name”文本框中键入需要的元件符号，对于不熟悉的元件也可以通过符号名列表的滚动条浏览。单击【Advanced】按钮可以选择是否显示符号图形。

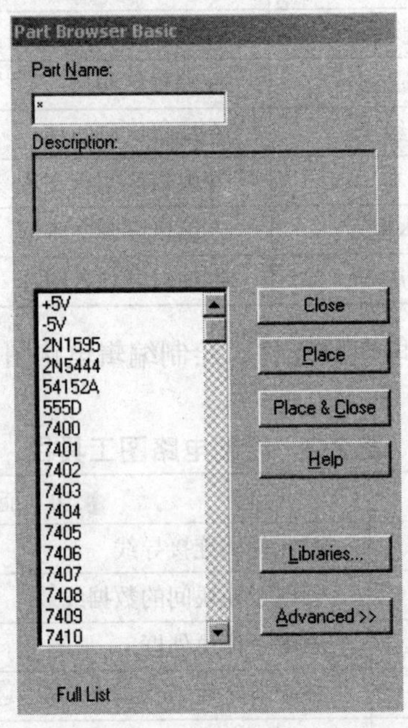

图 2-31　基本元件浏览对话框

找到所需的电路符号后，单击该符号，则该符号的名称便显示在“Part Name”文本框中。同时 Description 文本框中出现一行文字，说明该符号的含义。单击【Place】按钮可取出元件但不关闭对话框；单击【Place&Close】按钮取出并关闭对话框；也可双击符号名列表中某一符号将其取出。

取出电路符号后，鼠标将自动指向符号的某一个端子，连成电路后，这个端子代表符号的正节点，因此这个端子又称为符号的正端子。水平摆放时，通常使正端子在左侧；垂直时，在上。因此，在摆放符号前通常需将符号旋转一个角度。执行【Edit】/【Rotate】菜单命令或 Ctrl+R 可以将符号逆时针旋转 90°，执行【Edit】/【Flip】菜单命令或 Ctrl+F 可将其沿垂直方向对折。单击绘图工作区中的某一点，按下鼠标左键，符号将沿该点摆放一次。可多次摆放，单击右键结束。

摆放好后，选中相应的符号(为红色)可对其进行各种操作，如拖动、删除、拷贝及旋转等，也可同时选择多个符号(按住 Shift 键)。

PSpice 有两种连线方式：水平和垂直折线连接，斜线连接。采用哪种方式取决于直角连线开关的设置情况。连线步骤如下：

(1) 利用连线工具【Draw Wire】画导线。

(2) 点选画线工具后，即可看到一个铅笔状的指示。将画笔移到起始端，按鼠标左键，开始引线，要转弯时可按一下鼠标左键，画笔移到终点后再按一下鼠标左键，完成接线。继续画线，直到全部完成后，按鼠标右键结束画线。

(3) 双击任何一段导线，即会出现“LABEL”的对话框，可以给这条线段命名。这对以后的模拟仿真很有用。

(4) 保存电路图。

连线完成后开始标识元件符号，输入元件参数值。当从元件库中选取元件到电路图编辑区时，各元件都有一个默认的元件标识符号。双击默认的元件标识符号，弹出元件符号的属性对话框，可以将对话框内默认的元件符号改为自定义的元件符号。

最后根据电路分析需要，在图中加入特殊用途的符号和注释文字。

上述的几步工作都做完之后，就可以把编辑好的电路图命名存盘了。

2.2.3 Analysis 菜单分析

Analysis 是 Schematics 的一个重要的下拉式菜单，通过它可实现对所编辑的电路进行电路规则检查，创建网表和设置电路分析的类型，调用仿真运算程序和输出图形后处理程序等。

1. 电路规则检查

检查当前编辑完成的电路是否违反电路规则，如悬浮的节点，重复的编号等。若无错误，在编辑窗口下方显示“REC complete”的字样；如发现错误，则弹出错误表，给出错误信息，这时需要重新修改编辑，并再次检查电路。

2. 设置电路分析类型

这是仿真运算前最重要的一项工作，它包含有很多的内容。单击【Setup】会弹出相应的对话框，如图 2-32 所示。在这里只介绍与电路仿真实验有关的四项。

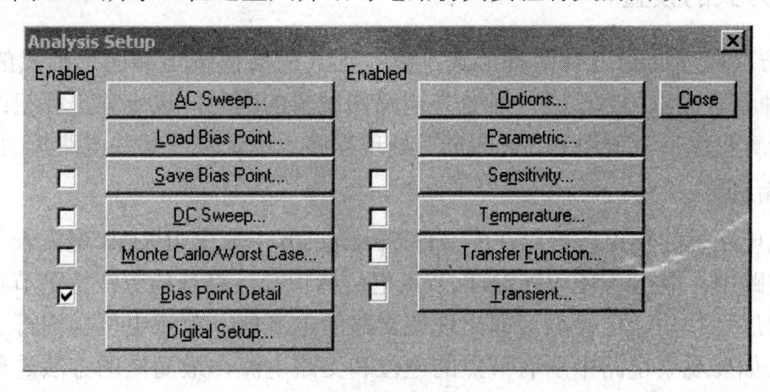

图 2-32 “Aualysis Setup”对话框

(1) AC Sweep 设置项。AC Sweep 设置当前电路分析方式为交流扫描分析，点击 AC Sweep 设置项前面的选择框，框中显示已选中，再单击 AC Sweep 设置项，可弹出交流扫描分析的详细设置对话框。其中 AC Sweep Type 提供了三种不同的 AC 扫描方式，Linear 表示线性扫描，Sweep Parameters 用于设置扫描参数，Total Pts 表示扫描点数，Start Freq、End Fred 分别表示交流分析的开始频率和结束频率，单位缺省为“Hz”。在进行单频率正弦稳态分析时，Start Freq 和 End Fred 需要设置为同一个频率，扫描点数设置为 1。

(2) DC Sweep 设置项。DC Sweep 设置当前电路分析方式为直流扫描分析，即在一定范围内，对电压源、电流源、模型参数等进行扫描。单击 DC Sweep 可以弹出直流扫描分析的详细设置对话框。其中 Sweep Var.Type 要求选定扫描变量类型，Name 要求输入扫描变量名，

Sweep Type 为扫描方式，选中 Linear 表示线性扫描，Start Value 表示扫描变量开始值，End Value 表示扫描变量结束值。Increment 对应线性扫描时扫描变量的增量。

(3) Parametric 设置项。Parametric 设置参数扫描分析，给出参数变化对电路特性的影响。单击 Parametric 弹出扫描分析参数设置对话框，其设置与直流扫描分析的设置相类似，这里不再赘述。

(4) Transient 设置项。Transient 设置当前电路分析方式为动态扫描分析和傅里叶分析。单击 Transient 弹出此类分析设置的对话框，动态分析的设置有打印步长 Print Step，动态分析结束时间 Final Time，打印输出的开始时间 No-Print Delay 等，傅里叶分析的设置有傅里叶分析 Enable Fourier，基频 Center Frequency，谐波项数 Number of harmonics，输出变量 Output Vars 等项。

3. 调用仿真运算程序和输出图形后处理程序

单击 Simulate 或相对应的图标，开始执行对当前电路图的仿真计算。如果在此之前没有做电路规则检查，创建网表，则在调用 Simulate 后，将自动进行这些分析创建工作。如果分析中遇到错误，则自动停止分析，给出当前错误信息，或提示查看输出文件。

调用输出图形后处理程序，可以采用两种方式。一种是仿真程序运行完毕后，自动进行图形后处理，通过单击“Analysis-Probe Setup”弹出对话框，设定 Automatically run Probe after Simulation 实现。另一种方式是在“Probe Setup”对话框中设定 Do not Auto-Prol，仿真计算结束后，通过单击 Run Probe 进行图形后处理工作。

2.2.4 输出方式的设置

PSpice 仿真程序的输出有两种形式：离散形式的数值输出和图形形式的波形输出。PSpice 有两种设置输出的方式：一种是在电路图编辑的同时，设定输出标记；另一种是在运行完仿真计算程序后，调用 Probe 图形后处理程序，确定输出某些电路量的波形。

1. 数值输出

设置直流电路量的输出，可以在库文件 Special.slb 中取出 IPROB 电流表，将其串联到待测电流的支路中；取出 VIEWPOINT 节点电位标识符，将其放置在待测节点电位的节点处。当仿真程序运行后，电流表旁即出现该支路的电流值，节点电位标识符上方显示该节点的电位值。如要观察电路中所有节点的电位和支路电流，最简洁的方法是单击仿真计算工具栏内的 V 和 I 图标。图标按下时，显示电位或电流的数值，单击所显示的数值，将在电路图中明确对应的节点或支路电流的实际方向。图标抬起时，显示的数据消失。

设置交流稳态电路和动态电路数据形式的输出，必须在仿真计算之前完成。可以从库文件 Special.slb 中取出具有不同功能的打字机标识符。如 VPRINT1 标识符用于获取节点电位，需将其放置到待测节点上；VPRINT2 标识符用于获取支路电压，需与待测支路并联；IPRINT 用于获取支路电流，需与待测支路串联。按如上不同功能，设置不同的输出标识符，确定各标识符的输出属性。当仿真程序运行后，单击【Analysis】/【Examine Output】命令，即可获取数据形式的输出文件。

2. 图形形式的输出

图形形式的输出是由 Probe 图形后处理程序实现的。有两种设定输出的方式。一种是在编辑电路的同时，单击仿真计算工具栏内的电压图标，在相应的节点设定节点电压标识，单击电流图标设置元件端子电流标识；也可以单击【Markers】下拉菜单设置支路电压标识符。一旦调用 Probe 程序，凡设置了标识的电压、电流，均给出相应的波形输出。另一种是在调用 Probe 程序进入其图形输出编辑环境以后，单击相应图标弹出添加仿真曲线对话框。该对话框中的左边是仿真输出列表框，右边是对输出变量可进行各种运算的运算符列表框。选中要输出的仿真波形的变量，或适当的计算，单击【OK】键，就可以显示出所选中变量或经过设定运算的输出波形。

2.2.5 PSpice 的几种分析

1. 直流分析

直流分析包括电路的直流工作点分析(Bias Point Detail)，直流小信号传递函数值分析(Transfer Function)，直流扫描分析(DC Sweep)和直流小信号灵敏度分析(Sensitivity)。在进行直流工作点分析时，电路中的电感全部短路，电容全部开路，分析结果包括电路每一节点的电压值和在此工作点下的有源器件模型参数值。这些结果以文本文件方式输出。

直流小信号传递函数值是电路在直流小信号下的输出变量与输入变量的比值，输入电阻和输出电阻也作为直流解析的一部分被计算出来。进行此项分析时电路中不能有隔直电容。分析结果以文本方式输出。

直流扫描分析可作出各种直流转移特性曲线。输出变量可以是某节点电压或某节点电流，输入变量可以是独立电压源、独立电流源、温度、元器件模型参数和通用(Global)参数(在电路中用户可以自定义的参数)。

直流小信号灵敏度分析是分析电路各元器件参数变化时对电路特性的影响程度。灵敏度分析结果以归一化的灵敏度值和相对灵敏度形式给出，并以文本方式输出。

2. 交流扫描分析(AC Sweep)

交流扫描分析包括频率响应分析和噪声分析。PSpice 进行交流分析前，先计算电路的静态工作点，决定电路中所有非线性器件的交流小信号模型参数，然后在用户所指定的频率范围内对电路进行仿真分析。

频率响应分析能够分析传递函数的幅频响应和相频响应，亦即可以得到电压增益、电流增益、互阻增益、互导增益、输入阻抗、输出阻抗的频率响应。分析结果均以曲线方式输出。

PSpice 用于噪声分析时，可计算出每个频率点上的输出噪声电平以及等效的输入噪声电平。噪声电平都以噪声带宽的平方根进行归一化。

3. 瞬态分析(Transient)

即时域分析，包括电路对不同信号的瞬态响应，时域波形经过快速傅里叶变换(FFT)后，可得到频谱图。通过瞬态分析，也可以得到数字电路时序波形。

另外，PSpice 还可以对电路的输出进行傅里叶分析，得到时域响应的傅里叶分量(直流分量、各次谐波分量、非线性谐波失真系数等)。这些结果以文本方式输出。

4. 蒙特卡罗分析(Monte Carlo)和最坏情况分析(Worst Case)

蒙特卡罗分析是分析电路元器件参数在它们各自的容差(容许误差)范围内，以某种分布规律随机变化时电路特性的变化情况，这些特性包括直流、交流或瞬态特性。

最坏情况分析与蒙特卡罗分析都属于统计分析，所不同的是，蒙特卡罗分析是在同一次仿真分析中，参数按指定的统计规律同时发生随机变化；而最坏情况分析则是在最后一次分析时，使各个参数同时按容差范围内各自的最大变化量改变，以得到最坏情况下的电路特性。

5. 温度特性分析(Temperature)

温度特性分析即对电路的温度变化情况进行直流扫描分析。

2.3 PSpice 仿真快速入门

本节将通过一个例子来说明用 PSpice 进行电路仿真的过程，给读者一个学习该软件的切入点，以便读者对利用 PSpice 进行电路分析设计有一个初步认识，帮助初学者了解 PSpice 的简单操作及使用方法，较深入的内容将在后面的章节中介绍。

2.3.1 用 PSpice 进行电路仿真的基本步骤

用 PSpice 对电路进行仿真通常经过以下几个步骤：

(1) 放置所需的各种元器件(包括电源)，设置各元器件的属性。

(2) 用导线连接各个元器件，形成电路图。

(3) 设置要模拟的内容，比如直流扫描、交流扫描及瞬态分析等。

(4) 执行模拟仿真。

(5) 利用 Probe 或表单输出文件，分析仿真结果。

2.3.2 PSpice 电路仿真实例

在图 2-33 所示电路中，当电阻 Rl 的阻值以 10 Ω 为间隔，从 1 Ω 线性增大到 1 kΩ 时，分析电阻 Rl 上的电压变化情况。

通过本例的介绍，了解如何运用 PSpice 软件绘制电路图，初步掌握符号参数、分析类型的设置，并会从 Probe 窗口看输出结果。具体操作步骤如下：

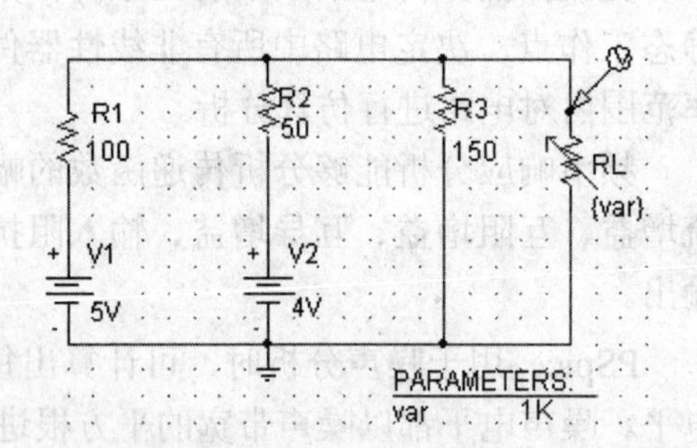

图 2-33 电路原理图

第一步，绘制电路原理图。

(1) 从符号库中提取元件符号或端口符号。

先开启 Schematic 窗口点选【Draw】/【Get New Part】，或单击工具栏上的取元件图标，即可打开取元件对话框。该对话框列出了全局符号库中的所有符号。可以在“Part Name”文本框中键入需要的元件符号，对于不熟悉的元件也可以通过符号名列表的滚动条浏览。单击【Basic】按钮可以选择是否显示符号图形。

找到所需的电路符号后，单击该符号，则该符号的名称便显示在“Part Name”文本框中，同时“Description”文本框中出现一行文字，说明该符号的含义。单击【Place】按钮可取出元件但不关闭对话框；单击【Place&Close】按钮取出并关闭对话框；也可双击符号名列表中某一符号将其取出。

在本例中不仅需要取出三个电阻、两个直流电压源和一个接地端，还要取出符号PARAM将电阻的阻值定义为全局变量，因本例是以电阻阻值为扫描变量的。

(2) 摆放元件。

① 摆放前。取出电路符号后，鼠标将自动指向符号的某一个端子，连成电路后，这个端子代表符号的正节点，因此这个端子又称为符号的正端子。水平摆放时，通常使正端子在左侧；垂直时，在上。因此，在摆放符号前通常需将符号旋转一个角度。执行【Edit】/【Rotate】菜单命令或 Ctrl+R 可以将符号逆时针旋转 90°，执行【Edit】/【Flip】菜单命令或 Ctrl+F 可将其沿垂直方向对折。

② 摆放符号。取出符号后，单击绘图工作区中的某一点，按下鼠标左键，符号将沿该点摆放一次。可多次摆放，单击右键结束。

③ 摆放后。摆好后，选中相应的符号(为红色)可对其进行各种操作，如拖动、删除、拷贝及旋转等，也可同时选择多个符号(按住 Shift 键)。

(3) 连线。

PSpice 有两种连线方式：水平和垂直折线连接，斜线连接。采用哪种方式取决于直角连线开关的设置情况。

① 利用连线工具【Draw Wire】画导线。

② 点选画线工具后，即可看到一个铅笔状的指示。将画笔移到起始端，单击鼠标左键，开始引线，要转弯时可单击鼠标左键，画笔移到终点后再单击鼠标左键，完成接线。继续画线，直到全部完成后，单击鼠标右键结束画线。

③ 双击任何一段导线，即会出现“LABEL”的对话框，可以给这条线段命名。这对以后的模拟仿真很有用。

④ 保存电路图。

(4) 定义或修改元器件符号及导线属性。

下面以 R1 为例，介绍两种修改符号属性值的方法。

方法一：利用电阻 R1 的属性表修改其值。

① 双击 R1 符号，打开 R1 属性表，如图 2-34 所示。

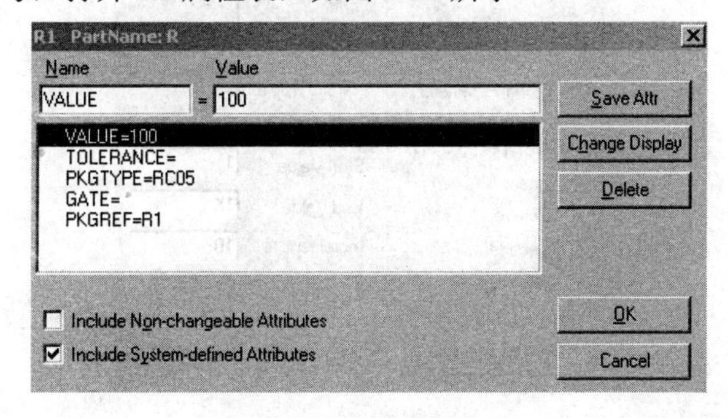

图 2-34 电阻 R1 的属性表

② 单击属性项 VALUE=1 k，属性名 VALUE 和值 1 k 分别出现在“Name”和“Value”文本框中。

③ 将“Value”文本框中 1 k 改为 100，并单击【Save Attr】，保存新属性。单击【OK】按钮确认退出。

方法二：单独修改 R1 的各属性值。

① 单击 R1 的编号 R1，打开图 2-35 所示符号参考编号对话框。

② 将对话框中的 R1 改为修改的编号，并按【OK】按钮。

③ 用同样的方法，双击电阻 R1 的阻值 1 k，可以将阻值改为 100。

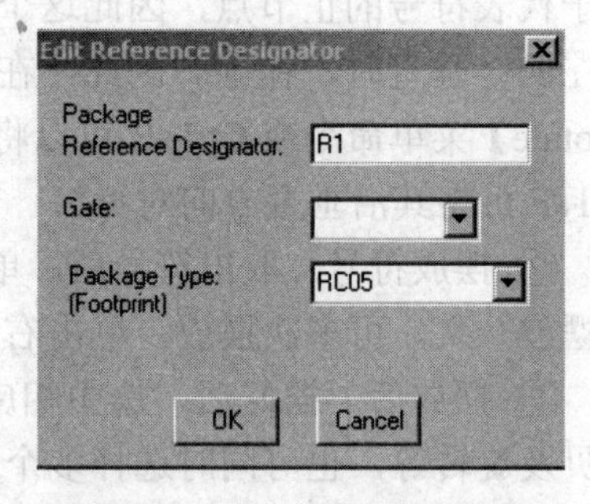

图 2-35　符号参考编号对话框

按上述方法修改其他符号。在修改 PARAM 的属性表中，代表 Rl 阻值的变量名 var 定义为 PARAM 的一个参数名，即 NAME1=var，阻值定义为 1 k 的相应参数值，即 VALUE1=1 k。一个 PARAM 符号最多可以定义三个全局变量。

定义各符号的参数后，最终的电路图如前所示。在电路中，电阻的阻值是变化的，注意要将变量名 var 加大括号。

(5) 加入特殊用途符号和注释文字。

根据电路分析的需要，在图中加入特殊用途符号和注释文字。

(6) 起名存盘。

第二步，设定要模拟的内容。

执行【Analysis/Setup】菜单命令，进入分析类型对话框，如图 2-36 所示。本例是一个以电阻的阻值为扫描变量的例子，所以要用到 DC Sweep。进入 DC Sweep 设置窗口后，选 Global Parameter(全局参数)和 Linear(线性扫描)，在“Name”文本框后第一格内写入全局参数名 var，将“Start Value”(扫描初值)设为 1，“End Value”(扫描终值)设为 1 k，“Increment”(扫描步长)设为 10。单击【OK】按钮结束操作。

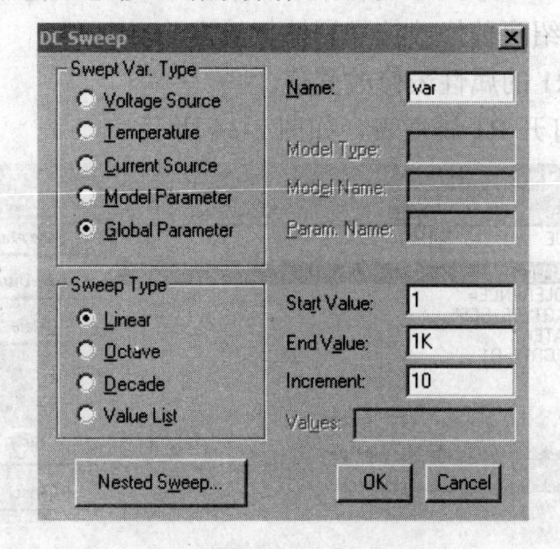

图 2-36　分析类型对话框

第三步，执行模拟仿真。

当设置完之后，便可以启动分析程序 PSpice 对电路进行分析。选择【Analysis】/【Simulate】，或单击常用工具栏中相应的按钮，或按快捷键 F11，都可以启动(自动建立电路网络表(【Analysis】/【Greate Netlist】)，自动进行电路检查(【Analysis】/【Electrical Rulecheck】))。

在分析过程中，会显示其运行窗口。如在电路中发现错误，会在运行中用红色文字显示。选择【Analysis】/【Examine Output】可查看错误原因。

若在【Analysis】/【Probe Setup...】中选定【Automatically Run Probe After Simulation】，在分析无误后自动进入 Probe 图形后处理器，显示观察波形。

第四步，利用 Probe 或表单输出文件，分析仿真结果。

Probe 是 PSpice 对分析结果进行波形处理、显示和打印的有效工具，Probe 可以给出波形各点的精确数据，可以迅速找到波形的极大、极小值点及其他特殊点，给波形加标注，按所需添加坐标设置，还可以保存波形显示屏幕等。它又被称为“软件示波器”。

启动 Probe 程序有两种方法：

① 在【Schematics】中，【Analysis】/【Probe Setup】/【Auto-run Option】。设置为【Automatically…】时，选择【Analysis】/【Simulate】进行仿真分析后会自动调用 Probe 程序。

② 在【Schematics】中，选择【Analysis】/【Run Probe】。

有两种方法可以查看变量波形：

① 利用 Probe 中的波形跟踪命令【Add Trace】，输入待观测的变量名或变量的函数名来查看。在 Probe 窗口，选择【Trace】/【Add】，可以打开波形跟踪对话框。单击变量名列表中的某变量名，使该变量名出现在 Trace Command 中，单击【OK】按钮，该变量的波形将出现在窗口中。

② 利用在电路中添加各输出标识来查看。在 Schematics 中，可以取出电压观测标识，将其加在电路的某节点上，在分析结束后在 Probe 窗口会显示该节点电压波形。

在本例中分析程序结束后，将自动进入 Probe 窗口，显示结果如图 2-37 所示。由图我们可以看出当 R1 的阻值变化时其电压的变化曲线。

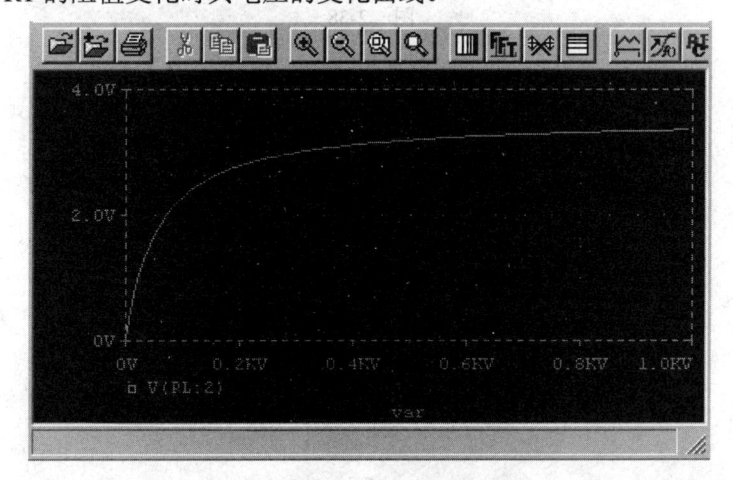

图 2-37　Probe 窗口输出的图形

点选【Tools】/【Cursor...】可以打开游标工具，读曲线上的值，即各电阻值所对应的电压值。游标有两个，一个是由较密的点构成的十字线，另一个点较疏。此外它还可以找最大/最小值，最大斜率点。

对于一个电路设计而言，在还没有建立起硬件电路之前，PSpice 可以帮助我们进行电路设计的运行和分析，从而发现电路的设计是否合理，是否需要变更，最终得到一个合理优化的电路设计。PSpice 就像一块带有各种元件的软件面包板，在上面可以搭接各种电路，并且可以调试和测试这些电路，最奇妙的是做这些工作我们无需接触任何硬件，这样就为我们节省了大量的时间和资金。

习　题

1. 画简图说明利用 PSpice 进行模拟仿真的主要流程。

2. 由于二极管具有单向导电性，所以可以利用该性质来组成限幅电路。图 2-38 是一个简单的限幅电路，输出幅度应该限制在−0.67～0.67 之间。利用 PSpice 进行电路设计的仿真，验证其限幅功能，具体要求如下：

(1) 利用 Schematic 画出原理图；

(2) 设置仿真类型及参数；

(3) 利用 Probe 观察仿真并说明限幅幅度及功能。

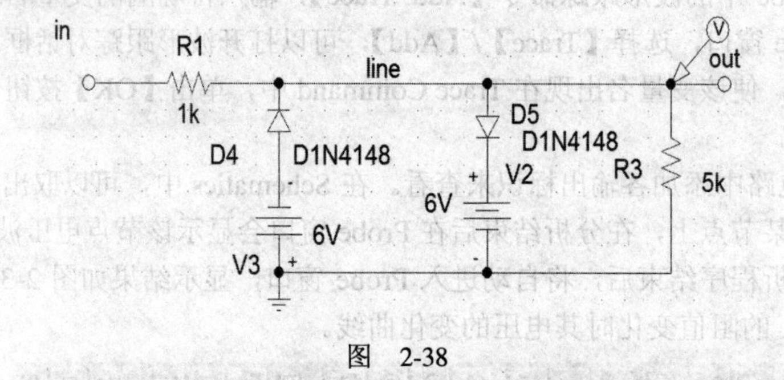

图　2-38

PSpice 软件的实际应用

在本章中，我们首先进一步理解 PSpice8.0 的电路仿真应用，并通过晶体管基本放大电路等实际电路熟练掌握 PSpice 软件的仿真技巧，从而进一步增强电路设计的能力。

本章主要内容包括：

- 晶体管基本放大电路的仿真
- 谐振电路的仿真
- 含有运放的直流电路
- 有源负载电路的仿真

3.1 晶体管基本放大电路的仿真

放大电路在模拟电路中占有特别重要的地位。因为，一方面在实际生活中有许多微弱的信号需要放大，任何小信号只有经过放大器放大才能输出到设备进行辨别或者驱动设备；另一方面它又是滤波器、振荡器等模拟电路的关键组成部分。工程上常用的放大电路大多是由若干个基本放大电路级联构成的。

所谓放大，表面上看是信号幅度由小增大。但是，放大的本质实际上是实现了能量的控制。由于输入信号过弱，不足以推动负载，因此需要提供另外一个能源，由能量较小的输入信号控制这个能源，使之输出较大的能量，然后推动负载。这样有助于理解放大电路的工作原理和实质。

晶体管的基本放大电路有三种组态：共射极、共基极和共集电极。这里由于受到篇幅的限制只对共射极放大电路进行设计分析，共集电极放大电路在输出级一节进行介绍，而共基极放大电路应用较少，本书就不介绍了。

3.1.1 设置静态工作点

放大电路的静态工作点的设置非常重要，它影响着放大电路的动态范围、电压增益、输入输出电阻等。要设计出较好的放大器必须设置合适的并且有稳定静态的工作点。通过下面的例子来介绍如何用 PSpice 设计放大电路的静态工作点。

1. 用 Schematics 创建电路图

(1) 打开电路图编辑器 Schematics。运行 Schematics，进入电路图编辑器界面。

下面我们将按图 3-1 所示进行电路图编辑。

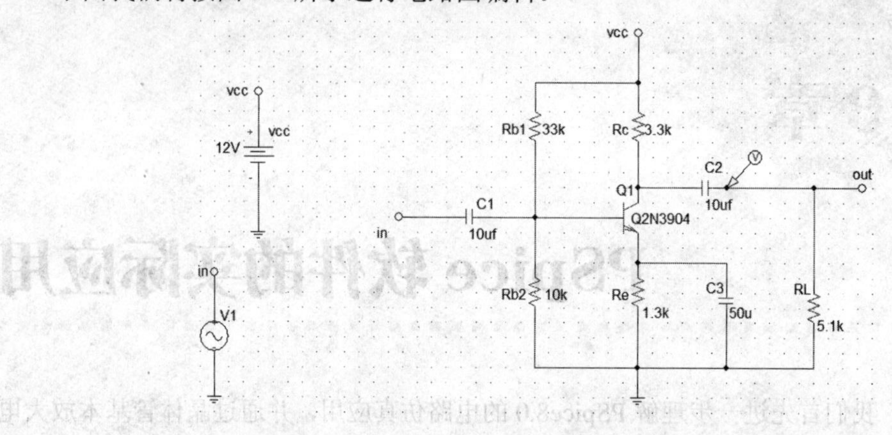

图 3-1　电路编辑器最后编辑的电路图

(2) 选择晶体三极管，更改模型属性。选取菜单【Draw】中的【Get New Part】项，在弹出的元器件浏览对话框中的【Part Name】输入晶体管的型号 Q2N3904，单击【Place&Close】确定，将晶体管的名称设置为 Ql。这里要修改该晶体管的放大倍数，将其改为 50。下面来看看 PSpice 是如何更改元器件参数的属性的。

首先单击要更改参数的晶体管 Ql (如被选中将呈现红色)，然后单击菜单【Edit】中的【Model】项，弹出模型编辑框“Edit Model”，再单击上面的【Edit Instance Model(Text)】按钮，弹出模型编辑框“Model Editor”如图 3-2 所示，将其中的“Bf”值改成 50，然后单击【OK】按钮确认即可。

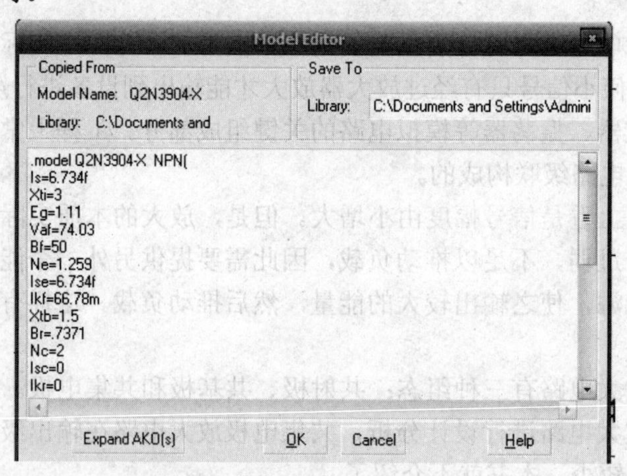

图 3-2　模型编辑框

(3) 选取电阻元件，并修改其参数属性。在菜单【Draw】中选择【Place】，填入“R”，然后在如图 3-1 所示电路图中合适的位置以同样的方法放置 5 个电阻。双击电阻的名称，将 5 个电阻的名称依次设为 Rb1、Rb2、Rc、Re 和 RL，然后双击电阻阻值的大小并将它们的大小依次改为 33 k、10 k、3.3 k、1.3 k 和 5.1 k。

(4) 选取电容，修改其参数属性。在菜单项【Draw】中选择【Get New Part】，然后在弹出的元件浏览对话框中填入“C”，将电容放置到如图 3-1 所示电路的合适位置。用同样的方法再取出3个电容。双击各个电容的名称，将它们依次命名为C1、C2，C3，双击它们的大小，将它们的大小依次设置为10 μF、10 μF和50 μF。现在读者对如何放置一般的元器件并修改它们的参数特性已经掌握，后面就不再详细介绍了。

(5) 选取其他的元器件。选取直流电压源(VDC)、正弦瞬态源(VSIN)、连接器(BUBBLE)、地(EGND)，并设置其参数属性，如图3-1所示。

(6) 用导线按照图3-1所示连接电路图，保存绘制好的电路图。

2. 对静态工作点的温度稳定性分析

电路图编辑好后读者就可以设置想要分析的类型了，这里先了解此电路的静态工作点。选择菜单项【Analysis】中的【Setup】项，弹出分析类型设置对话框如图3-3所示，确定静态工作点分析“Bias Point Detail”项被选中，然后单击【Close】按钮关闭该对话框。

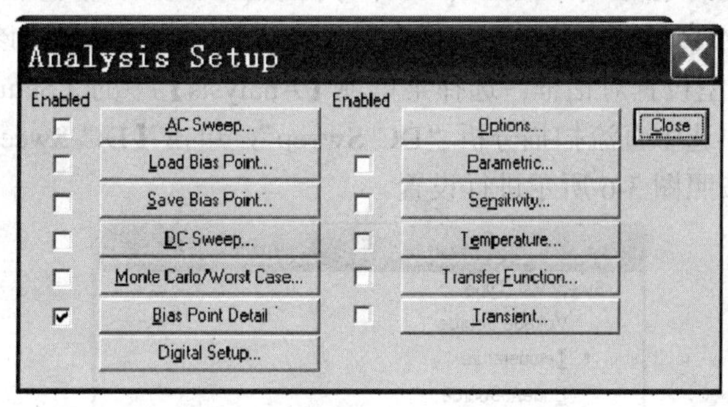

图3-3　设置为静态工作点分析

设置完后，单击菜单【Analysis】中的【Simulate】项，在PSpice A/D计算完成后，就可以看电路的静态工作点了。单击菜单项【Analysis】中【Display Results on Schematics】的【Enable】项，然后选择【Display Result on Schematics】中的【Enable Voltage Display】和【Enable Current Display】，此时在电路图编辑器的界面下可明显地看到电路的静态工作电压和静态工作电流，如图3-4所示。从图中我们可以明显看到I_b = 33.15 μA，Ic = 1.400 mA，Vce = 7.380 − 1.863 = 5.517 V，这就是该电路的直流工作点。图中所示的各个电压和电流值的有效位数是可以调节的，单击菜单【Analysis】中【Display Result on Schematics】中的【Display Option】项，弹出如图3-5所示的对话框，可以进行数据有效位数的显示设置。

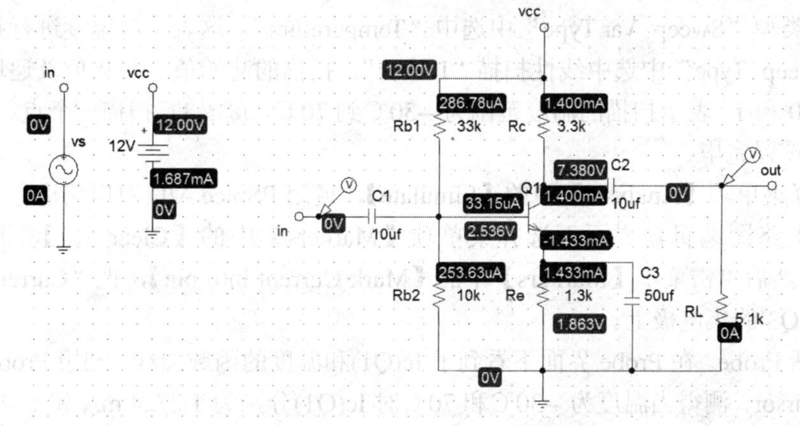

图3-4　电路图编辑器给出的静态工作电流和电压

图 3-5 数据有效位数设置对话框

一般的放大电路随着温度的变化直流工作点会有漂移，这使静态工作点不稳定，输出波形产生严重的畸变，导致放大电路不能正常工作，这将在后面讲到。而上述的放大电路是静态工作点较稳定的电路，下面用 PSpice 来分析该放大电路的静态工作点的温度稳定性。用 PSpice 对电路进行直流扫描分析，扫描变量设为温度，就可以看出该电路的这个特性。

(1) 打开分析类型设置对话框。选择菜单项【Analysis】中的【Setup】项，在弹出的分析类型设置对话框中选中直流扫描分析“DC Sweep”，单击【DC Sweep】按钮，弹出直流扫描分析设置框，按照图 3-6 所示进行设置。

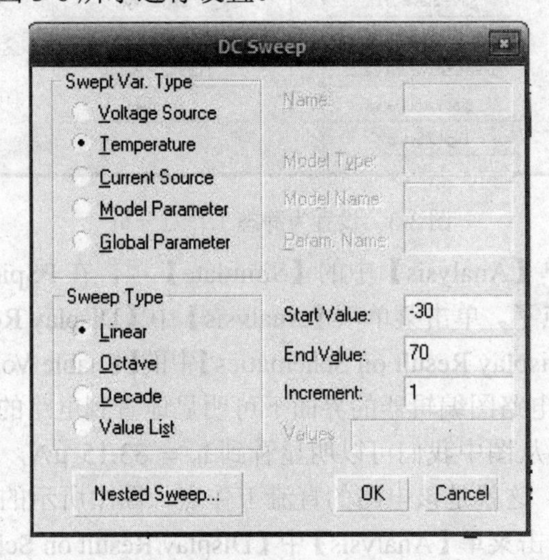

图 3-6 直流扫描分析对温度扫描的设置

在扫描类型“Sweep Var.Type”中选中“Temperature”，这表示对温度进行扫描；在扫描类型“Sweep Type”中选中线性扫描“Linear”。扫描的起始值、终止值及递增量分别设置为 −30、70 和 1，表示扫描的温度范围为 −30℃到 70℃，每隔 1℃扫描一个点。单击【OK】按钮确认，设置完毕。

(2) 选择菜单项【Analysis】中的【Simulate】，调用 PSpice A/D 对电路进行仿真计算。

(3) 在电路图编辑器界面下选择菜单项【Markers】中的【Clear All】，清除所有的“Markers”。然后单击菜单【Markers】中的【Mark Current into pin】，把“Current Marker”加在晶体管 Q3 的集电极上。

(4) 激活 Probe。在 Probe 界面下看到了 Ic(Q1)和温度的函数曲线。利用 Probe 界面下的光标工具 Cursor，测得当温度为 −30℃和 70℃时 Ic(Q1)分别为 1.2724 mA 和 1.4864 mA，曲线如图 3-7 所示。

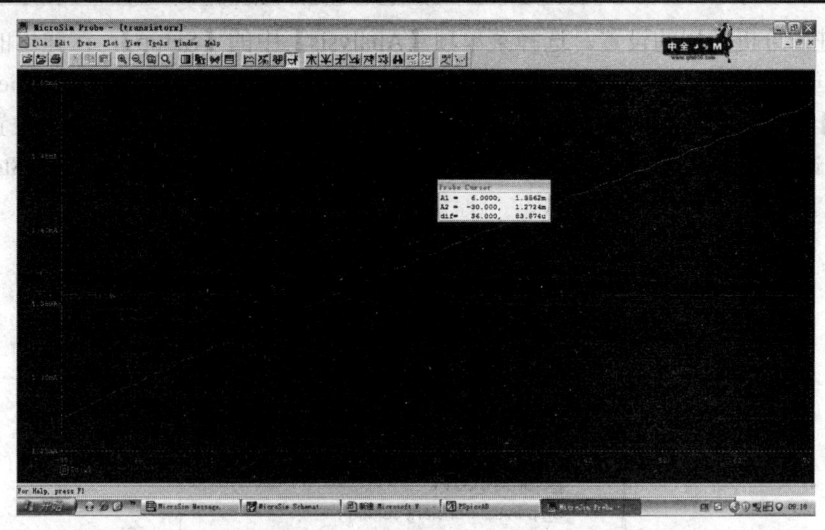

图 3-7　Ic (Q1)随温度变化的曲线

从曲线可以看出，随着温度的升高，静态工作点电流 Ic(Q1)也会有所升高，但是升高幅度只有 0.214 mA，这点微弱的变化不会对放大电路产生太大影响，所以电路的直流工作点基本上是稳定的。该电路的静态工作点之所以稳定是由于 Re 的负反馈作用。在电路中如果由于某种原因使 Ie 增大，Ie 增大将导致 Ve (Q1)增大，又由于 Q1 的基极电位几乎不变，导致 Vbe 减小，使得 Ib 也就减小，这样又反过来使 Ie 减小，从而削弱了 Ie 的增大趋势，达到了稳定直流工作点的目的。电路中的电容 C3 叫做旁路电容，它的作用是在交流通路中使 Re 短路，消除 Re 对交流信号的负反馈作用，以便不影响交流电压增益。

3. 静态工作点对动态范围的影响

以上对直流工作点进行了计算和温度稳定性的仿真和讨论，下面来了解电路的工作点设置对电路的影响。

(1) 静态工作点在截止区。这种情况下，首先要修改电路。双击电阻 Rb2 的大小，将电阻 Rb2 的大小设成 6 k，保存电路。双击正弦电压源 Vs，弹出它的属性设置对话框，按照图 3-8 所示进行设置。将电压偏移“VOFF”设为 0 V，电压幅度“VAMPL”设为 50 mV，正弦电压源的频率“FREQ”设为 1 kHz。在每次更改参数的值后，都要单击【Save Attr】按钮将该属性保存，否则它会弹出对话框提示保存属性。属性设置完毕后，单击【OK】按钮确认。电路更改完毕。

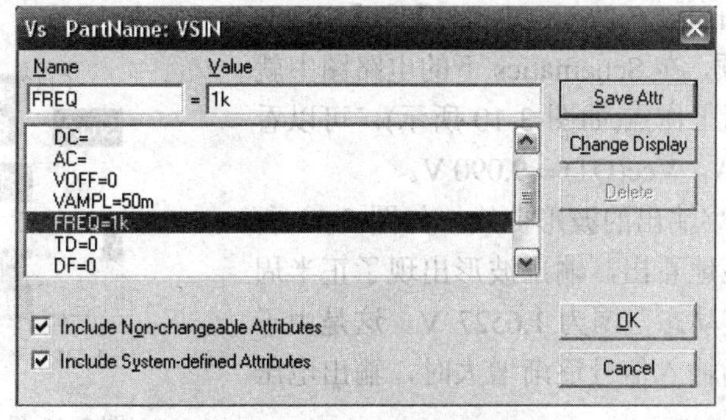

图 3-8　正弦电压源的属性设置

然后进行分析类型的设置。选择菜单项【Analysis】中的【Setup】，在弹出的分析类型选择对话框中取消原来的直流扫描分析“DC Sweep”，选中瞬态分析“Transient”，单击【Transient】按钮，在弹出的瞬态分析设置框(如图 3-9 所示)中对瞬态分析进行设置。其中打印步长“Print Step”设为 20 ns，终止时间“Final Time”设为 5 ms，最大步长“Step Ceiling”设置为 1μs。单击【OK】按钮确认。

Transient

Transient Analysis

Print Step: 20ns

Final Time: 5ms

No-Print Delay:

Step Ceiling: 1us

Detailed Bias Pt.

Skip initial transient solution

Fourier Analysis

Enable Fourier

Center Frequency:

Number of harmonics:

Output Vars.:

OK Cancel

图 3-9 瞬态分析设置

在上面瞬态分析对话框中设置的时间，可决定在 Probe 中观察图形的效果，如果观察效果不好，则可以返回来重新设置。

现在调用 PSpice A/D 来对电路进行仿真。选择菜单【Analysis】中的【Simulate】项对电路进行仿真。再选择菜单【Markers】中的【Mark Current into Pin】，将“Current Marker”放置到连接器 out 的一端，以便在 Probe 中观察放大电路输出的波形。

先来看看 Rb2 为 6k 时，电路的静态工作点。进入 Schematics 界面下，选中菜单项【Analysis】中的【Display Results on Schematics】下的【Enable】，然后单击菜单【Analysis】，选中【Display Results on Schematics】中的【Enable Current Display】和【Enable Voltage Display】两项，在 Schematics 下的电路图中就可观察到电路的静态工作点(如图 3-10 所示)，可以看出 Ic(Q1) = 881.90 μA，Vce(Q1) = 9.090 V。

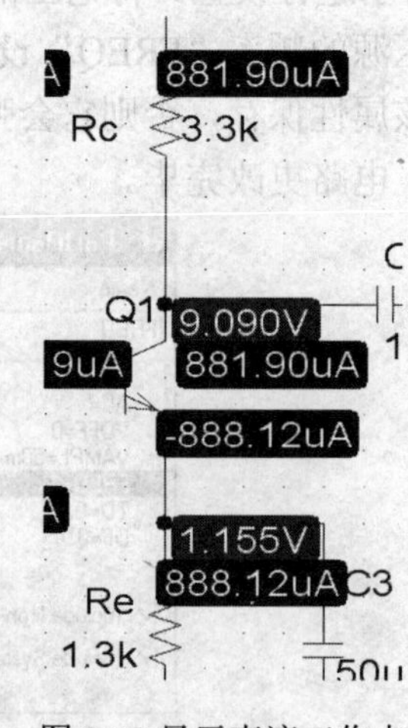

图 3-10 显示直流工作点

激活 Probe，观察输出的波形曲线，如图 3-11 所示。从图中可以明显地看出，输出波形出现了正半周切顶、截止失真，其动态范围为 1.6527 V。这是由于静态工作点太低，当输入信号逐渐增大时，输出电压首先出现了截顶失真。

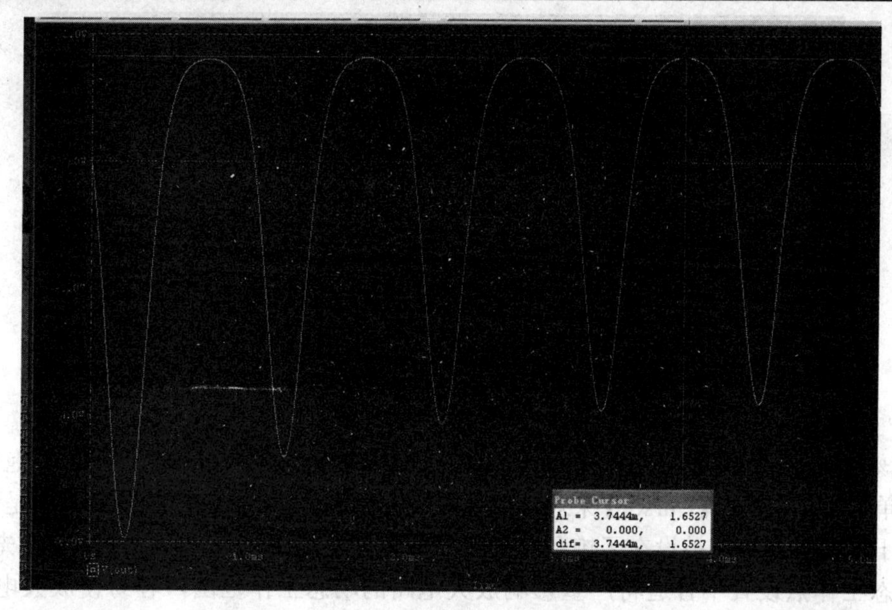

图 3-11　工作点在截止区时放大器的输出波形

(2) 工作点工作在饱和区。首先将 Rb2 的大小改为 20 k。双击与晶体管 Q1 的发射极和集电极连接的导线，分别给这两段导线命名为“Le”和“Lc”，如图 3-12 所示。给导线命名有很多好处，可以在网单文件中清晰地看出各个节点，以便于分析和保存电路图。

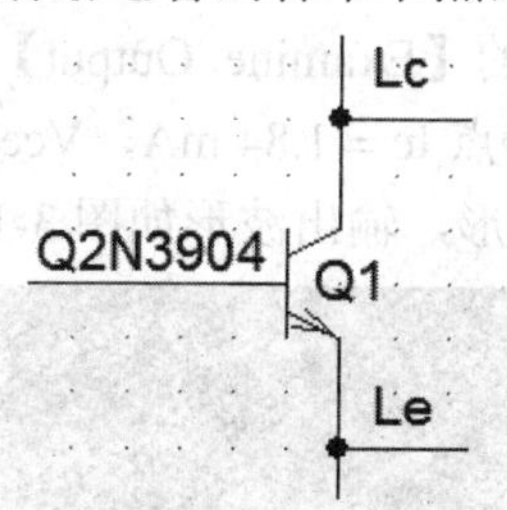

图 3-12　给导线命名

然后选择菜单【Analysis】中的【Simulate】，开始仿真计算，在这里由于还是进行瞬态分析，而且分析的设置一样，所以就没有重复进行设置。也可以通过网单文件来分析电路。选中菜单【Analysis】中的【Examine Output】，观察输出网单文件(读者可自行生成并分析)。

从网单文件中可以得到很多该电路的各个参数信息，包括分析类型、输入电路网单文件、别名语句、晶体管的模型参数、各个节点的直流电压、电压源的工作情况及功耗和晶体管的直流工作点。从网单文件中关于晶体管的直流工作点输出中，可以非常容易地得到静态工作点 Ic 和 Vce，这个放大电路的工作点 Ic = 2.34 mV，Vce =1.17 V。其中 Vce 还可以根据各节点的直流电压得出 $Vce = V_{Lc} - V_{Le} = 4.2841\ V - 3.1152\ V = 1.17\ V$。只有学好电路的描述语句才能把相关的网单文件看明白，电路描述语句可参考其他相关资料，本书由于篇幅等原因不再介绍。

此时的直流工作点我们已经得到，工作点明显比 Rb2 = 6 k 时提高了。下面利用 Probe 来观察输出的波形曲线。激活 Probe，得到如图 3-13 所示的输出波形。

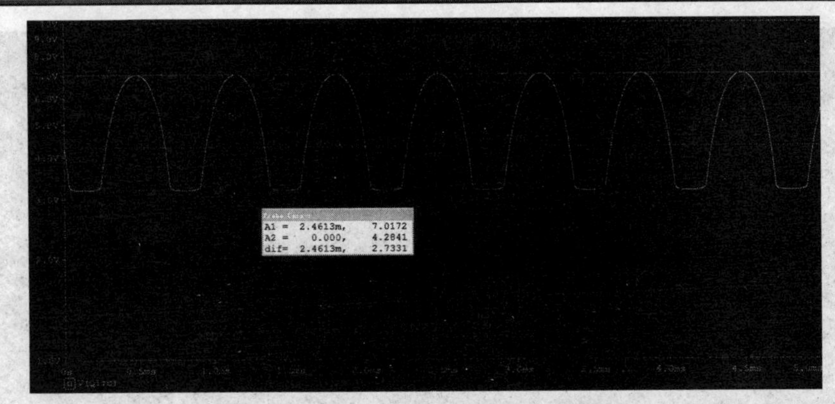

图 3-13　工作点在饱和区时的输出波形曲线

从该图中可以看出波形也出现了明显的失真，波形的负半周被切顶，出现了饱和失真，利用菜单【Tools】下的【Cursor】来对该波形曲线进行测量，此时输出的动态范围是 1.15 V。这是由于工作点过高，被设在了饱和区，当信号幅度逐渐变大时波形的负半周首先出现失真。静态工作点设置不合适将严重影响放大电路的动态工作范围，容易使放大电路工作失常。

(3) 工作点工作在放大区。首先，将 Rb2 的大小改为 14 k，然后双击正弦电压源，在弹出的属性设置对话框中更改其大小改为 20 mV，保存电路图。

分析类型的设置都不用改，选择菜单项【Analysis】中的【Simulate】进行仿真计算。计算完后，选择菜单【Analysis】中的【Examine Output】项，在输出的网单文件的晶体管直流工作电流中找到电路的静态工作点 Ic = 1.84 mA，Vce = 3.46 V。

最后激活 Probe 观察输出的波形，输出波形如图 3-14 所示。

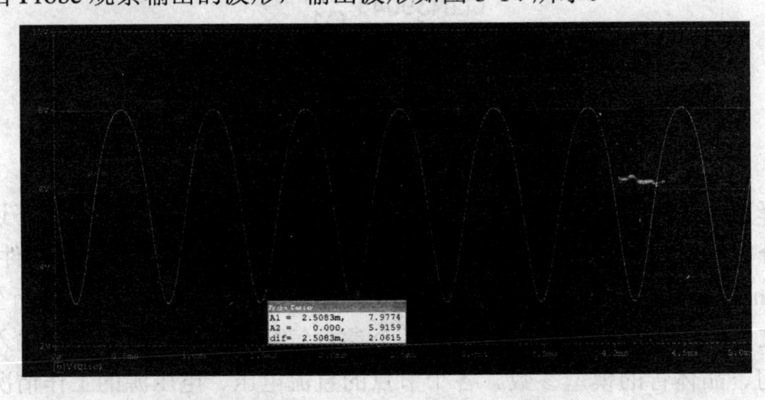

图 3-14　工作点在放大区时的输出波形曲线

从图 3-14 中可看出，波形的失真很小，在此幅度下还没有出现切顶失真的现象。继续增大输入信号的幅度，当输入幅度达到 30 mV 时，波形略微出现了一些失真，此时输出的动态范围大约为 3 V。而且本身由于晶体管的非线性，也会导致波形的一些失真。

从上面对工作点在截止区、饱和区、放大区的三种分析可以看出：当工作点偏低时，易产生截止失真；当工作点偏高时，易产生饱和失真；只有正常设置静态工作点，放大电路才能够正常工作，获得最大的动态范围。此外由于晶体管的参数与其直流工作点有关，致使放大电路的动态特性指标也与直流工作点密切相关。因此，通常要求直流工作点设置合适而且稳定。

3.1.2　计算放大电路的输入输出电阻

放大电路的输入输出电阻也是一项非常重要的指标，一方面，为了获得更大的外加信号源电源的分压，要求输入电阻大，另一方面，为了使电压增益受负载的影响要小，输出电阻要大。利用 PSpice 可以非常方便地测出输入输出电阻，而不必手算那么繁杂，而且准确度也可以得到保障。

1. 输入电阻的测量

选中原来的输入正弦电压源，按“Del”键将其删除。然后单击菜单项【Draw】中的【Get New Part】，打开元器件浏览对话框，在“Part Name”框中输入“VAC”，单击【Place&Close】，将此元件放在合适的位置。VAC 是交流电压源，用于进行交流小信号分析。双击该元件的名称，将其命名为 V1，然后双击该元件，弹出属性设置对话框，如图 3-15 所示。将交流电压源的大小“ACMAG”设成 15 mV，相位“ACPHASE”设置成 0。单击【OK】按钮确认。在更改每项属性时都要单击“Save Attr”保存属性设置。

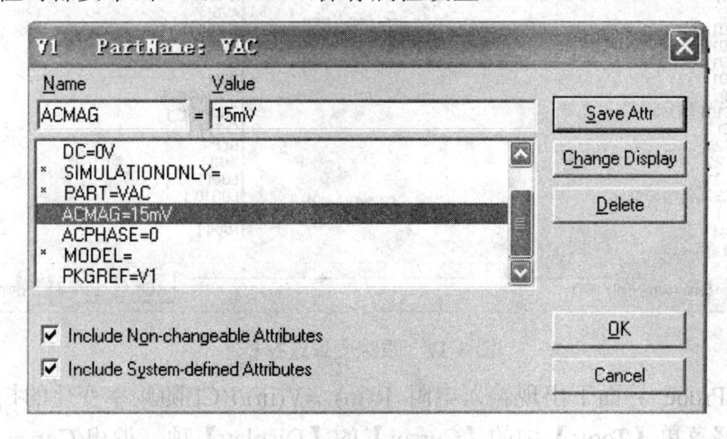

图 3-15　交流电压源属性设置

修改完电路后，将电路图保存。选中菜单【Analysis】中的【Setup】项，打开分析类型选择对话框，取消瞬态分析“Transient”，然后选中交流小信号分析“AC Sweep”。单击按钮【AC Sweep】，弹出交流小信号分析对话框，按照图 3-16 所示进行设置。其中交流扫描类型“AC Sweep Type”选择“Decade”，表示按照数量级进行扫描了；扫描参数“Sweep Parameters”框中“Pts/Decade”中设为 101，表示每个数量级中扫描 100 个点，起始频率“Start Freq”设置为 10 Hz，终止频率“End Freq”设置为 10 MHz。单击【OK】按钮确认。

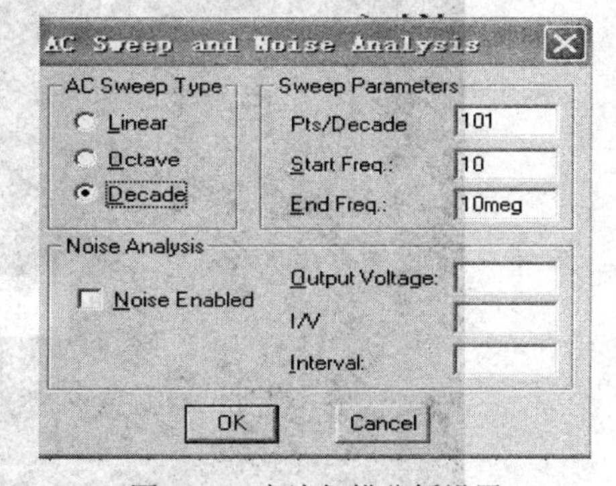

图 3-16　交流扫描分析设置

选择菜单【Analysis】中的【Simulate】，开始仿真计算。在仿真计算完成后，激活 Probe，选择菜单【Trace】中的【Delete All】，然后单击菜单【Trace】中的【Add】，弹出跟踪变量选择

框"Add Traces"，如图 3-17 所示。该对话框是选择在 Probe 中显示的变量。在该对话框中，左边的列表框表示可以在 Probe 中显示的变量，在其中单击选择要观察的变量，右边的列表框给出了左边的变量可以进行的算术运算或一些函数运算。单击变量、运算符号或变量的函数，它们会出现在"Trace Expression"中，通过这两个列表框可以编辑很多变量的表达式，使之出现在"Trace Expression"中，然后单击【OK】确认就可以观察这些变量的表达式的输出图形曲线了。在这里先在左边的列表框中选中 V(in)，在"Trace Expression"中便出现了 V(in)，然后单击右边的列表框中的运算符号"/"，再在左边的列表框中选择 I(C1)，最后在"Trace Expression"中出现了 V(in)/I(Cl)，单击【OK】按钮确认。

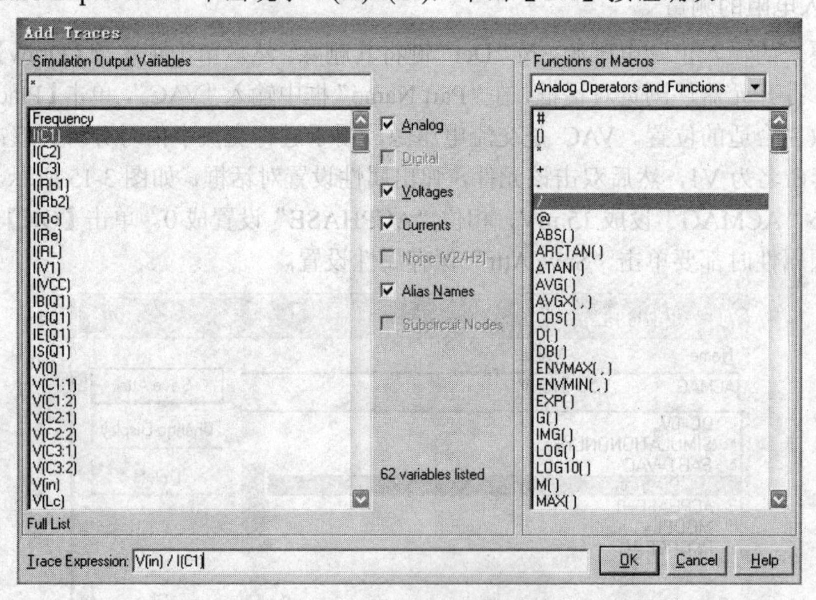

图 3-17　跟踪变量选择框

这时会在 Probe 界面下出现输入电阻 R(in) =V(in)/I(Cl)随频率变化的扫描曲线，如图 3-18 所示。选择菜单【Tools】中的【Cursor】的【Display】项，调出 Cursor 工具，测得在中频阶段输入电阻大约为 0.577 k。

图 3-18　输入电阻随频率变化的曲线

从图中可以看出，在低频阶段输入电阻很大，随着频率的增加输入电阻逐渐减小，在中频阶段，输入电阻趋于一条直线，几乎不变，当频率继续增加时，电阻继续降低。这是由于该电路中的输入耦合电容所致，在低频时该耦合电容阻抗很大，随着频率的继续增加，阻抗逐渐减小。可以看出，利用 PSpice 分析计算放大电路输入电阻非常方便准确。

2. 输出电阻的测量

常用的一种测量输出电阻的方法，即撤掉输入的信号源和负载电阻 RL，然后在输出端加一信号源，通过测量该信号源的电压与流过它的电流之比得到放大电路的输出电阻。下面就利用这种方法来测量输出电阻。

首先修改电路。将原来电路的交流电压源 V1 的信号幅度设为 0，这就表示撤掉了输入信号源；然后将负载电阻 RL 的大小改为 5000 M，这相当于短路。然后选择菜单【Draw】中的【Get New Part】项打开元器件浏览对话框，在“Part Name”框中输入“VAC”，将该交流电压源放到合适的位置，然后双击该电压源的名称，将其命名为 V2，双击该电压源的大小，将其大小设置为 15 mV。以同样的方法取出地(EGND)、连接器(BUBBLE)，将该连接器命名为 out。连接如图 3-19 所示。保存电路图。

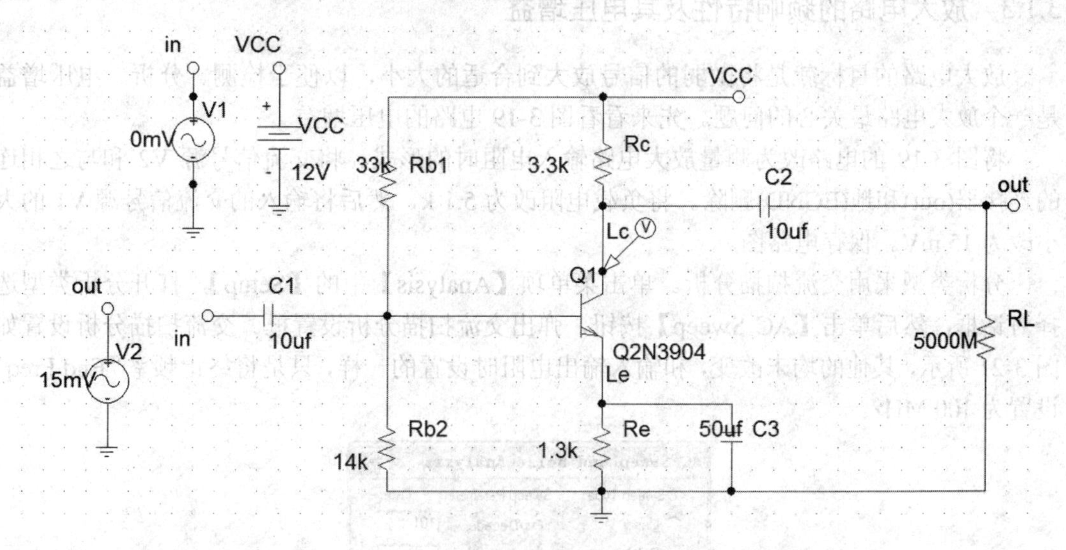

图 3-19　测量输出电阻时的电路图

分析类型的设置不用改变。然后单击菜单【Analysis】中的【Simulate】项，进行仿真计算。

计算完毕后，激活 Probe。单击菜单【Trace】中【Add】项，打开“Add Trace”对话框进行编辑，使其中文本框“Trace Expression”为 V(out)/(C2)，然后单击【OK】按钮确认。在 Probe 界面下会看到下面的 V(out)/(C2)随频率变化的曲线，也就是输出电阻随频率变化的曲线，如图 3-20 所示。从该曲线可以看出输出电阻随频率的增大而逐渐减小，在中频段有很长一部分几乎处于一条直线，利用 Probe 提供的光标工具“Cursor”可以测得在中频时输出电阻约为 3.057 kΩ。这里输出电阻的变化主要是由输出耦合电容引起的。输出电阻的测量还可以利用另外一种方法，也就是利用直流传输函数分析直接计算，具体如何实现这里就不介绍了，读者可以查阅相关资料。

图 3-20 输出电阻随频率变化的曲线

3.1.3 放大电路的频响特性及其电压增益

放大电路的目标就是将微弱的信号放大到合适的大小，以便于检测、分析。电压增益是一个放大电路最关心的问题。先来看看图 3-19 电路的电压增益。

将图 3-19 的电路改为测量放大电路输入电阻时的形式。将交流信号源 V2 和与之相连的连接器(out)和地(EGND)删除。将负载电阻改为 5.1 k，然后将输入的交流信号源 V1 的大小改为 15 mV。保存电路图。

分析类型采用交流扫描分析。单击菜单项【Analysis】中的【Setup】，打开分析类型选择对话框，然后单击【AC Sweep】按钮，弹出交流扫描分析设置框。交流扫描分析设置如图 3-21 所示，其他的均未改变，和输入输出电阻时设置的一样，只是将终止频率“End Freq”设置为 100 MHz。

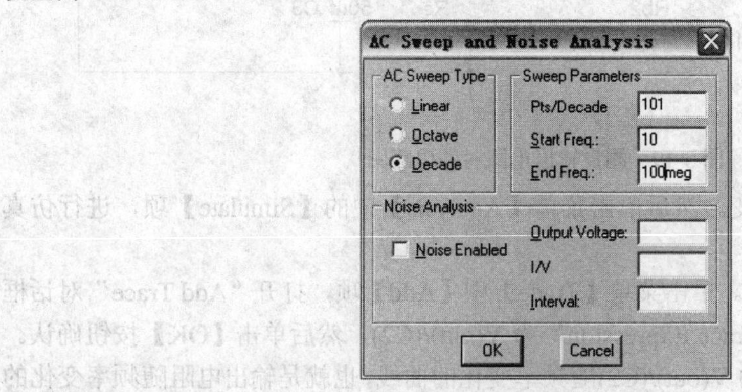

图 3-21 交流扫描分析

然后选择菜单【Analysis】中的【Simulate】项，开始仿真计算。计算结束后，激活 Probe。单击菜单【Trace】中的【Add】项，弹出跟踪变量设置对话框“Add Traces”。在左右两边的列表框中进行适当的选择，使“Trace Expressions”中为 V(out)/V(in)，单击【OK】按钮确认。则在 Probe 中输出的 V (out)/V (in)随频率变化的曲线即电压增益随频率变化的曲线，如图 3-22 所示。在 Probe 中，利用菜单【Tools】下的光标工具“Cursor”测量中频段时电压增益约为 130。

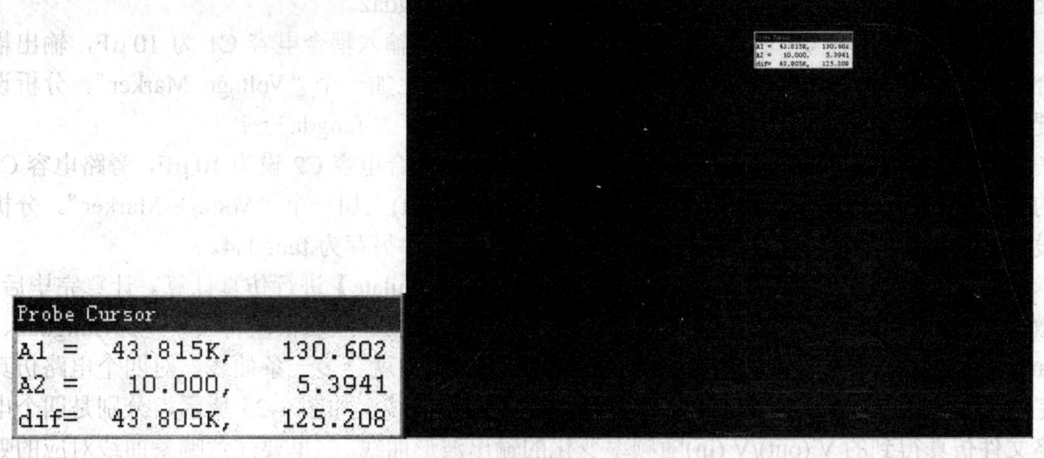

图 3-22　电压增益随频率变化曲线

从上图可以看出，此放大电路对不同频率的信号，它的放大能力是不一样的，即增益是频率的函数。这是因为在放大电路中，常常含有电容，比如晶体管中的结电容以及分布电容等。如果放大电路的频带不够宽，相频特性不理想，可能引起输出信号的失真。因此，频率响应是放大电路的一个十分重要的性能指标。

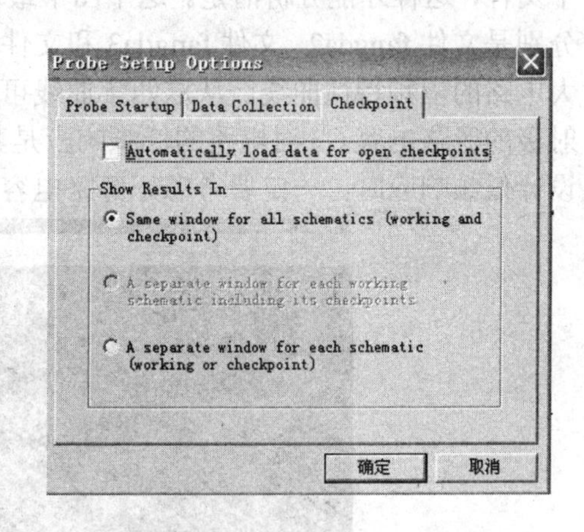

图 3-23　对 Probe 进行设置

下面来分析共射极放大电路的频率响应特性，分析哪些参数是影响电路频率响应特性的主要因素。

首先选择菜单【AnaIysisn】中的【Probe Setup】，弹出 Probe 的设置对话框，如图 3-23 所示。

在【Checkpoint】栏中取消“A separate window for each Schematics”项，选中“Same window for all schematics (working and checkpoint)”项。表示将各次仿真的结果在同一个 Probe 窗口中显示，这样便于比较。

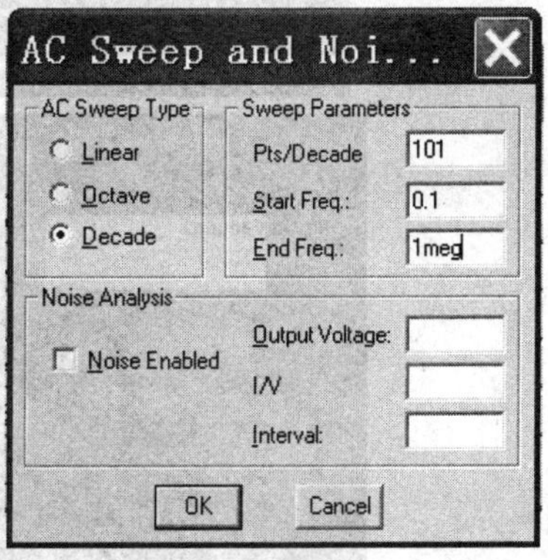

(1) 然后将耦合电容 Cl 的大小设为 1000 μF (足够大)，输出藕合电容 C2 为 10 μF，旁路电容 C3 为 50 μF，而其他的元件属性不变，并在连接器(out)上加一个“Voltage Marker”。下面进行分析设置，打开交流扫描分析对话框，按照图 3-24 进行设置。然后单击【OK】按钮确认。将文件另存为 fangdal。

图 3-24　交流扫描分析设置

(2) 将输出耦合电容 C2 改为 1000 μF(足够大)，输入耦合电容 Cl 为 10 μF，旁路电容 C3 为 50 μF，其他元件不变，并在连接器(out)上加一个“Voltage Marker”。分析设置也采用交流扫描分析，设置如图 3-24 所示。将文件另存为 fangda2。

(3) 将旁路电容 C3 的大小设为 1000 μF(足够大)，输入耦合电容 C1 为 10 μF，输出耦合电容 C2 为 10 μF，其他元件不变，并在连接器(out)上加一个“Voltage Marker”。分析设置采用交流扫描分析，设置如图 3-24 所示，将文件另存为 fangda3。

(4) 将输入耦合电容 C1 的大小设为 10 μF，输出耦合电容 C2 设为 10 μF，旁路电容 C3 的大小设为 50 μF，其他元件属性不变，并在连接器(out)上加一个“Voltage Marker”。分析设置也采用交流扫描分析，设置如图 3-24 所示，将文件另存为 fangda4。

打开文件 fangdal，选择菜单【Analysis】中的【Simulate】进行仿真计算。计算完毕后，激活 Probe。在 Probe 中看到了 V (out)随频率变化的曲线。然后依次将三个电路(fangda2、fangda3 及 fangda4)进行仿真。每次仿真完后在 Probe 中就会多一条曲线。对四个电路仿真完毕后，在 Probe 中可看到在同一屏幕上出现了四条曲线，如图 3-25 所示，分别是四个电路文件仿真得到的 V (out)/V (in)随频率变化的输出波形曲线。这里要注意哪条曲线对应的哪个文件，这样才能分析清楚。这个图中最左边的曲线是文件 fangda1 的输出曲线，依次向右分别是文件 fangda2、文件 fangda3 和文件 fangda4 的输出曲线。其中文件 fangda4 是原来放大电路的幅频特性曲线。从这四条曲线可以看出电容 C1、C2 对电路的低频特性影响不大，射极的旁路电容 C3 对电路的低频响应是其主要作用。由此可见，在设计共射极放大电路的设计低频响应时，一定要考虑好旁路电容的取值。

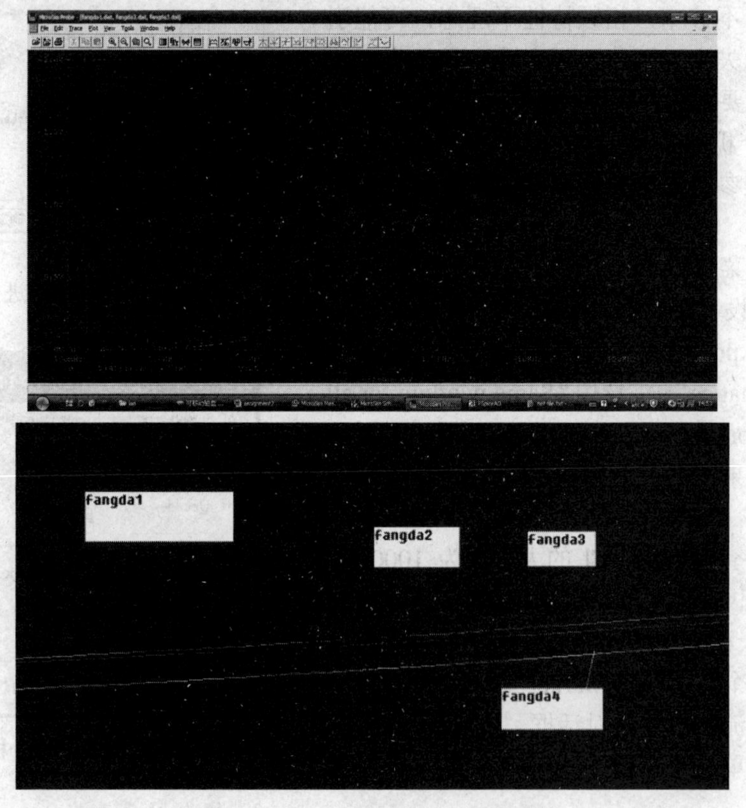

图 3-25 几种情况低频响应的比较

旁路电容是如何影响共射极放大电路的低频特性及放大电路的高频响应部分留给读者自行练习。

3.2　谐振电路的仿真

集成运算放大器除了应用在信号处理方面外，在波形发生方面也有非常广泛的应用，可以利用运放接上不同的反馈电路产生正弦波、矩形波和锯齿波等。产生不同类型的波形，集成运放的工作状态并不一样。在产生正弦波的电路中，运放工作在线性区；而产生锯齿波或矩形波的电路中，运放则工作在非线性区。

我们这里只介绍 RLC 串联振荡电路产生正弦波信号。掌握利用 PSpice 仿真研究电路频率特性和谐振现象的方法，以便进一步理解谐振电路的选频特性与通带宽的关系，同时了解耦合谐振增加带宽的原理。

如图 3-26 所示的 RLC 串联谐振电路，利用 PSpice 测试该电路的幅频特性，确定其通带宽，如果通带宽小于 40 kHz，试采用耦合谐振的方式改进电路，使其通带宽满足设计要求。

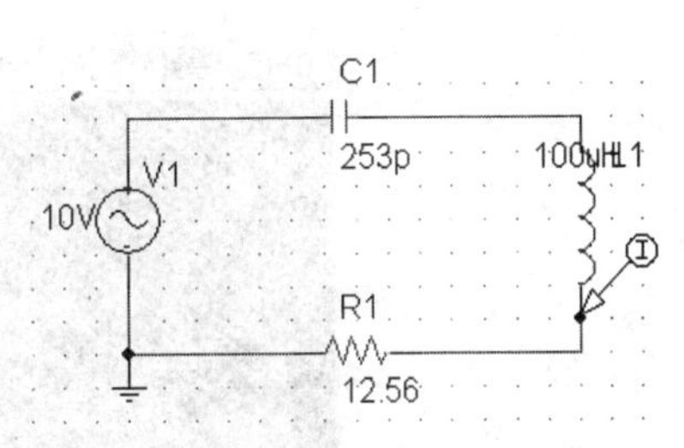

图 3-26　RLC 串联谐振电路

具体操作步骤如下：

(1) 在 PSpice 的 Schematics 环境下编辑电路。取出元件，摆放到合适的位置，画导线连接电路，电路图连接完毕，再给每个元件分别赋值。为了观察仿真结果的输出波形，还应在电路中设置支路电流标识符。

(2) 单击【Analysis/Electrical Rule Check】对电路做电路规则检查。注意有无悬浮节点和零参考点等。如果出现错误，则重新修改编辑电路，重新进行电路规则检查，直到没有错误为止，然后就可以进行下一步工作了。

(3) 单击【Analysis/Setup】对所编辑的电路进行分析类型的设置。可以设置当前电路为交流扫描分析。设置为线性扫描，扫描点数为 100，开始频率为 450 kHz，结束频率为 1500 kHz。设置完成后可以对编辑的电路进行仿真计算了。

(4) 设置仿真计算完成后，将自动调用图形后处理程序，运行仿真程序，输出波形如图 3-27 所示。

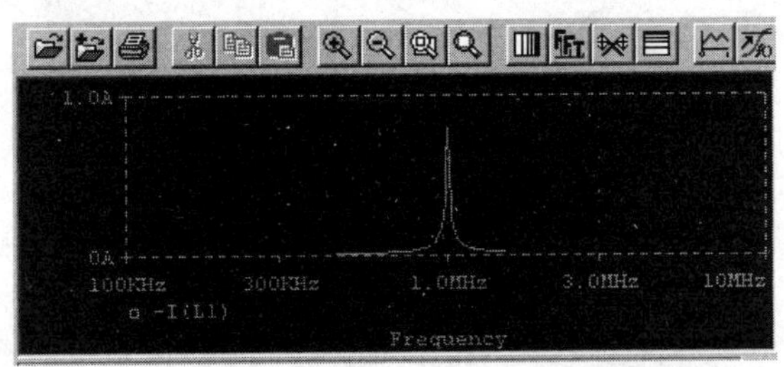

图 3-27　Probe 图形窗口输出的图形

由图 3-27 可以知道，电路的谐振频率为 1 MHz，通带宽小于 40 kHz，不满足设计要求。改进后的电路如图 3-28 所示。

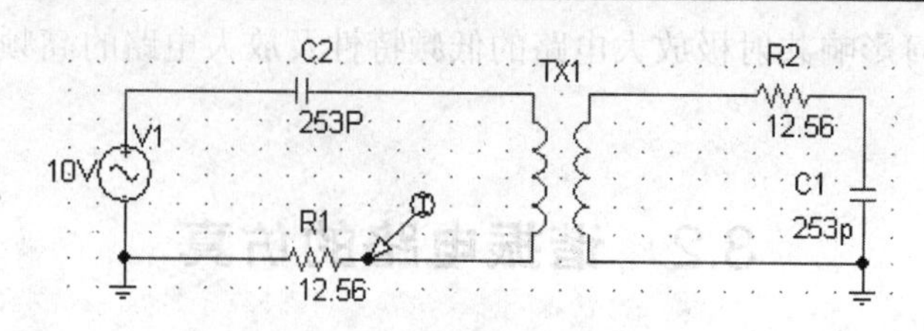

图 3-28 改进后的电路图

(5) 按照上述步骤连接电路，其中耦合电感的参数设置为：L1 = 100 μH，L2 = 100 μH，耦合系数 COUPLE = 0.022。然后进行电路规则检查，再对编辑好的电路进行仿真计算，自动调用图形后处理程序，可以得到如图 3-29 所示的波形。

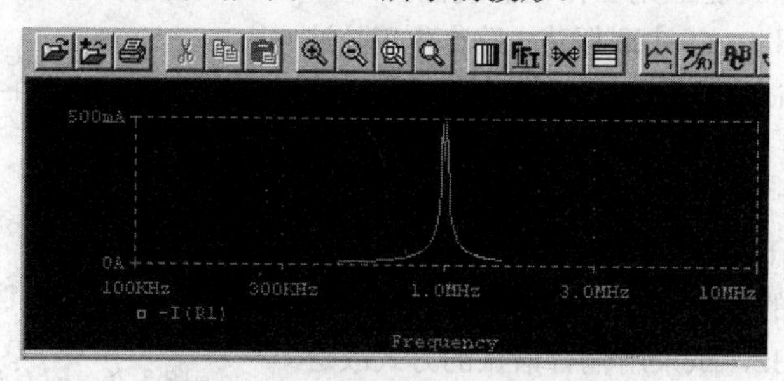

图 3-29 Probe 图形窗口输出的图形

分析测试的输出曲线可以得出，所设计的耦合谐振电路的谐振频率仍然为 1 MHz，可是通带宽却增加到 40 kHz 以上，满足了设计的要求。

3.3 含有运放的直流电路的仿真

本节介绍利用 PSpice 软件研究含有运放电路的方法，并根据具体电路设计要求，设置分析类型和分析输出方式，进行电路的仿真分析。

含有运放的直流电路如图 3-30 所示。接下来我们研究如何利用 PSpice 求解电路中 R1，R2 的电流和运放的输出电压；同时在(0～4)V 范围内调节电压源 V1 的源电压，观察运放输出电压 Vn2 的变化，总结运放输出电压 Vn2 与源电压 V1 之间的关系。确定该电路电压比(Vn2/V1)的线性工作区。

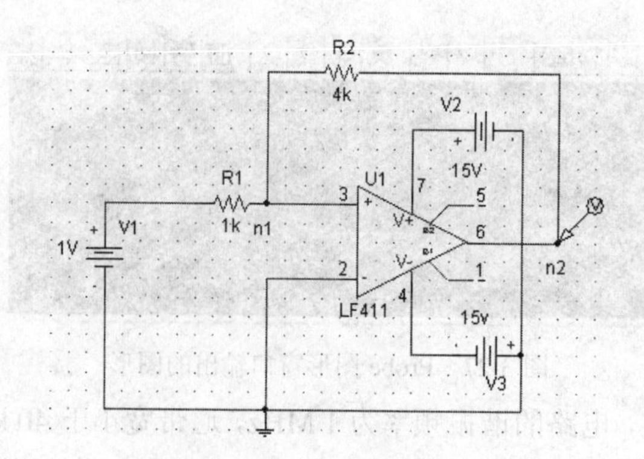

图 3-30 含有运放的直流电路

具体操作步骤如下：

(1) 在 PSpice 的 Schematics 环境下编辑电路。取出元件，摆放到合适的位置，画导线连接电路，电路图连接完毕，再给每个元件分别赋值。其中运放在 Analog.slb 库中选取 LF411。注意维持运放正常工作所需要的两个偏置电源的正负极。为了观察实验结果的输出波形，还要在电路中设置节点电压标识符。

(2) 单击【Analysis/Electrical Rule Check】对电路做电路规则检查。注意有无悬浮节点和零参考点等。如果出现错误，则重新修改编辑电路，重新进行电路规则检查，直到没有错误为止。

(3) 单击【Analysis/Setup】对所编辑的电路进行分析类型的设置。本例可以设置当前电路为直流扫描分析。扫描变量类型选“Voltage Source”，扫描变量名为 V1，选中线性扫描，扫描变量开始值为 0 V，扫描变量结束值为 4 V，线性扫描时扫描变量的增量为 1 V。

(4) 仿真运算后，单击仿真工具栏里的显示电压和显示电流，结果表明，当 V1 为 1V 时，Vn2 为−4 V，I_{R1} 和 I_{R2} 的值都为 1 mA。

(5) 设置仿真计算完成后，将自动调用图形后处理程序，运行仿真程序，输出波形如图 3-31 所示。

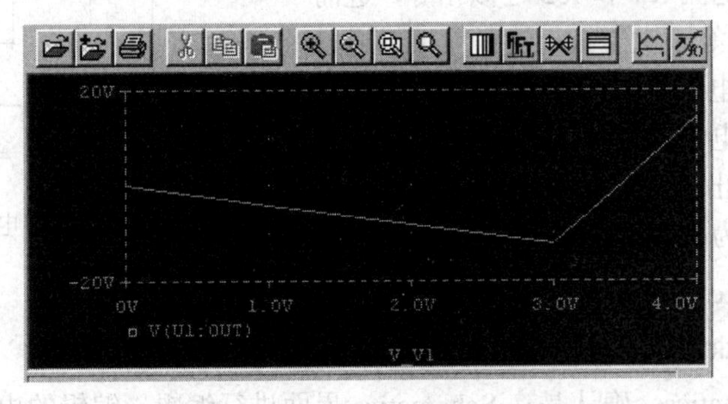

图 3-31　Probe 图形窗口输出的图形

由输出波形可知，当输入电压源的电压小于 3 V 时，该电路为反向输出比例器，输出电压 Vn2 与输入电压成正比。

3.4　有源负载电路的仿真

一般的放大电路都是用电阻做负载，这种电阻对交流和直流所呈现的阻值是一样的。而在一个实用的放大电路中，一方面要求负载的直流电阻应该比较小，这样可以在不提高电压源电压值的情况下提高放大元件的工作电流，进而扩大了动态范围；另一方面是交流电阻要大，这样增益受负载影响较小，可以得到较高的电压增益。因此，这就要求找到一种具有直流电阻小而交流电阻大的电路来代替线性电阻，有源负载就能满足这样的要求。在实际的工程设计中，有源负载虽然电路形式比较复杂，但是由于具有直流电阻小、交流电阻大的良好电学特性，所以得到了广泛的应用。其中电流源是较普遍的有源负载电路形式。

电流源除了做有源负载被广泛应用外，它在集成电路的设计中还往往被用作偏置电路，给晶体管等元件提供静态偏置电流，比如差动放大电路中的恒流源就是一例。

为了在各种应用中满足要求，电流源应具备以下条件：

(1) 能够输出符合要求的直流电流。

(2) 交流输出电阻大。

(3) 对温度的灵敏度低。

(4) 静态电流受电压源变化的影响小。

下面介绍镜像电流源、威尔逊电流源和微电流源的基本特点，并对这三种电流源的一些性能进行仿真分析并比较。

3.4.1 镜像电流源

电流源一般都是利用镜像电流源电路进行改造而得，所以掌握镜像电流源非常重要。

镜像电流源原理图如图3-32所示。图中两个晶体管的参数完全相同，由于发射极的结电压相同，导致集电极的电流Ic1和Ic2近似相等，进而有输出电流Io近似等于电流Ir。这样就可以通过调节电流k来调节电流Io的大小，而改变电阻R的大小就可以调节电流Ir的大小。由于镜像电流源的参考电流与输出电流呈镜像关系，所以镜像电流源通常又被称为电流镜。

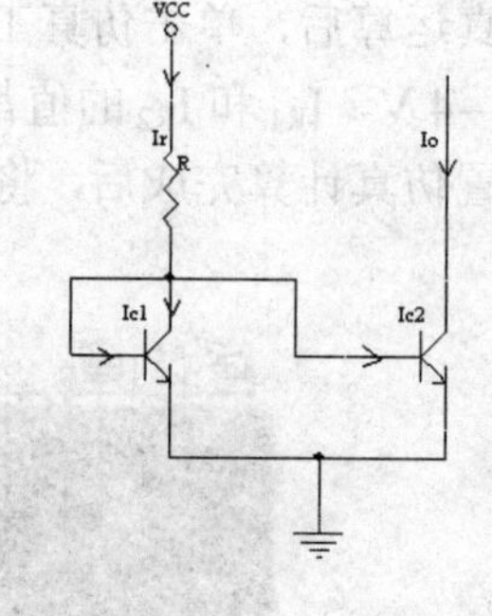

图3-32 镜像电流源原理图

下面利用PSpice来对电流镜的特性进行分析。

1. 用Schematics建立镜像电流源的电路图

(1) 打开Schematics，确认是在Schematics界面进行编辑。编辑的电流镜的电路图如图3-33所示。

(2) 在菜单【Draw】中选择【Get New Part】，然后在弹出的元件浏览对话框中的“Part Name”中输入R，单击【P1ace&C1ose】，将电阻放置在合适的位置，并修改其属性，其大小设为10 k，命名为R1，如图3-33所示。

(3) 用上面同样的方法取出两个PNP型晶体管Q2N2907A，分别命名为Q1和Q2。

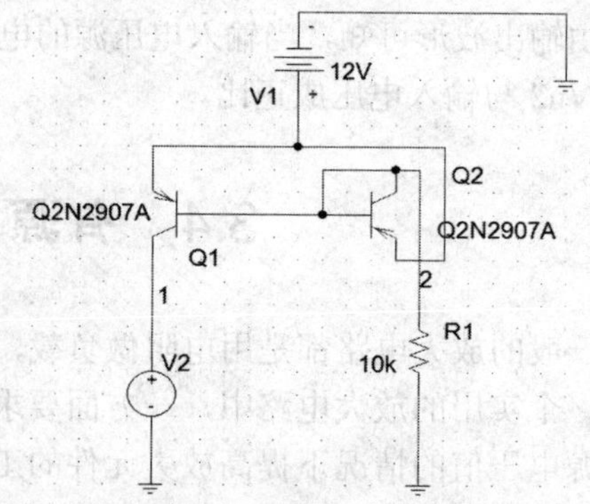

图3-33 电流镜的电路图

(4) 取出直流电压源VDC，将其命名为V1，大小设置为12 V。然后在菜单【Draw】中选择【Get New Part】项，弹出元件浏览对话框，在“Part Name”框中双击“VSRC”的图形，然后将其放置到合适的位置。双击该电压源的名称，在弹出的属性设置对话框中的“Reference Designator”项中输入V2，单击【OK】按钮确认，就将其命名为V2。双击“VSRC”的图形，弹出属性设置对话框，对其进行设置，如图3-34所示。其中直流电压“DC”设置为0 V，交流电压“AC”设置为100 mV，瞬态电压“TRAN”不用设置。电压源 VSRC 的特点是可以同时设置直流电压、交流电压以及瞬态源的值。

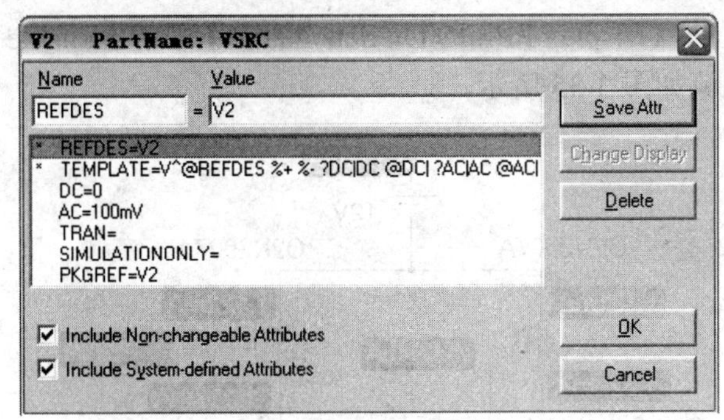

图 3-34　电源 VSRC 的设置

(5) 取出地(EGND)，放置在合适的位置。用导线将电路按照图 3-33 所示连接。然后双击图 3-33 中所示的两根导线，将其分别命名为“1”和“2”。保存电路图，将该电路图命名为 dianliujing1.sch。

2. 分析电流源的电流镜像特性

打开分析类型选择对话框，只选择其中的直流工作点分析“Bias Point Detail”，其他的均不选中。然后选择菜单【Analysis】中的【Simulate】，开始进行分析计算。仿真完毕后，在菜单【Analysis】中选择【Examine Output】，查看输出网单文件(包括分析类型设置、输入网单文件、别名语句、晶体管参数等内容)，见表 3-1。

表 3-1　镜像电流源的网单文件

NAME	Q_Q1	Q_Q2
MODEL	Q2N2907A	Q2N2907A
IB	−5.09E−06	−5.09E−06
IC	−1.23E−3	−1.12E−03
VBE	−7.29E−01	−7.29E−01
VBC	1.13E+01	0.00E+00
VCE	−1.20E+01	−7.29E−01
BETADC	2.41E+02	2.19E+02
GM	4.73E−02	4.31E−02
RPI	5.20E+03	5.20E+03
RX	1.00E+01	1.00E+01
RO	1.04E+05	1.04E+05
CBE	6.15E−11	5.90E−11
CBC	3.32E−12	1.48E−11
CJS	0.00E+00	0.00E+00
BETAAC	2.46E+02	2.24E+02
CBX	0.00E+00	0.00E+00
FT	1.16E+08	9.31E+07

从网单文件中可以看出，Q1 和 Q2 的集电极电流 Ic 分别为 1.23 mA 和 1.12 mA。

在菜单【Analysis】中的【Display Results On Schematics】项中确认【Enable】。然后在菜单【Analysis】中选择【Display Results On Schematics】中的【Enable Current Display】项。这时显示各个支路电流如图 3-35 所示。

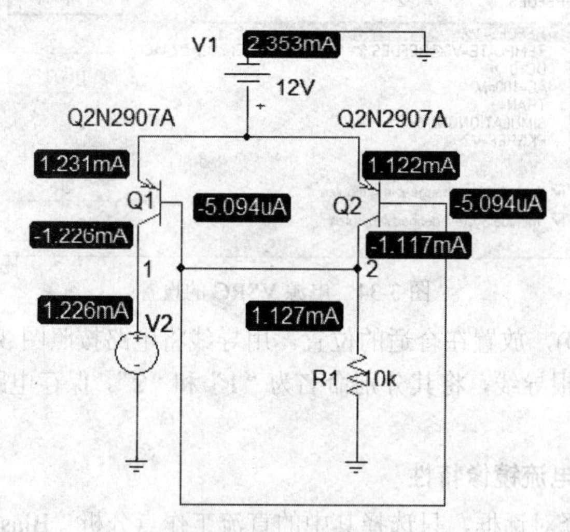

图 3-35　各个支路电流

从图 3-35 可以看出 I_{R1} 和 Ic(Q1)近似相等，可以通过调节 I_{R1} 的大小来控制 I_C(Q1)。这就是电流镜的最基本的特性之一。

3. 偏置电阻 R 对电流源的影响

下面来分析电阻 R1 的变化对电流 I_C(Q1)和 I_{R1} 的影响。首先来修改电路图。

(1) 双击电阻 R1 阻值的大小，将其值改为{Rval}。

(2) 然后在菜单【Draw】中选择【Get New Part】，在弹出的元件浏览对话框的“Part Name”中输入“Param”，将参数模型{Rval}放置到电阻 R1 的旁边。然后双击“Param”的图形，弹出属性设置对话框，如图 3-36 所示。其中“NAME 1”设为 Rval，“VALUE1”设为 10 k。

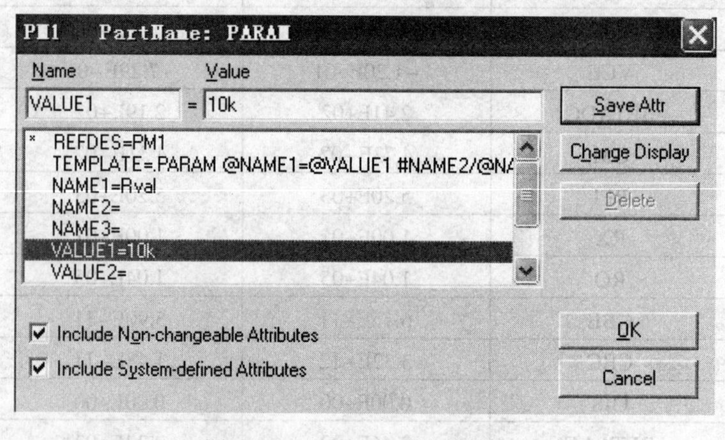

图 3-36　“Param”的属性设置

(3) 保存电路图。将该电路图另存为“dianliujing2.sch”。

然后打开分析类型选择对话框，选中直流扫描分析“DC Sweep”项和直流工作点分析

“Bias Point Detail”项，再单击【DC Sweep】按钮，弹出直流扫描分析对话框，如图 3-37 所示。其中扫描变量类型选择“Global Parameter”项的其他设置如图 3-37 所示。

DC Sweep
Swept Var. Type
Voltage Source
Temperature
Current Source
Model Parameter
Global Parameter
Name: Rval
Model Type:
Model Name:
Param. Name:
Sweep Type
Linear
Octave
Decade
Value List
Start Value: 3k
End Value: 60k
Increment: 100
Values:
Nested Sweep...
OK
Cancel

图 3-37　进行直流扫描分析设置

设置完毕后，选择菜单【Analyisis】中的【Simulate】项，进行仿真计算。计算完毕后，激活 Probe。在 Probe 界面下，选择菜单【Trace】中的【Add】项，在弹出的变量跟踪选择框中选择“$-I_C$(Q1)”和“I_{R1}”。观察 Probe 中的曲线，如图 3-38 所示。

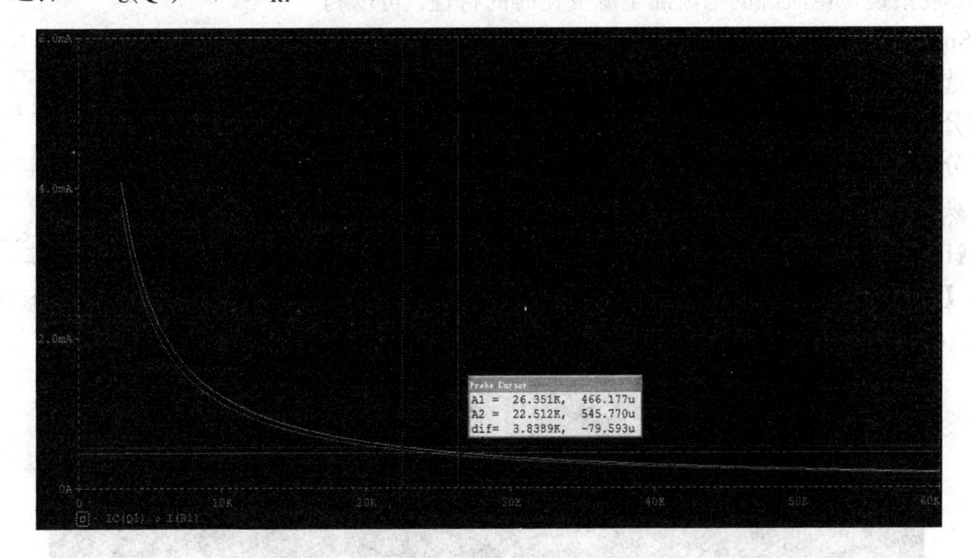

图 3-38　$-I_C$ (Ql)和 I_{R1} 随电阻 Rl 变化的输出曲线

从图中可以看出随着电阻 R1 的增大，电流 I_{R1} 和 I_C(Q1)逐渐减小。要控制电流 I_C(Q1)只要调节电阻 R1 的大小就可以了。而且不管电阻 R1 的阻值如何变化，电流 I_{R1} 和 I_C(Q1)总是相差不多。在设计电流源电路时，往往要对该电阻进行直流扫描，然后根据该扫描曲线确定偏置电阻 R1 的大小。

选择菜单【Trace】中的【Delete All】，然后单击该菜单下【Add】项，使“Trace Expression”中变量表达式为“I_{R1}+I_C(Q1)”，单击【OK】按钮确认。观察 Probe 中的曲线，如图 3-39 所示。

图 3-39　电流镜的 I_{R1} 与 I_C(Q1)的电流差随电阻 R1 的变化曲线

从图中曲线可知，电流 I_{R1} 和 I_C(Q1)的电流差值随着电阻的增加，相差越来越小，因此在设计电路时可以忽略。

4. 电源对电流源的影响

当电流源作为偏置电路时，往往要求工作电流比较稳定，即使电源电压有变化，但所设置的偏流也不能有太大的变化。观察镜像电流源的电流随电源变化时的特性，可以利用 PSpice 对电压源 V1 进行直流扫描分析。

选择菜单【Analysis】中的【Setup】项，然后选中直流扫描分析“DC Sweep”，单击【DC Sweep】按钮，弹出直流扫描分析设置对话框，按照图 3-40 所示进行设置。

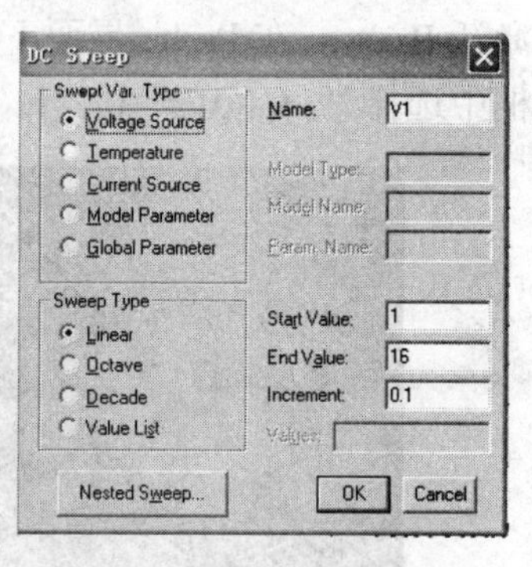

图 3-40　直流扫描分析设置

然后在菜单【Analysis】中选择【Simulate】，开始进行模拟计算。计算完毕，激活 Probe。在 Probe 界面下，单击菜单【Trace】中的【Add】，在跟踪变量选择对话步中选择“$-I_C$(Q1)”和“I_{R1}”，在 Probe 中观察曲线，如图 3-41 所示。

图 3-41　I_{R1} 与 $-I_C$(Q1)随电源电压变化曲线

从图中曲线可以看出电流 I_{R1} 和 I_C(Q1)受电源的影响较大。当电源 V1 变化 100%时，电流 I_{R1} 和 I_C(Q1)几乎也作同样的变化，因此它将不能适应电源电压在大幅度变动下的运行情况。后面将讲述一种受电源影响较小的电流源电路。

5. 电流源的交流输出电阻

我们前面分析过，电流源具有直流电阻小、交流电阻大的特点。下面介绍如何利用 PSpice 分析电流源的这个特点。

在 Schematics 界面下，打开电路图文件 dianliujing1.sch。从前面在该电路 dianliujing l.sch 进行的直流工作点分析中可以看出，电压 Vce(Q1)为 −1.20 V，而电流 Ic(Q1)为 1.22 mA，于是可以计算出直流电阻为 9 k 左右。

对电路图文件 dianliujing1.sch 进行交流扫描分析，可观察该电流源的输出电阻。在 Schematics 中确认是 dianliujing1.sch 电路图文件。在分析设置选择框中取消直流扫描分析“DC Sweep”，选择交流扫描分析“AC Sweep”，单击【AC Sweep】按钮，弹出交流扫描分析设置对话框，进行交流分析设置，如图 3-42 所示。

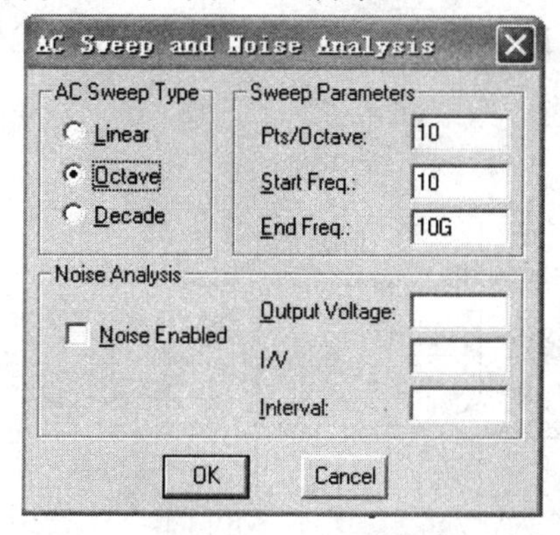

图 3-42　交流分析设置

然后在菜单【Analysis】中选择【Simulate】，进行模拟计算。计算完毕后，激活 Probe。单击菜单【Trace】中的【Add】项，在弹出的变量跟踪选择框中进行编辑，使“Trace Expression”中的表达式为“V(Ql:c)/I_C(Q1)”。Probe 中的曲线如图 3-43 所示。

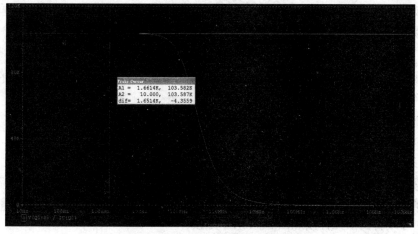

图 3-43　输出电阻的频率特性曲线

其中表达式 V(Ql:c)/I_C(Q1)正是电流源的交流输出电阻。利用 Probe 的光标工具“Cursor”，测得在低频和中频段输出电阻为 103.547 k，远远大于直流电阻 9 k。而且当频率超过 20 kHz 左右时，输出电阻随着频率的增加而逐渐减小。频率特性与晶体管的参数有关，在设计电流源电路时一定要注意选择晶体管，如果晶体管选择不当，在频率增高时将会使电路不能正常工作。

由于晶体管的 CE 之间有一定的电阻 Rce，当电压 Vce 变化时，I_C(Q1)也将随之而有所变化，因此这个恒流源特性并不完善。

3.4.2 威尔逊电流源

在上面的镜像电流源中，输出电流和基准电流之间仅仅是基本相等，当放大系数 β 不够大时，二者之间的误差更大。下面介绍威尔逊电流源，它是在镜像电流源的基础上经过适当的改进得到的，它较镜像电流源增加了一个晶体管 Q3，如图 3-44 所示。在基本镜像电流源中，由于基极电流的影响，使得输出电流和基准电流总有一定的差异，为了减小这个差异，威尔逊电流源利用 Q3 的基极电流对之进行补偿，使得输出电流和基准电流基本相同。

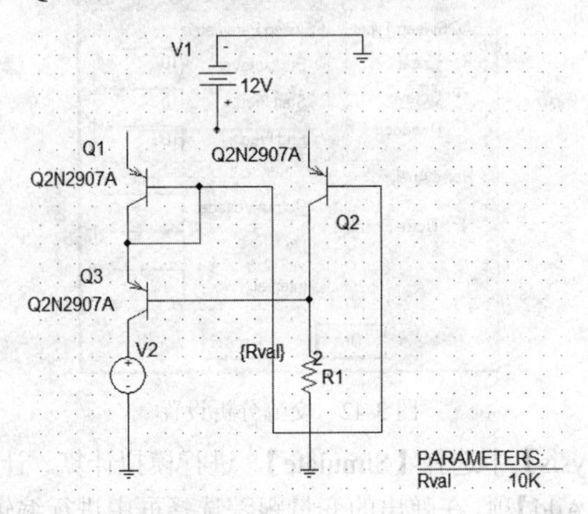

图 3-44 威尔逊电流源的电路图

下面对这种威尔逊电流源用 PSpice 进行仿真，来观察这种电流源到底有哪些特性优于镜像电流源。

1. 用 Schematics 建立电路图文件

由于威尔逊电流源是在电流镜的基础上改进实现的，所以这里只需对前面的电流镜的电路图文件进行修改即可。

(1) 在 Schematics 界面下打开前面的 dianliujing2.sch，然后选择菜单【File】下的【Save as】将文件另存为 weierxun l.sch。然后确认在 weierxun.sch 电路图文件下。

(2) 将原来的导线“1”删除。

(3) 点击菜单【Draw】中【Place Part】项，在绘图工具栏中选择“Q2N2907A”，将该晶体管放置在合适的位置。将其命名为 Q3。

(4) 用导线将图中元件按照图 3-44 所示连接。

(5) 保存电路图。

2. 作静态工作点分析，观察其镜像特性

在分析类型选择对话框中只选中其中的工作点分析“Bias Point Detail”项。在菜单项【Analysis】中选择【Simulate】，开始计算该电路的静态工作点。计算完毕后，选择【Analysis】中的【Examine Output】，通过网单文件(见表 3-2)来分析电路的工作情况。

表 3-2　威尔逊电流源的网单文件

NAME	Q_Q1	Q_Q2
MODEL	Q2N2907A	Q2N2907A
IB	−1.11E−07	−5.12E−06
IC	−2.10E−05	−1.12E−03
VBE	−6.23E−01	−7.29E−01
VBC	1.13E+01	0.00E+00
VCE	−1.19E+01	−7.29E−01
BETADC	1.88E+02	2.19E+02
GM	8.11E−04	4.33E−02
RPI	2.63E+05	5.18E+03
RX	1.00E+01	1.00E+01
RO	6.05E+06	1.03E+05
CBE	3.11E−11	5.91E−11
CBC	3.32E−12	1.48E−11
CJS	0.00E+00	0.00E+00
BETAAC	2.13E+02	2.24E+02
CBX	0.00E+00	0.00E+00
FT	3.75E+06	9.33E+07

在 Schematics 界面下，在菜单项【Andysis】中选择【Display Results on Schematics】，然后确认【Enable】，并在同一菜单下选择【Enable Current Display】。可以通过工具栏来删除不想显示的电流值，如图 3-45 所示，可以观察各个支路的电流值。

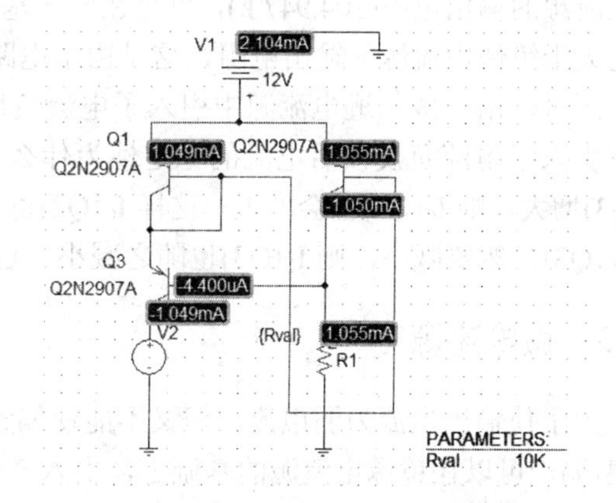

图 3-45　威尔逊电流源各支路的电流

流过偏置电阻 Rl 的基准电流 I_{R1} 为 1.055 mA，输出电流 I_C(Q3)为 1.049 mA，两者仅相差 0.006 mA。这个差值明显比镜像电流源的两个电流差值小，说明在对称特性上威尔逊电流源明显优于镜像电流源。

3. 威尔逊电流源的输出电阻

下面利用和测量镜像电流源一样的外加电压的方法对输出电阻进行测量分析。因为电压源 VSRC 同时具有直流、交流和瞬态

值，所以不必更改原来的电路就可以直接进行输出电阻的测量分析了。在分析类型设置对话框中选中交流扫描分析“AC Sweep”，然后单击按钮【AC Sweep】进行交流扫描分析设置。它的交流扫描分析设置与前面的镜像电流源测量输出电阻时一样，如图 3-42 所示。

在菜单【Analysis】中选择【Simulate】项，调用 PSpice A/D 进行模拟仿真。计算完毕后，激活 Probe，选择菜单【Trace】下【Add】项，弹出变量跟踪选择对话框，在其中进行编辑，使“Trace Expression”中的表达式为“V(Q3:c) /I_C(Q3)”，单击【OK】按钮确认。这时 Probe 出现如图 3-46 所示的曲线。

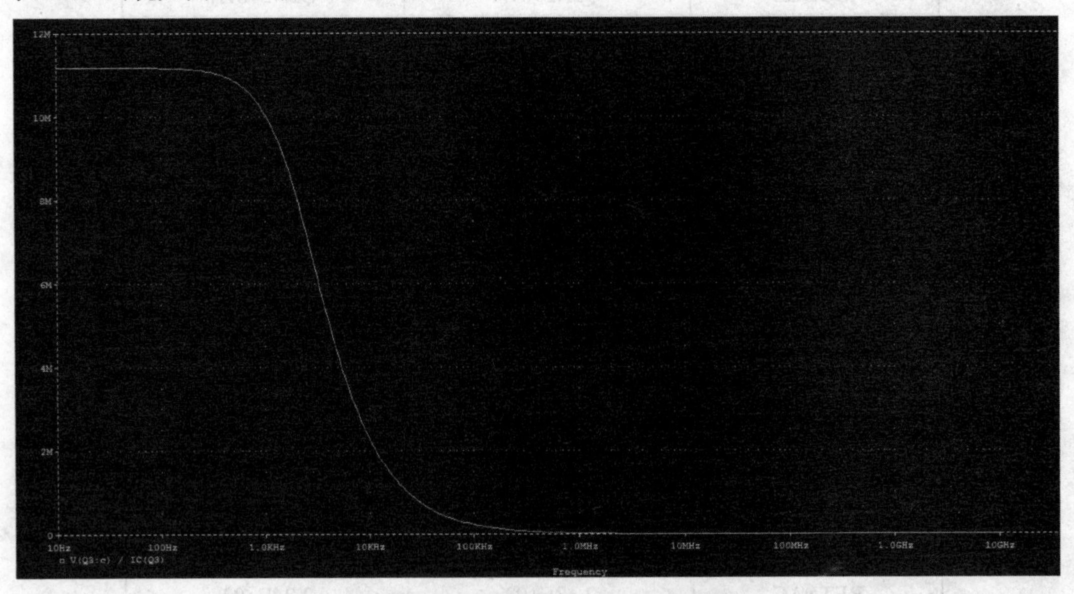

图 3-46　交流输出电阻随频率变化的曲线

表达式 V(Q3:c)/I_C(Q3)正是输出电阻的表达式，所以图中所示就是输出电阻随频率变化的扫描曲线。调出 Probe 的光标工具“Cursor”，测得在低频段时输出电阻为 5.3581 M，随着频率的增大，输出电阻逐渐减小。这时低频段的输出电阻(5.3581 M)远大于电路改进前镜像电流源的输出电阻(104.947 k)，可见在同一基本电路的情况下，威尔逊电流源的输出电阻远远大于镜像电流源的输出电阻，这是由于电路引入了电流负反馈。

同时，由于威尔逊电流源中引入了电流负反馈，还提高了电流的稳定性。下面来分析一下引入了电流负反馈后电流的稳定性为什么会提高。在图 3-46 中，假如由于某种因素 I_C(Q3)增大，则 I_C(Q1)也会增大，这样 I_C(Q2)也会增大，而 I_{R1} = I_C(Q2)+I_C(Q3)固定不变，因此 I_C(Q3)必然要减小，则 I_C(Q3)也随之减小，这样就维持了 I_C(Q3)的基本恒定。

3.4.3　微电流源

为了使输出电流为弱电流，但又不能使偏置电阻 R1 太大(在集成电路中电阻太大不便于集成)，可以在镜像电流源的基础上，引入一个电阻到 Ql 的发射极上，如图 3-47 所示。微电流源还提高了对电源变化的稳定性，而且由于 Re 引入了电流负反馈，因此微电流源的输出电阻也比较大。

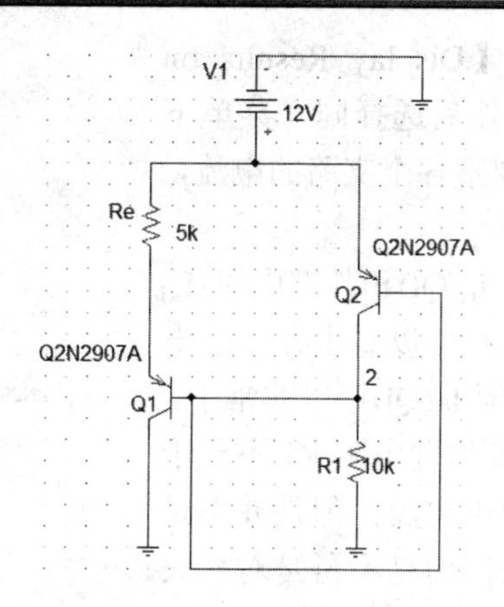

图 3-47　微电流源电路图

1. 用 Schematics 编辑电路图

打开电路图文件 dianliujingl.sch，将文件另存为 wildar.sch。然后确认 Schematics 打开的是电路图文件 wildar.sch，对该电路图进行修改。选中与 Q1 发射极相连接的一段导线，按 Del 键将其删除。然后单击菜单【Drawn】中的【Get Part】项，在绘图工具栏中选中电阻 R，将其放在如图 3-47 所示的位置，并命名为 Re，大小设置为 5k。然后用导线将电路连接，保存电路图。

2. 分析输出电流与基准电流的关系

在分析选择对话框中选择直流工作点分析“Bias Point Detail”，其他的均不选中。然后单击菜单【Analysis】中的【Simulate】项，开始模拟计算。计算结束后，我们可以观察电路的输出网单文件(见表 3-3)。

表 3-3　微电流源的网单文件

NAME	Q_Q2	Q_Q1	Q_Q3
MODEL	Q2N2907A	Q2N2907A	Q2N2907A
IB	−4.77E−06	−4.77E−06	−4.40E−06
IC	−1.05E−03	−1.04E−03	−1.05E−03
VBE	−7.27E−01	−7.27E−01	−7.25E−01
VBC	7.25E−01	0.00E+00	1.05E+01
VCE	−1.45E+00	−7.27E−01	−1.13E+01
BETADC	2.20E+02	2.19E+02	2.38E+02
GM	4.06E−02	4.03E−02	4.05E−02
RPI	5.56E+03	5.56E+03	6.03E+03
RX	1.00E+01	1.00E+01	1.00E+01
RO	1.11E+05	1.11E+05	1.20E+05
CBE	5.74E−11	5.72E−11	5.73E−11
CBC	1.03E−11	1.48E−11	3.43E−12
CJS	0.00E+00	0.00E+00	0.00E+00
BETAAC	2.26E+02	2.24E+02	2.44E+02
CBX	0.00E+00	0.00E+00	0.00E+00
FT	9.54E+07	8.91E+07	1.06E+08

选中菜单【Analysis】下【Display Results on Scematics】的【Enable】项，然后选择同一菜单下的【Enable Current Display】观察各个支路的电流，如图 3-48 所示。

从图中可以看出输出电流 I_C(Ql)和基准电流 I_{Rl} 已经不是镜像对称关系了，而且可以看出在基准电流 I_{Rl} 为 1.127 mA 时，输出电流 I_C(Ql)可以非常小，达到了 21.08 μA。这样就可以使偏置电阻 R1 不至于过大的情况下，得到较小的输出电流。但是并不是输出电流和基准电流互不相关，而是不再是对称关系而已。

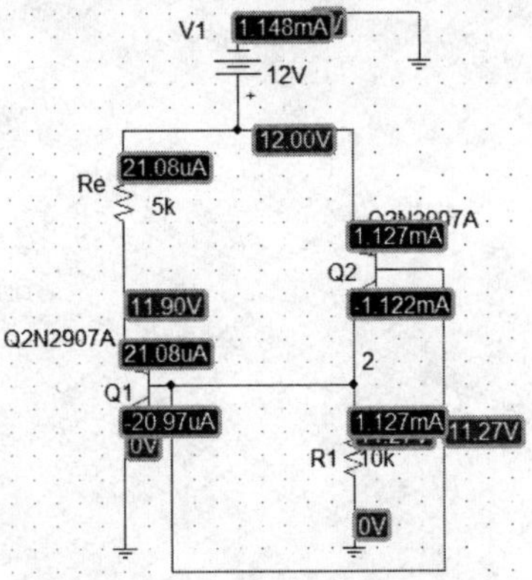

图 3-48　微电流源各支路的电流

3. 电源变化对输出电流的影响

前面分析的镜像电流源和威尔逊电流源的输出电流受电源的影响都很大，而微电流源的输出电流受电源的影响较小。我们对电源电压进行一下直流扫描分析，来看看微电流源的这个特性。

在分析类型选择对话框中选中直流扫描分析“DC Sweep”，然后单击【DC Sweep】按钮，弹出直流扫描分析设置对话框，设置如图 3-49 所示。其中扫描类型“Swept Var. Type”中选择“Voltage Source”项，扫描方式“Sweep Type”选择“Linear”，扫描变量名称“Name”中填入 V1，起始值“Start Value”、终止值“End Value”分别设为 6 V 和 16 V，增量“Increment”设为 0.1，单击【OK】按钮确认。

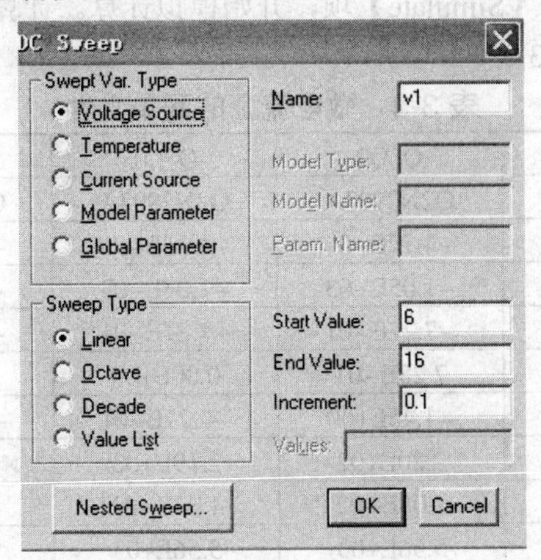

图 3-49　直流扫描分析设置

在 Schematics 界面下，选择菜单【Analysis】中的【Simulate】项，开始计算仿真。计算结束后，激活 Probe。观察 Probe 中的曲线，如图 3-50 所示。

由图可以看出，随着电源电压的增大，输出电流 I_C(Q1)略有减小，但是减小幅度不大。利用 Probe 提供的光标工具“Cursor”可以测得当电源电压为 6 V 时，输出电流为 17.573 μA，当电源电压为 16 V 时，输出电流为 22.225 μA。电源电压变化 10 V 时，电流仅仅变化了不到 5 μA，在电源电压不大时，输出电流几乎不变。

图 3-50　微电流源输出电流随电源的变化曲线

当电源电压变化时，虽然 I_{R1} 和 I_C(Q2)也要做相同的变化，但是由于电阻 Re 的负反馈作用，使得 I_C(Q1)的变化要小得多，因此提高了电流源输出电流对电源变化的稳定性。

4. 电流源的输出电阻

下面采用和镜像电流源同样的办法来测量微电流源的输出电阻，分析一下微电流源的输出电阻的特性。

在菜单【Analysis】中选择【Setup】项，在弹出的分析类型选择对话框中取消直流扫描分析“DC Sweep”，并选中交流扫描分析“AC Sweep”，单击【AC Sweep】按钮，在弹出的交流扫描分析设置对话框中对其进行设置，其设置与前面测量镜像电流源时的设置相同。

然后单击菜单【Analysis】中的【Simulate】项进行计算。计算完毕后，激活 Probe，在菜单【Trace】中选择【"Delete All】。观察变量 V(Ql:c) /I_C(Ql)的扫描曲线，如图 3-51 所示。

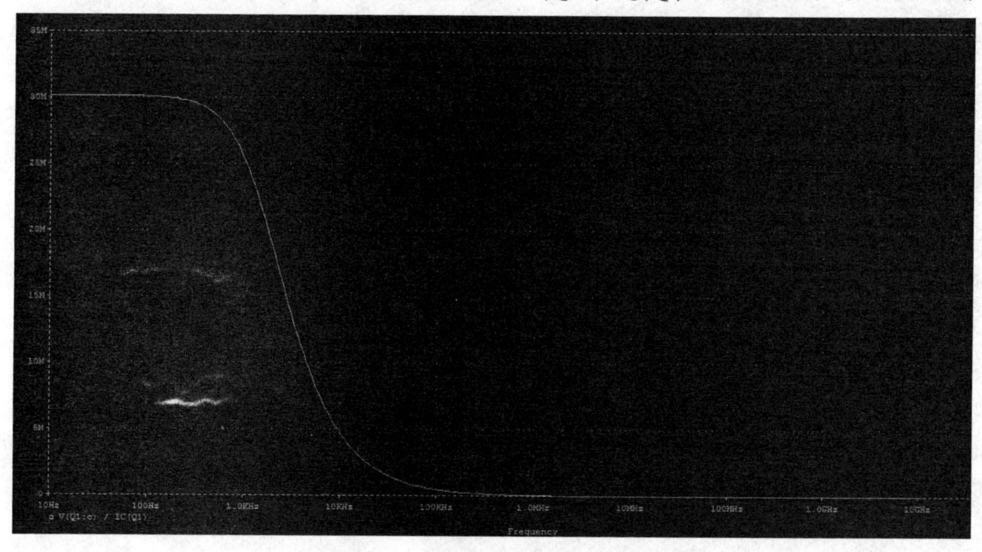

图 3-51　输出电阻随频率变化的曲线

表达式 V(Ql:c)/I_C(Ql)也就是输出电阻。利用光标工具“Cursor”可以测得在低频段输出电阻为 29.547 M，比镜像电流源和威尔逊电流源都要大。但是也要看到虽然威尔逊电流源和微电流源的输出电阻都有了很大的提高，随着频率的增大，输出电阻迅速降了下来，它们的频带明显没有镜像电流源宽，在应用时要注意这一点。

微电流源对温度变化也具有较好的稳定性，对此读者也可以自己进行仿真、研究。

习　　题

1. 利用 PSpice 进行一阶微分电路的设计并对其结果进行仿真分析。
2. 说明利用 PSpice 进行晶体管共集电极电路仿真的过程及结果。

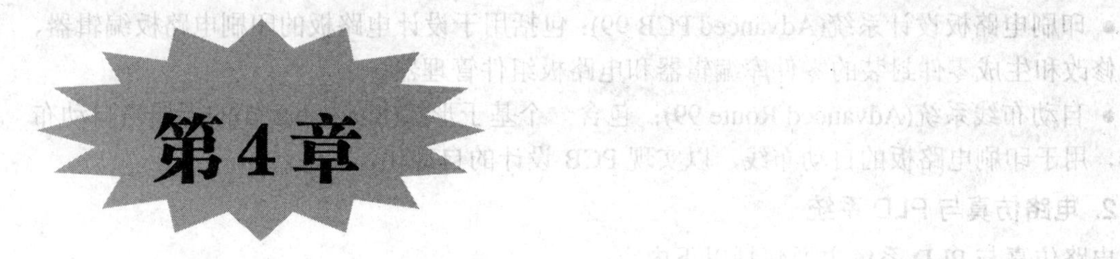

Protel 99SE 简介

随着计算机软硬件技术与自动化技术的飞速发展，大规模集成电路的广泛应用，以及电路复杂程度的增加，电路设计中很多工作都必须由计算机来完成。这样不但可以大大减少设计人员的劳动量，提高劳动生产率，而且还能够保证设计的规范性。因此，电子设计自动化的应用已成为必然趋势。EDA 软件是人们进行电子设计不可缺少的工具。Protel 99SE 是 Protel 公司(现已更名为 Altium 公司)于 2000 年推出的一款 EDA 软件，是 Protel 家族中性能较为稳定的一个版本。多年来，该款软件以其强大的功能和实用性，成为目前众多电路板设计软件中用户最多的产品之一。

在本章中，我们首先一起对 Protel 99SE 进行简单的了解和认识，并在后续章节中逐步掌握它神奇的功能。

本章主要内容包括：

- Protel 99SE 概述
- 系统设计流程
- 设计环境
- 设计管理器
- 电路图环境参数设置

4.1 概 述

Protel 99SE 是基于 Windows 平台的 PCB(Printed Circuit Board，印刷电路板)设计系统，集强大的设计能力、复杂工艺的可生产性和设计过程管理于一体，可完整实现电子产品从电学概念设计到生成物理生产数据的全过程，包括中间的所有分析、仿真和验证。

4.1.1 Protel 99SE 的组成

按照系统功能来划分，Protel 99SE 主要包含以下两个部分：

1. 电路设计系统

电路设计系统主要包括以下内容：

- 电路原理图设计系统(Advanced Schematic 99)：包括用于绘制、修改和编辑电路原理图的原理图编辑器，用于修改、生成原理图零件的零件库编辑器和各种报表生成器。

● 印刷电路板设计系统(Advanced PCB 99)：包括用于设计电路板的印刷电路板编辑器、用于修改和生成零件封装的零件库编辑器和电路板组件管理器。

● 自动布线系统(Advanced Route 99)：包含一个基于形状(Shape-based)的无栅格自动布线器，用于印刷电路板的自动布线，以实现PCB设计的自动化。

2. 电路仿真与PLD系统

电路仿真与PLD系统主要包括以下内容：

● 电路仿真系统(Advanced SIM 99)：包含一个数字/模拟信号仿真器，可提供连续的模拟信号和离散的数字信号仿真。

● 可编程逻辑设计系统(Advanced PLD 99)：包含一个有语法处理功能的文本编辑器，编译和仿真设计结果的PLD，以及用来观察仿真波形的波形编辑器。

● 信号完整性分析系统(Advanced Integrity 99)：提供了一个高级信号完整性仿真器，可用来分析PCB设计、检查电路设计参数、实验超调量、阻抗和信号谐波要求等。

4.1.2 Protel 99SE的主要功能特点

Protel 99SE的主要特点如下：

- 系统运行稳定而且高效。
- 使用综合设计数据库，为用户提供一个良好的设计平台。
- 使用设计管理器统一管理文档。
- 使用网络设计组，实现基于异地设计的全新设计方法。
- 优越的混合信号电路仿真。
- 简便的同步设计。
- 精确的信号完整性分析。
- 资源丰富的原理图元件库和PCB封装库。
- 新增加了自动布局规则设计功能，增强的交互式布局和布线模式。
- 继承的PCB自动布线系统使用了最新的人工智能技术。

4.2 系统设计流程

电路板设计的过程，就是将设计者的电路设计思想变成PCB文件，以便生产制作电路板的过程，整个系统的基本设计流程如图4-1所示。其中最为关键的就是电路原理图的设计和PCB设计两个部分。

4.2.1 电路原理图的设计步骤

电路原理图的设计是整个电路板设计的基础，电路原理图设计的好坏将直接影响到后续工作的进行。下面简单介绍电路原理图的设计流程，如图4-2所示。

1. 建立原理图文件

首先建立设计数据库文件(扩展名为.ddb)，并在其中新建原理图文件(扩展名为.sch)。

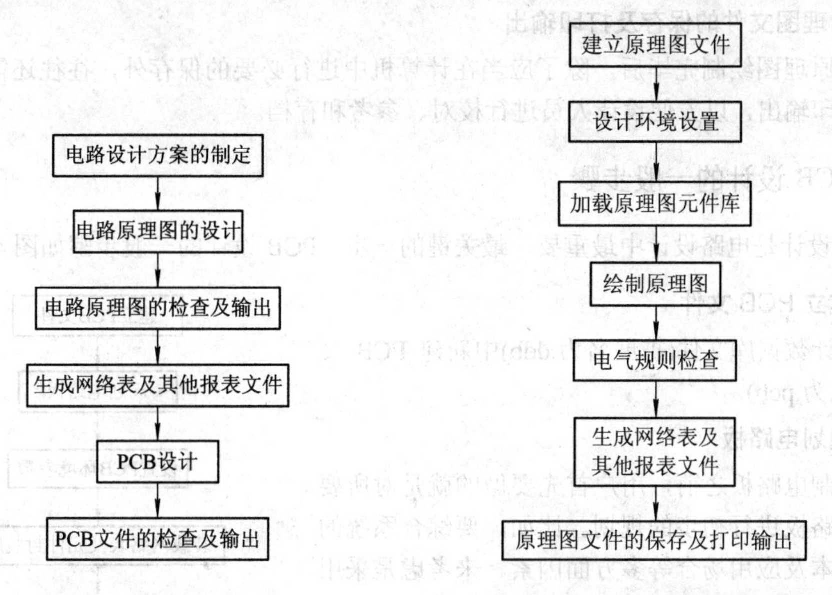

图 4-1　电路板设计流程　　图 4-2　电路原理设计流程

2. 设计环境设置

用户不仅可以根据电路的复杂程度和所要求的图纸规范来设置纸张的大小、方向、标题栏的格式等图纸参数，而且还可以根据需要设置原理图的设计信息，包括公司名称、设计者的姓名和制图日期等。另外，设计环境还包括设置格点和光标的大小和类型等。一般情况下，大多数参数均可采用系统默认值，设置之后无须修改。

3. 加载原理图元件库

将用户所需原理图元件库加载至设计管理器中，以便查找。

4. 绘制原理图

绘制原理图主要包括放置和调整元件、设置元件的属性以及元件的连线等步骤。首先，按照清晰、美观的设计要求，将元件放置到合适的位置；然后，对元件的序号、封装形式和型号等属性进行定义与设置；最后是元件的连线及调整，用户可以利用 Protel 99SE 的各种工具和命令，将事先放置好的元件用具有电气意义的导线、网络标号等连接起来，使各元件之间具有符合设计的电气连接关系。

5. 电气规则检查

初步绘制完成的原理图难免存在一些错误，Protel 99SE 提供的校验工具能够帮助用户对电路原理图进行电气规则检查，保证原理图的正确无误。

6. 生成网络表及其他报表文件

网络表是电路板自动布线的灵魂，也是电路原理图设计系统与 PCB 设计系统之间的桥梁和接口。网络表可以直接由电路原理图生成，也可以从已布线的 PCB 文件中获取，将两种方法获得的网络表进行比较，可以核对查错。

另外，还可以根据实际需要选择生成其他各种报表文件。

7. 原理图文件的保存及打印输出

电路原理图绘制完毕后，除了应当在计算机中进行必要的保存外，往往还需要将电路原理图打印输出，以方便设计人员进行校对、参考和存档。

4.2.2 PCB设计的一般步骤

PCB设计是电路设计中最重要、最关键的一步。PCB设计的一般步骤如图4-3所示。

1. 建立PCB文件

在设计数据库文件(扩展名为.ddb)中新建 PCB 文件(扩展名为.pcb)。

2. 规划电路板

在绘制电路板之前，用户首先要做的就是对所要绘制的电路板进行初步的规划。比如，要综合系统的性能、成本及应用场合等多方面因素，来考虑是采用面板的层数，电路板需要多大尺寸，元器件采用什么样的封装形式，以及元器件的摆放位置等。对于优秀的设计者来说，这一步是必不可少的，它将直接影响到后续工作能否顺利展开。

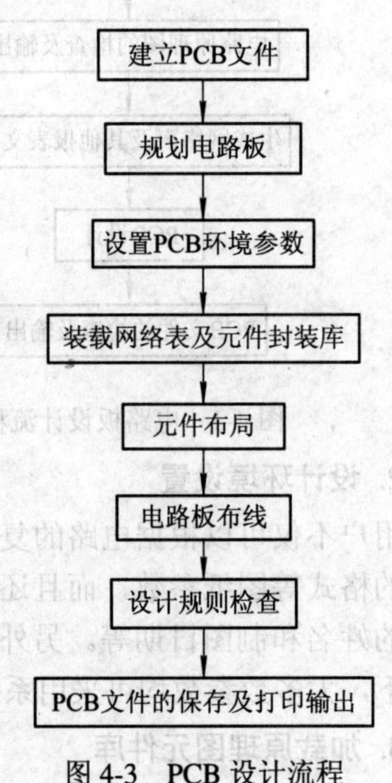

图4-3 PCB设计流程

3. 设置PCB环境参数

电路板环境参数设置主要包括对元器件的布置参数、板层参数和布线参数等进行适当的设置。其中有些参数可以直接采用系统默认值，有些则必须根据设计要求自行设置。

4. 装载网络表及元件封装库

装载网络表是整个PCB设计中非常重要的环节。因为网络表是电路板自动布线的灵魂，也是电路原理图设计系统与PCB设计系统之间的桥梁和接口。每个元件都必须具有相应的封装，才能够实现自动布线，而元件的封装说明是包含在网络表文件中的。因此，只有将网络表和元件封装库全部装入后，才能够开始PCB自动布局和布线。

5. 元件布局

尽管Protel 99SE可以自动布局，但不可能完全满足设计要求，用户还需对元件的位置进行必要的手工调整，以便进行后续的布线工作。

6. 电路板布线

电路板布线有自动布线和手工布线两种基本形式。Protel 99SE的自动布线功能十分强大，只要各种参数设置合理，元件位置布局得当，自动布线的成功率几乎可以达到100%。但是，由于算法的限制和用户要求的不同，自动布线难免存在着不尽如人意的地方，这就需要设计人员进行手工调整。手工调整的效果因人而异，主要依赖于设计人员经验的积累。

7. 设计规则检查

布线完毕后，对电路板进行设计规则检查(DRC，Design Rules Check)，以确保电路板符合用户事先设置的布线规则，并确保所有网络的正确连接。

8. PCB 文件的保存及打印输出

完成布线后，用户应及时保存 PCB 文件，并根据需要将其打印出来。

4.3　设 计 环 境

Protel 99SE 的启动方法十分简单。双击桌面上的 Protel 99SE 图标或单击开始菜单中的图标即可。如图 4-4 所示为程序的启动界面。

图 4-4　Protel 99SE 启动界面

执行上述启动命令后，显示的是设计浏览器界面，如图 4-5 所示。设计浏览器由菜单栏、工具栏、设计管理器、工作窗口、状态栏和命令状态栏组成。

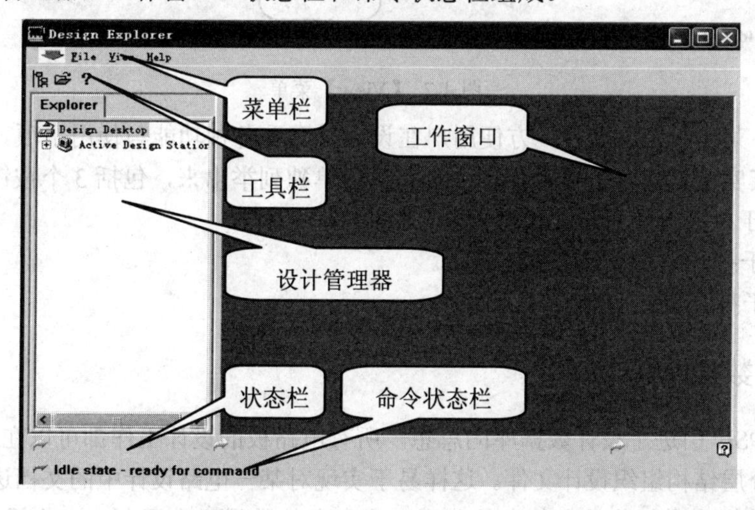

图 4-5　设计浏览器界面

其中菜单栏包括【File】、【View】和、【Help】三个下拉菜单：

【File】菜单主要用于文件的管理，包括新建和打开设计数据库，以及退出程序，如图 4-6 所示。

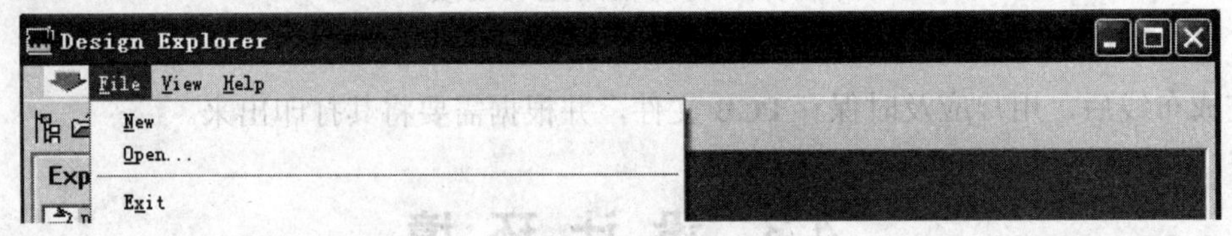

图 4-6 【File】菜单

【View】菜单是视图菜单，包括【Design Manager】设计管理器、【Status Bar】状态栏和【Command Status】命令状态栏三个选项，如图 4-7 所示。其中，【Design Manager】用于打开或关闭左边的 Explorer 工作窗口；【Status Bar】用于打开或关闭设计浏览器最下方的状态栏；【Command Status】用于打开或关闭状态栏下面的命令状态栏。

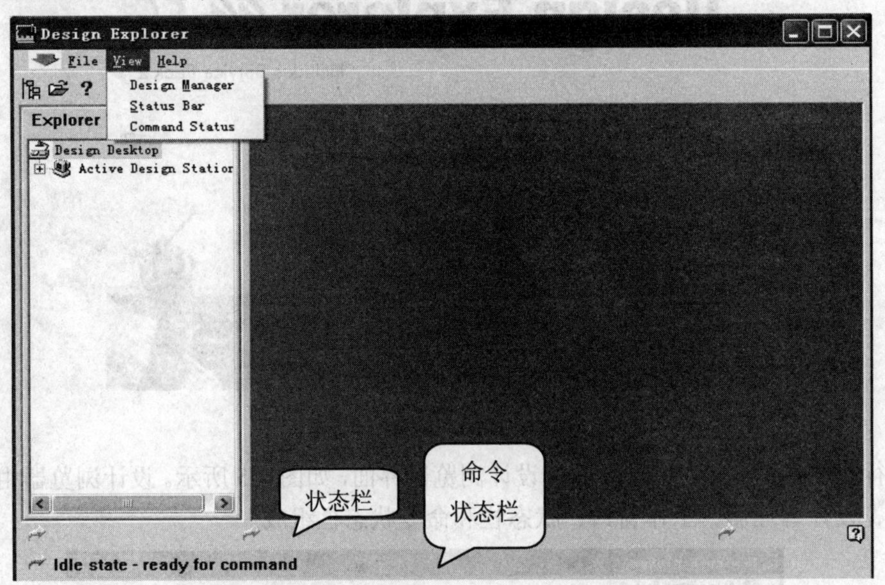

图 4-7 【View】菜单

【Help】菜单为帮助文件，方便用户在设计时查看各种功能与使用事项。

工具栏其实就是将菜单栏中比较重要的部分单独列举出来，包括 3 个按钮：

- 用于打开或关闭设计管理器。
- 用于打开一个设计数据库文件。
- ? 用于打开帮助文件。

4.3.1 创建数据库文件

Protel 99SE 引进了设计数据库的思想，所有电路板的设计工作都可以在设计数据库中完成，并以分层结构组织设计文件。这样易于实现对某一电路设计中的文档进行集中管理，并且对设计数据库中创建的文件夹的分层深度和文件数量没有限制。一个设计数据库文件中包含了原理图设计文件、PCB 设计文件、原理图库文件以及 PCB 元件封装库文件等，Protel

99SE 为各种设计文件提供了一个统一的管理平台。

从【开始】菜单中运行 Protel 99SE 执行程序，新建一个数据库文件，具体的操作方法如下：

(1) 选择【File】/【New】命令，打开【New Design Database】(新建设计数据库)对话框，如图 4-8 所示。

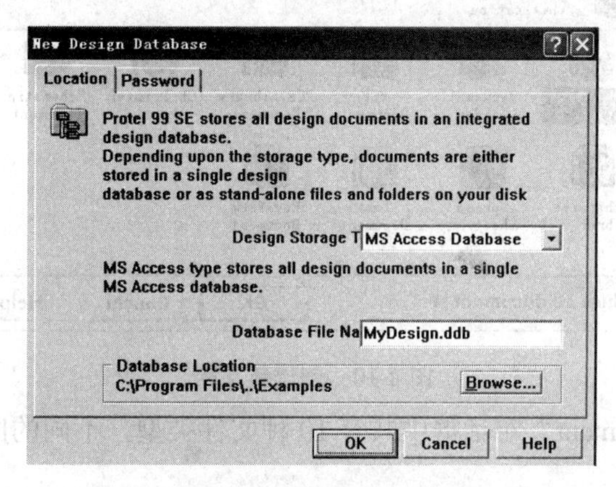

图 4-8　新建设计数据库

(2) 在“Database File Name”文本框中设置设计数据库文件名称，扩展名为.ddb。单击【Browse】按钮，可以选择设计数据库文件存放的路径。

(3) 选择“Password”选项卡，可以切换到设置设计数据库密码对话框，如图 4-9 所示。

(4) 单击“Yes”选项，在“Password”文本框中设置密码，然后在“Confirm Password”文本框中确认密码。单击“No”选项，可取消密码设置。

(5) 单击【OK】按钮即可完成新建设计数据库。

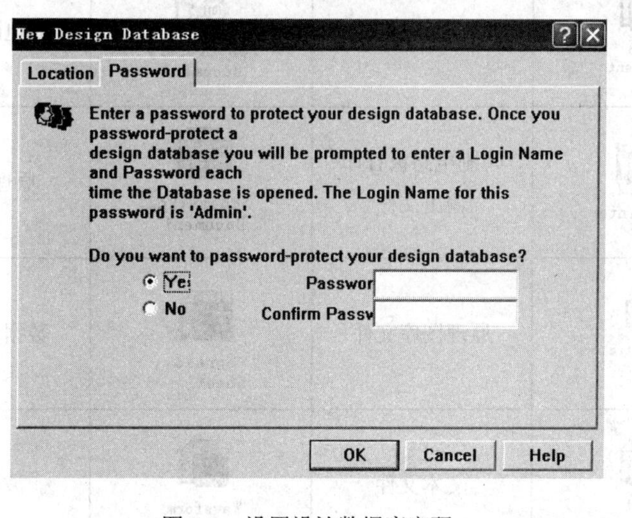

图 4-9　设置设计数据库密码

4.3.2　创建新文档

创建新文档包括新建原理图、印刷电路板、文本等文件，具体操作方法如下：

(1) 在设计数据库中选择【File】/【New】命令，打开“New Document”对话框，如图 4-10 所示。

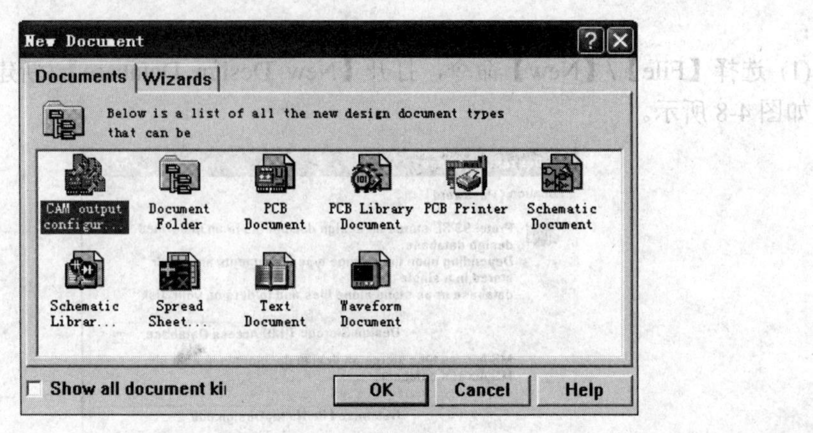

图 4-10　创建新文档

(2) 在“New Document”对话框中共有 10 种文件类型，不同的图标代表不同的文件类型，如表 4-1 所示。

表 4-1　文 件 类 型

图标	所代表的文件类型	图标	所代表的文件类型
CAM output configur...	CAM 输出配置文件	Document Folder	新建文件夹
PCB Document	印刷电路板文件	PCB Library Document	印刷电路板库文件
PCB Printer	印刷电路板打印输出文件	Schematic Document	原理图文件
Schematic Librar...	原理图库文件	Spread Sheet...	数据表格文件
Text Document	文本文件	Waveform Document	波形文件

(3) 选择新建文件类型后，单击【OK】按钮，新文档图标就出现在文件夹中，可根据需要修改文件名，如图 4-11 所示。

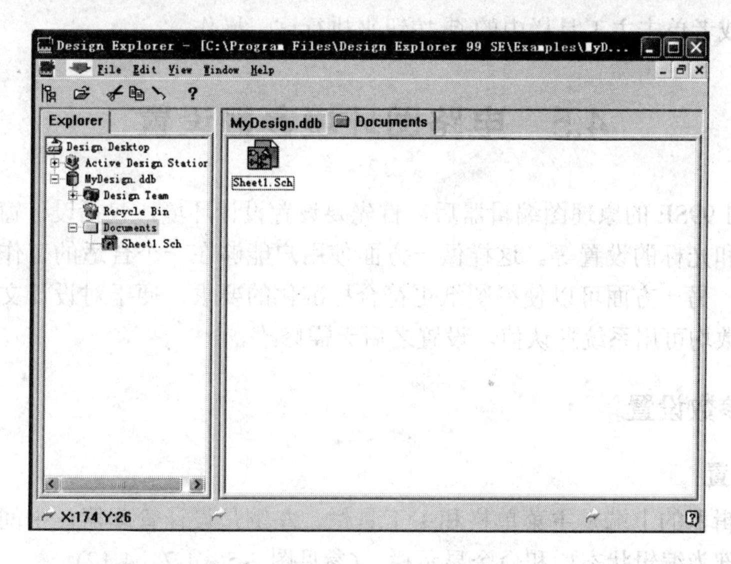

图 4-11　新文档创建完毕

4.4　设 计 管 理 器

Protel 99SE 友好的工作界面使其管理起来很方便，它有一个完整的设计管理器，包括导航树、设计窗口、主工具栏、标签等，具体界面如图 4-12 所示。用户可以通过设计管理器中的导航树方便地浏览和修改设计数据库中的文档和文件夹。

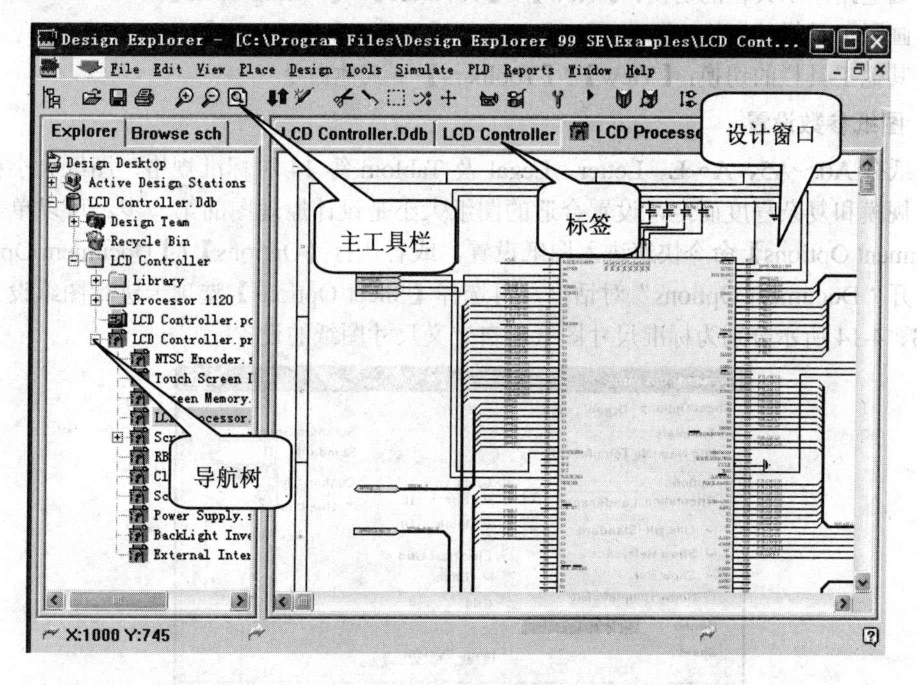

图 4-12　设计管理器界面

用户可以通过【View】菜单中的【Design Manager】命令来打开或关闭左边的设计管理

器工作窗口，或者单击主工具栏中的按钮来执行这一操作。

4.5 电路图环境参数设置

进入 Protel 99SE 的原理图编辑器后，首先要设置设计环境，包括设计窗口设置、图纸设置以及格点和光标的设置等。这样做一方面使用户能够在一个合适的工作平台上顺利地开展设计工作；另一方面可以使得图纸更符合标准化的要求，便于对设计文件进行管理。通常大多数参数均可用系统默认值，设置之后无需修改。

4.5.1 环境参数设置

1. 窗口设置

原理图编辑器的上端是主菜单栏和主工具栏，左侧是设计管理器，中间空白处为原理图编辑区，下部为编辑状态栏和命令显示栏。(参见图 4-5、4-7、4-12)。

用户可以通过【View】菜单中的命令设置主窗口。

【View】菜单中的环境组件切换：

- 设计管理器的切换：【View】/【Design Manager】
- 状态栏的切换：【View】/【Status Bar】
- 命令栏的切换：【View】/【Command Status】
- 工具栏的切换：【View】/【Toolbars】
- 画电路图工具栏的切换：【View】/【Toolbars】/【Wiring Tools】
- 画图工具栏的切换：【View】/【Toolbars】/【Drawing Tools】
- 其他工具栏的切换：【View】/【Toolbars】下其他命令

2. 图纸参数设置

图纸有 A0～A5、A～E、Letter、Legal 及 Tabloid 等 14 种标准规格，图纸大小根据电路图的规模和复杂程度而定，设置合适的图纸大小是设计原理图的第一步。可以单击右键【Document Options】命令快速进入图纸设置，或者执行【Options】/【Document Options】命令打开“Document Options”对话框，再选择【Sheet Options】选项卡进行图纸设置。如图 4-13、4-14 所示分别为标准尺寸图纸和自定义尺寸图纸的设置。

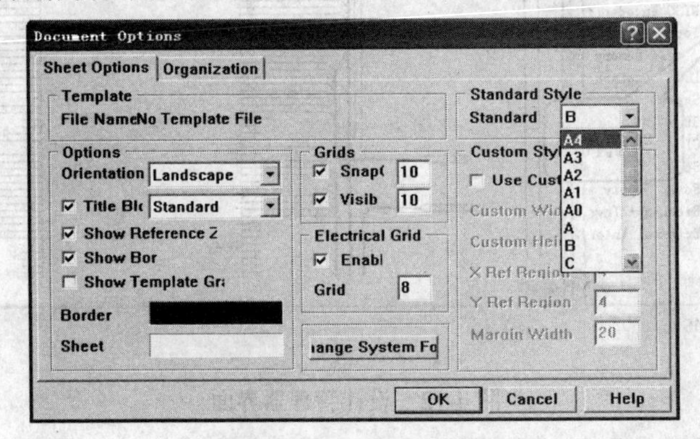

图 4-13　标准尺寸设置

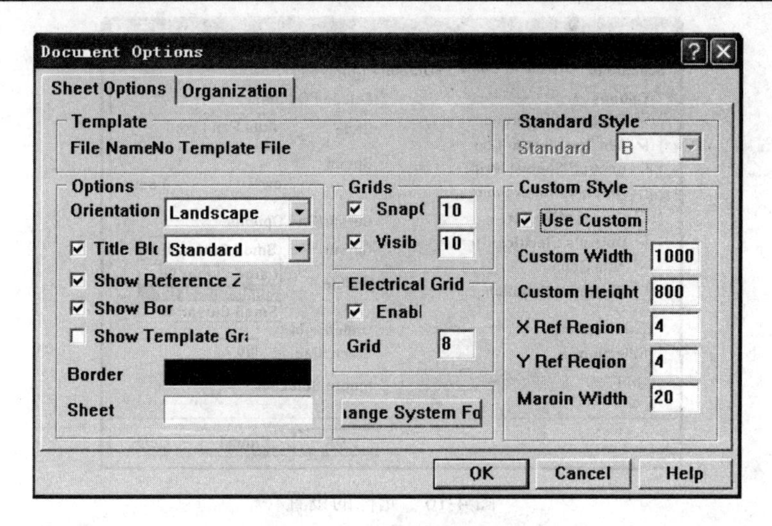

图 4-14　自定义尺寸设置

3. 格点和光标设置

利用 Protel 99/Sch(原理图设计子程序)设计原理图时，合理地设置格点的形状、光标的形状、是否显示格点等，可以为放置元件、连接线路等设计工作带来极大地方便，从而提高工作效率。

Protel 99/Sch 提供了 Lines(线状格点)和 Dots(点状格点)两种不同形状的格点。执行【Tools】/【Preferences】命令，系统会弹出“Preferences”对话框，单击【Graphical Editing】选项卡，在【Cursor】/【Grid Options】选项区域的【Visible Grid】下拉列表中选择所需格点形状，如图 4-15 所示。

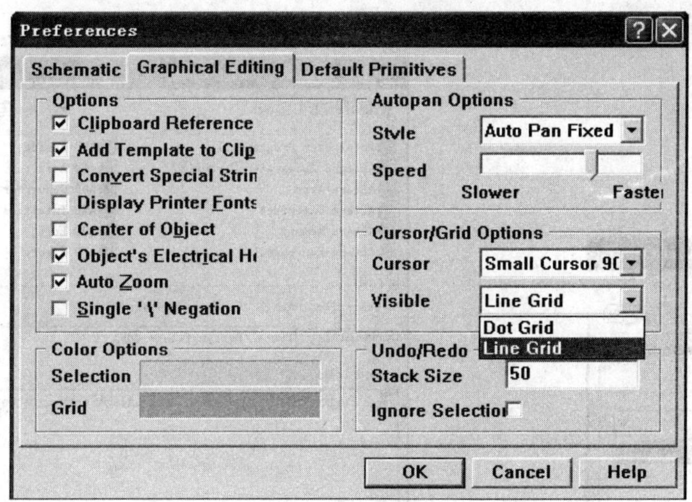

图 4-15　格点的设置

执行【Tools】/【Preferences】命令，系统会弹出“Preferences”对话框，单击【Graphical Editing】选项卡，在【Cursor】/【Grid Option】选项区域的【Cursor Type】下拉列表中选择所需光标形状分为：长 90°、短 90°和短 45°三种类型，如图 4-16 所示。

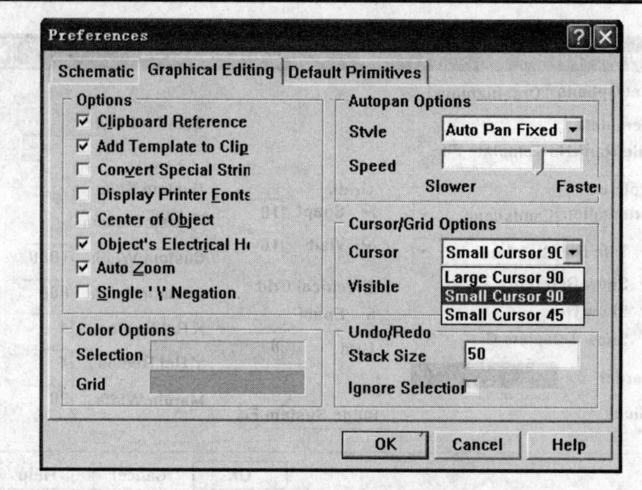

图 4-16　光标的设置

4.5.2　元件库的加载

在开始绘制原理图之前，首先将绘制原理图要用到的元件所在的原理图库加载到设计数据库。原理图库的文件格式同设计数据库的文件格式一样，都为 .ddb。一个原理图库中可以有多个子库，子库的文件格式为 .lib。Protel 99SE 的原理图库文件存放路径是 C:\Program Files\Design Explorer 99SE\Library\Sch。

在设计原理图过程中，最常用的基本库文件为“Miscellaneous Devices. lib”，如图 4-17 所示。用户还可以根据设计的需要，单击【Add/Remove】按钮来添加和删除元件库。系统自带的库文件可以在安装目录下的“Library \ Sch”子目录中找到，如图 4-18 所示。用户也可以自己创建新的库文件。

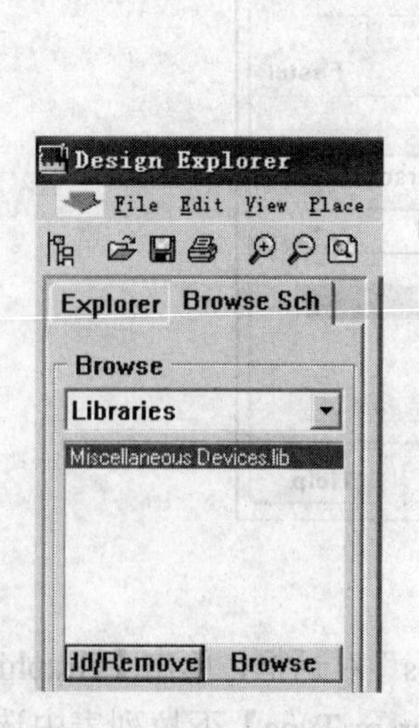

图 4-18　添加或删除原理图库

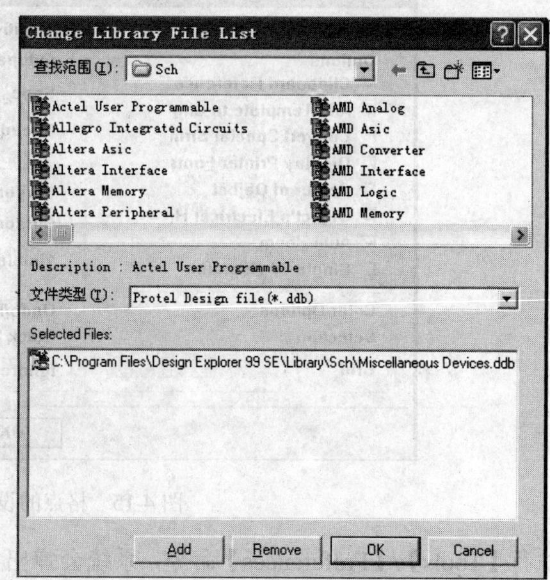

图 4-17　加载原理图库

习　题

1. 上机练习，熟悉 Protel 99SE 的基本运行环境。

2. 电路板设计的基本流程是什么？

3. 在 Protel 99SE 中，设计电路原理图有哪几个主要步骤？

4. 在 Protel 99SE 中进行 PCB 设计有哪几个主要步骤？

5. 上机练习，创建设计数据库文件及各种类型的新文档。

6. 上机练习：在设计数据库文件中新建原理图文件；设置图纸大小为 A4，捕捉栅格为 5 mil，可视栅格为 10 mil，点状格点，长 90 度光标；加载名为“Altera Memory”的原理图库文件。

电路原理图的设计与编辑

上一章简单介绍了 Protel 99SE 的一些概况，大体了解了电路原理图的设计环境。本章将更为细致地为读者介绍电路原理图的设计与编辑方法，其中也包括层次电路图的设计。

本章主要内容包括：

- 画电路图工具
- 电路图的编辑
- 层次电路图的设计工具
- 层次电路图的设计方法
- 重复性层次图的设计
- 层次电路图的管理工具

5.1 画电路图工具

在原理图编辑器中，加载完所需的原理图库文件并从中调出相应的元器件之后，首先应按照功能模块及连接关系将各个元器件摆放到合适的位置，再认真调整好间距。这一步非常重要，良好的布局能够使原理图整洁、美观、可读性强。然后，就可以用画电路图的工具来绘制电路原理图了。下面详细介绍画电路图的工具。

单击主菜单中的【View】/【Toolbars】/【Wiring Tools】命令，即可调出 Protel 99SE 提供的画电路图工具栏，如图 5-1 所示。该工具栏中，从最上行左起分别表示以下命令：

：画导线。

：画总线。

：画总线进出点。

：放置网络标号。

：放置电源或地。

：放置零件。

：放置电路方块图，主要用于层次原理图的设计。

：放置电路方块图进出点，主要用于层次原理图的设计。

：放置电路输入输出端口。

：放置节点。

：放置忽略 ERC 测试点。

：放置 PCB 布线指示。

这些工具大多可以在【Place】下拉菜单中找到相应的命令，如图 5-2 所示。

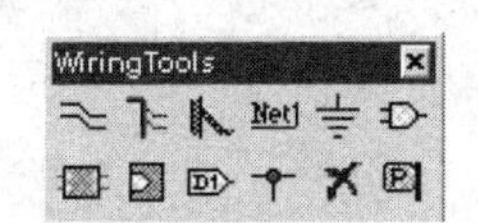

图 5-1　画电路图工具栏

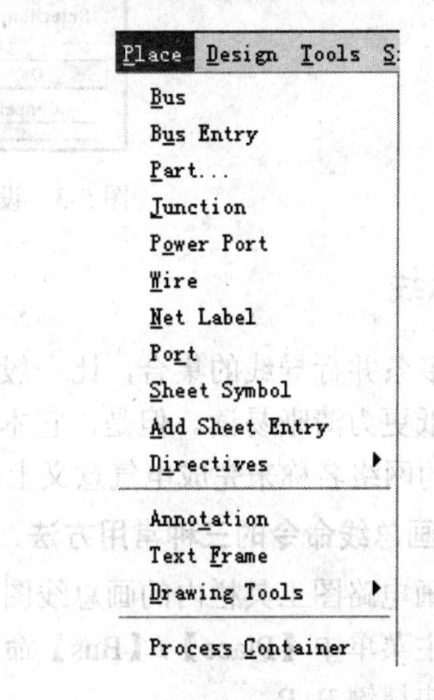

图 5-2　Place 菜单中的画电路图工具

5.1.1　画导线

原理图中的导线是具有电气连接意义的重要电气元件，而画图工具中的画线没有电气连接意义。

1. 启动画导线命令的四种常用方法

- 单击鼠标右键，在快捷菜单中选择【Place Wire】项；
- 单击画电路图工具栏内的画导线图标；
- 选择主菜单中【Place】/【Wire】命令；
- 使用放置导线的快捷键 P+W。

2. 画导线的方法

- 启动画导线命令后，光标变为十字形；
- 移动光标到导线起点，单击鼠标左键，移动光标到导线终点或下一个折点，单击鼠标左键，即可完成；
- 若要绘制不连续导线，可以在绘制完一条导线后，单击鼠标右键；
- 然后移动光标到新导线的起点，再按上步操作绘制另一条导线；
- 导线画完后，连击鼠标右键两次，系统退出画导线状态。

3. 设置导线属性对话框

在放置导线状态下，按 Tab 键，即可进入“Wire”对话框设置导线线宽与颜色，如图 5-3 所示。

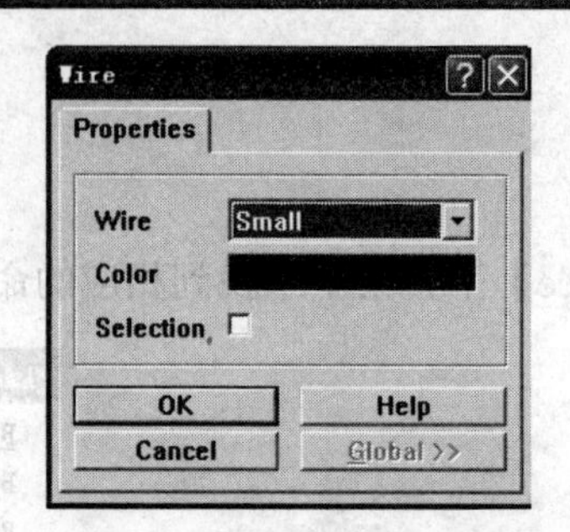

图 5-3 设置导线属性对话框

5.1.2 画总线

总线是多条并行导线的集合，比一般的导线要粗，使用总线来绘图，可以减少导线的数量，使图纸更为清晰易读。但是，它本身没有实际的电气连接意义，必须由总线接出的各个导线上的网络名称来完成电气意义上的连接。

1. 启动画总线命令的三种常用方法

- 单击画电路图工具栏内的画总线图标；
- 选择主菜单中【Place】/【Bus】命令；
- 使用快捷键 P+B。

2. 画总线方法

画总线的方法和画导线的方法完全一致。

3. 设置总线属性对话框

在放置总线状态下，按 Tab 键，即可进入“Bus”对话框设置总线线宽与颜色，如图 5-4 所示。

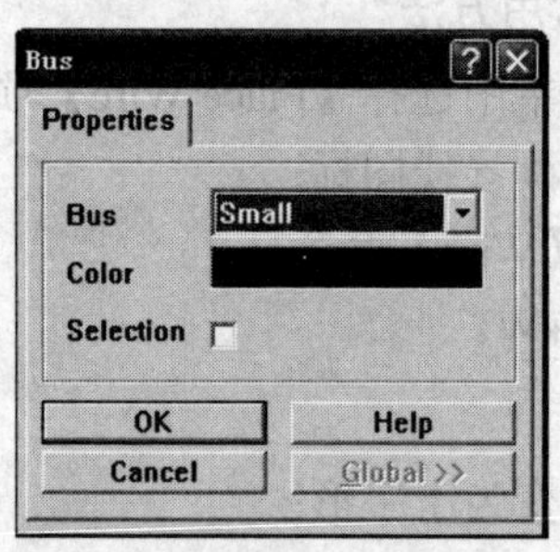

图 5-4 设置总线属性对话框

5.1.3 画总线进出点

总线进出点是单一导线进出总线的端点，没有电气连接意义，只是让电路图看上去更专业。

1. 启动画总线进出点命令的三种常用方法

- 单击画电路图工具栏内的画总线进出点图标；
- 选择主菜单中【Place】/【Bus Entry】命令；

● 使用快捷键 P+U。

2. 画总线进出点的方法

将十字光标移动到需要的位置上，单击鼠标左键放置。

3. 设置总线进出点属性对话框

在放置总线进出点状态下，按 Tab 键，即可进入“Bus Entry”对话框设置总线进出点位置、线宽和颜色，如图 5-5 所示。

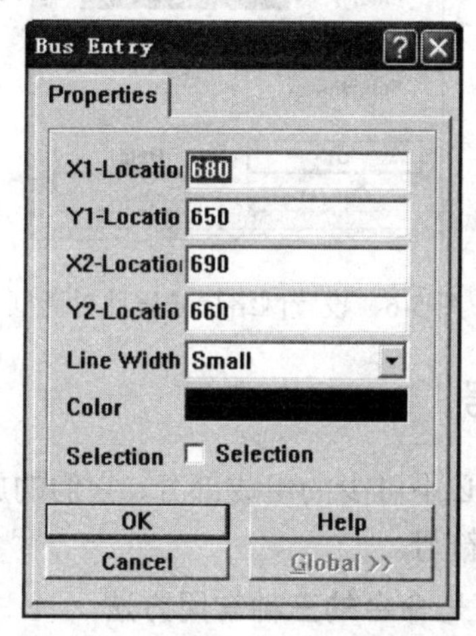

图 5-5　设置总线进出点属性对话框

5.1.4　放置网络标号

除了导线之外，设计者还可以用网络标号来连接元器件。网络标号具有实际的电气连接意义，在同一张电路图中，网络名称相同的导线，在电路里视为同一条导线。使用网络标号可以简化电路图，使电路更整洁、明确。

1. 通常使用网络标号来代替导线的三种情况

● 使用总线来连接元器件时；
● 当线路距离比较远、走线比较复杂时，为简化原理图而使用网络标号；
● 在层次原理图中，要表示各个模块电路之间的连接时，使用网络标号。

2. 启动放置网络标号命令的三种常用方法

● 单击画电路图工具栏内的放置网络名称图标；
● 选择主菜单中【Place】/【Net Label】命令；
● 使用快捷键 P+N。

3. 放置网络标号的方法

将十字光标移动到需要的位置上，单击鼠标左键放置。

4. 设置网络标号属性对话框

在放置网络标号状态下，按 Tab 键，即可进入“Net Label”对话框设置网络标号的位置、方向、颜色、字体等属性，如图 5-6 所示。

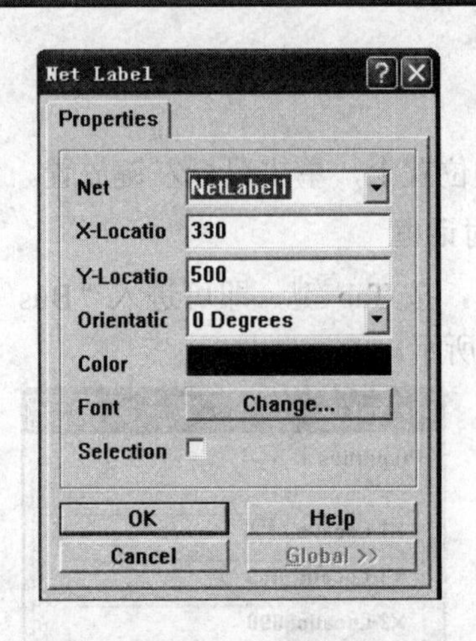

图 5-6　设置网络标号属性对话框

5.1.5　放置电源和接地符号

电源和接地符号是电路图必不可少的组成部分，它们的放置方法是一样的，Protel 99SE 通过网络标号区分电源和接地符号。

1. 启动放置电源和接地符号命令的三种常用方法

- 单击画电路图工具栏内的放置电源和接地符号图标；
- 选择主菜单中【Place】/【Power Port】命令；
- 使用快捷键 P+O。

2. 放置电源和接地符号的方法

将十字光标移动到需要的位置上，单击鼠标左键放置。

3. 设置电源和接地符号属性对话框

在放置电源和接地符号状态下，按 Tab 键，即可进入“Power Port”对话框设置电源和接地符号的网络标号、类型、位置、方向以及颜色等属性，如图 5-7 所示。

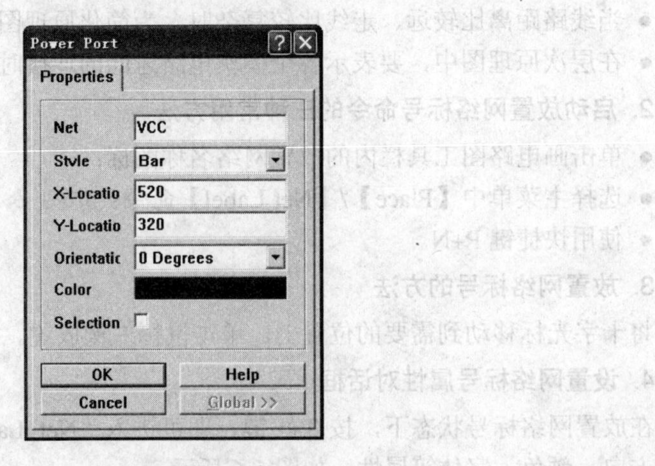

图 5-7　设置电源和接地符号属性对话框

5.1.6　放置零件

1. 启动放置零件命令的三种常用方法

● 单击零件管理器中的【Place】按钮或在零件管理器中双击所要放置的零件。

采用这种方法放置零件时，首先应加载零件所在的原理图库文件，预览后选定所需零件，再单击零件管理器中的【Place】按钮或在零件管理器中双击所要放置的零件，将其放置在原理图编辑器中，如图 5-8、5-9 所示。

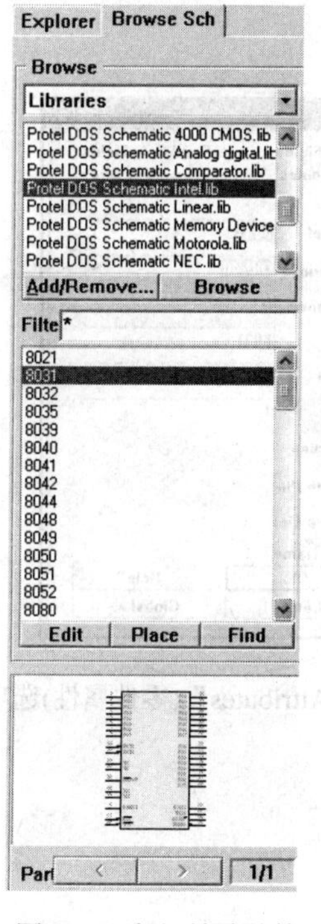

图 5-8　选取所需零件

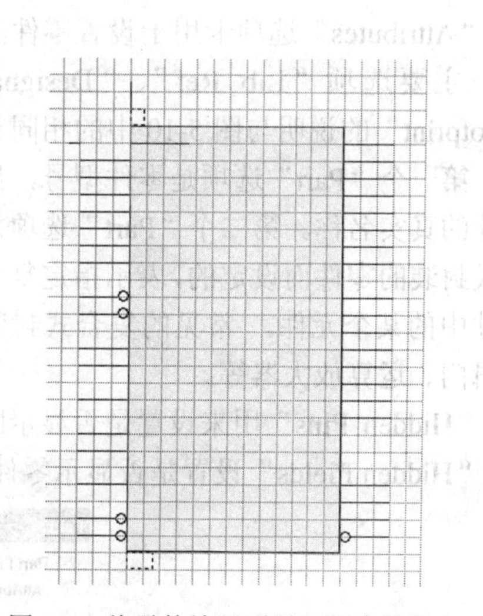

图 5-9　将零件放置到原理图编辑器中

● 选择主菜单中【Place】/【Parts】命令，或使用快捷键 P+P。

● 单击画电路图工具栏内的放置零件图标。

执行上述两种放置零件命令后，会出现放置零件对话框，对话框中缺省条件显示的是最近一次放置的零件属性，如图 5-10 所示。在该对话框中填入正确信息，即可放置零件并设置零件属性。

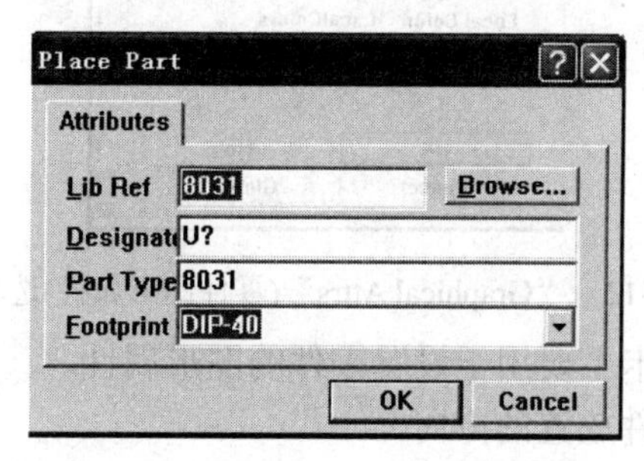

图 5-10　放置零件对话框

● Lib Ref：零件名称，是该零件在原理图库中的唯一标识。

● Designator：零件序号，是该零件在原理图编辑器中区别于同类零件的唯一编号。

● Part Type：零件型号，显示的是零件的真实名称。

● Footprint：零件封装，是该零件在 PCB 零件封装库中的标识，表示零件实际的外形尺寸和引脚排列情况。

单击【OK】按钮确定后，可选择合适位置左键单击放置零件，然后重复上述过程放置其他零件。

2. 设置零件属性对话框

双击所放置的零件，可以修改零件属性，零件属性对话框中包括“Attributes”、“Graphical Attrs”、“Part Fields”和“Read-Only Fields”四个选项卡，如图 5-11、5-12、5-13 和 5-14 所示。

“Attributes”选项卡用于设置零件的电气属性，主要选项“Lib Ref”、“Designator”和“Footprint”的说明与图 5-10 中的相同。

第一个“Part”选项是零件型号，显示的是零件的真实名称。第二个“Part”选项是针对复合式封装的零件而设定的，表示指定复合式封装零件中的某个元件。常见的复合式封装零件有逻辑门、运算放大器等。

“Hidden Pins”用来设置是否显示隐藏的引脚；“Hidden Fields”设置是否显示零件标注。

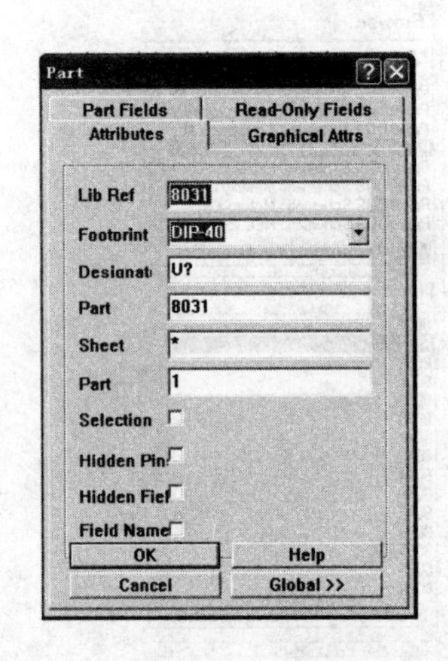

图 5-11 “Attributes”(零件属性)选项卡

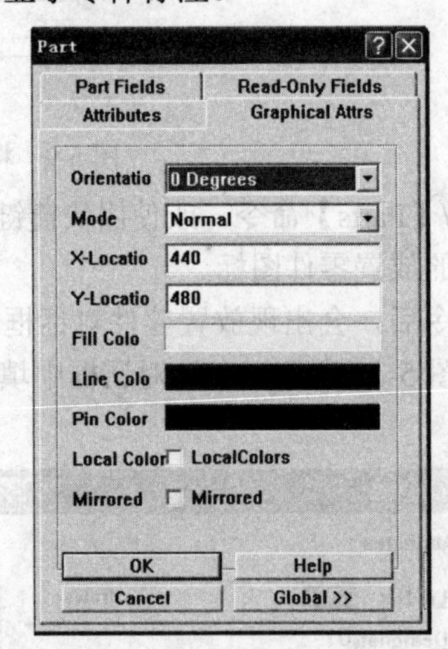

图 5-12 “Graphical Attrs”(零件图形属性)选项卡

“Graphical Attrs”选项卡主要用于设置零件的图形属性。

● Orientation：设置零件放置的方向。

● Mode：设定零件模式，包括 Nomal(正常模式)、DeMorgon(狄摩根模式)和 IEEE 三种模式。

- X-Location：X 方向位置设置。
- Y-Location：Y 方向位置设置。
- Fill Color：设置零件内部填充颜色。
- Line Color：设置零件轮廓线条颜色。
- Pin Color：设置零件引脚颜色。
- Mirrored：使零件发生镜像翻转。

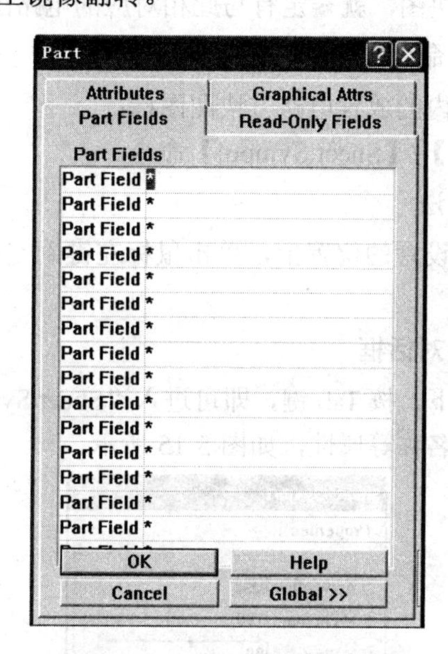

图 5-13　“Part Fields”选项卡

“Part Fields”选项卡主要用于设置零件的标注，可以直接在标注栏里输入文字。

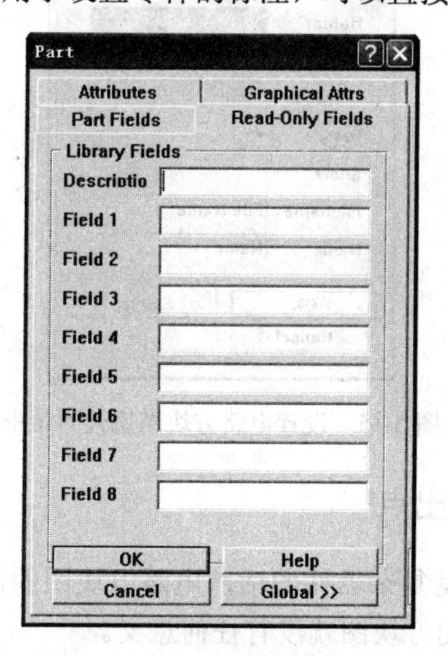

图 5-14　“Read-Only Fields”选项卡

“Read-Only Fields”该选项卡用于设置零件的只读标注，这些标注的文字不能直接在电路图中修改。

5.1.7 放置电路方块图

电路方块图是层次式电路设计不可缺少的组件，就相当于设计者自己通过组合一些元器件来定义的一个复杂器件。在层次电路图的母图中，这个复杂器件只是由简单的电路方块图来表示，至于这个复杂器件的内部的连线及组成情况，可以用另外的一张电路图表示。层次电路图中只要有电路方块图，就一定有与此相对应的电路图存在。

1. 启动放置电路方块图命令的两种方法

- 单击画电路图工具栏内的放置电路方块图图标；
- 选择主菜单中【Place】/【Sheet Symbol】命令。

2. 放置电路方块图的方法

将十字光标移动到需要设置的位置上，单击鼠标左键确定起始位置，再单击左键确定大小后放置。

3. 设置电路方块图属性对话框

在放置电路方块图状态下，按 Tab 键，即可进入“Sheet Symbol”对话框设置电路方块图的位置、尺寸、颜色以及名称等属性，如图 5-15 所示。

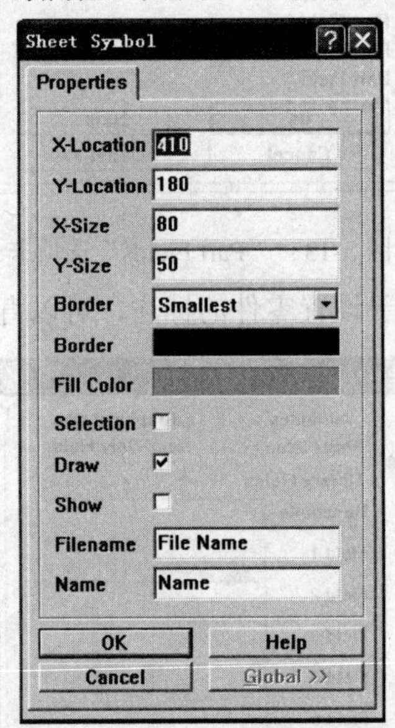

图 5-15 设置电路方块图属性对话框

5.1.8 放置电路方块图进出点

如果把电路方块图看作是复杂器件的话，电路方块图的进出点就相当于复杂器件的输入输出引脚了，没有进出点的方块图就没有任何意义。

1. 启动放置电路方块图进出点命令的两种方法

- 单击画电路图工具栏内的放置电路方块图进出点图标；

● 选择主菜单中【Place】/【Sheet Entry】命令。

2. 放置电路方块图进出点的方法

将十字光标移动到电路方块图内部需要的位置上，单击鼠标左键放置。

3. 设置电路方块图进出点属性对话框

在放置电路方块图进出点状态下，按 Tab 键，即可进入“Sheet Entry”对话框设置电路方块图进出点的名称、I/O 类型、位置、颜色等属性，如图 5-16 所示。

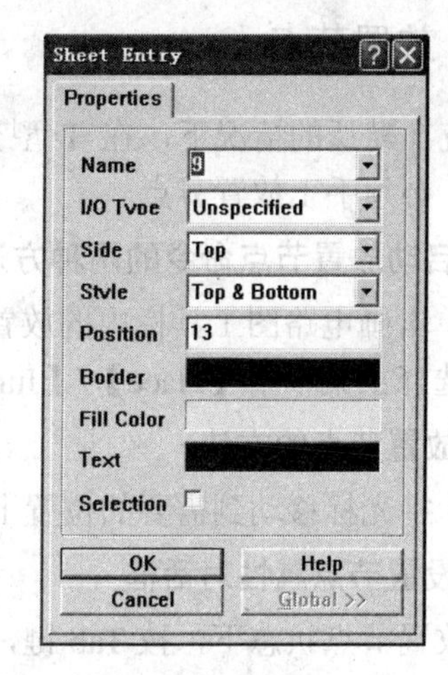

图 5-16　设置“Sheet Entry”属性对话框

5.1.9　放置电路输入输出端口

在设计电路图时，可以通过实际导线连接一个网络与另一个网络；也可以通过放置相同名称的网络标号连接两个网络；还可以放置相同名称输入输出端口实现两个网络的连接。输入输出端口是层次式电路设计不可缺少的组件。

1. 启动放置电路输入输出端口命令的两种方法

● 单击画电路图工具栏内的放置电路输入输出端口图标；

● 选择主菜单中【Place】/【Port】命令。

2. 放置电路输入输出端口的方法

将十字光标移动到需要的位置上，单击鼠标左键确定起始位置，再单击左键确定大小后放置。

3. 设置电路输入输出端口属性对话框

在放置电路输入输出端口状态下，按 Tab 键，即可进入“Port”对话框设置电路输入输出端口的名称、I/O 类型、方向、位置、颜色等属性，如图 5-17 所示。

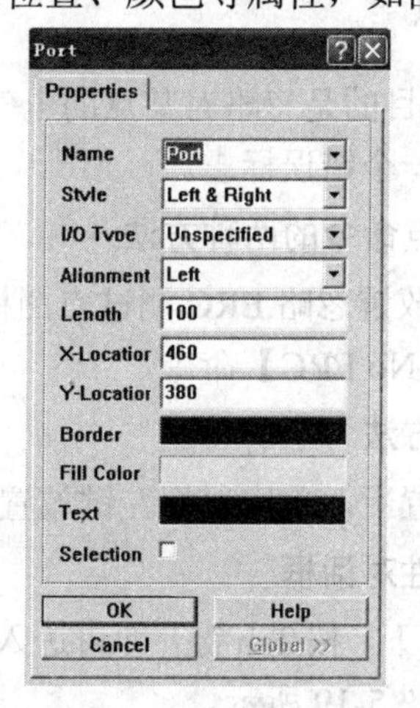

图 5-17　设置“Port”属性对话框

5.1.10 放置节点

系统在默认的情况下，在 T 型交叉处自动放置节点，但是在十字型交叉处不会自动放置节点，必须手工放置节点。

1. 启动放置节点命令的两种方法

- 单击画电路图工具栏内的放置节点图标；
- 选择主菜单中【Place】/【Junction】命令。

2. 放置节点的方法

将十字光标移动到需要的位置上，单击鼠标左键放置。

3. 设置节点属性对话框

在放置节点状态下，按 Tab 键，即可进入“Junction”对话框设置节点的位置、大小、颜色等属性，如图 5-18 所示。

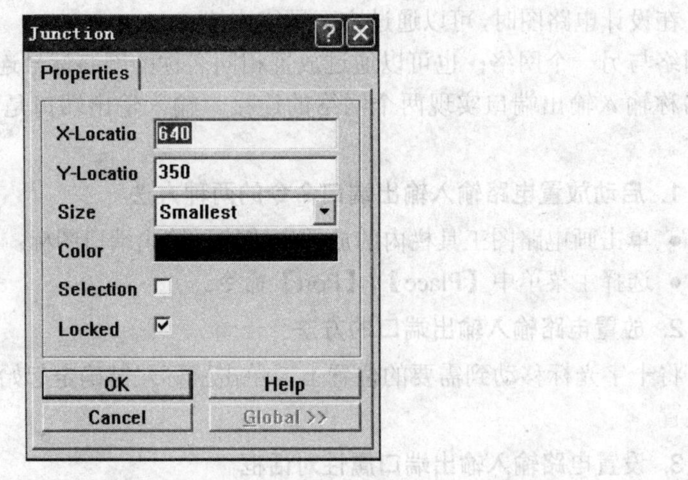

图 5-18 设置“Junction”属性对话框

5.1.11 放置忽略 ERC 测试点

放置忽略 ERC 测试点的主要目的是忽略对某点的电气规则检查。如果不放置忽略 ERC 测试点，那么该点处系统会加上一个错误标志。

1. 启动放置忽略 ERC 测试点命令的两种方法

- 单击画电路图工具栏内的放置忽略 ERC 测试点图标；
- 选择主菜单中【Place】/【No ERC】命令。

2. 放置忽略 ERC 测试点的方法

将十字光标移动到需要的位置上，单击鼠标左键放置。

3. 设置忽略 ERC 测试点属性对话框

在放置忽略 ERC 测试点状态下，按 Tab 键，即可进入“No ERC”对话框设置忽略 ERC 测试点的位置、颜色等属性，如图 5-19 所示。

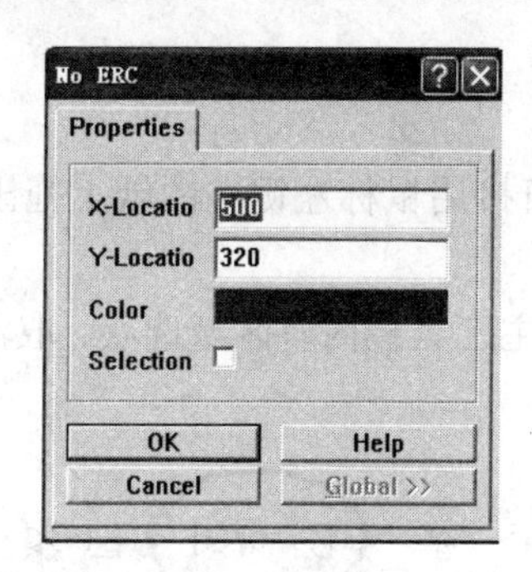

图 5-19　设置“No ERC”属性对话框

5.1.12　放置 PCB 布线指示

1. 启动放置 PCB 布线指示命令的两种方法

- 单击画电路图工具栏内的放置 PCB 布线指示图标；
- 选择主菜单中【Place】/【PCB Layout Directive】命令。

2. 放置 PCB 布线指示的方法

将十字光标移动到需要的位置上，单击鼠标左键放置。

3. 设置 PCB 布线指示属性对话框

在放置 PCB 布线指示状态下，按 Tab 键，即可进入“PCB Layout”对话框设置 PCB 布线指示属性，如图 5-20 所示。

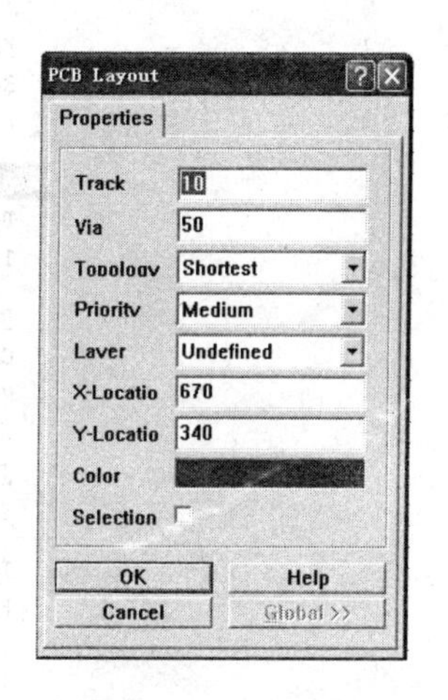

图 5-20　设置“PCB Layout”属性对话框

- Track：设置 PCB 板上铜膜导线的宽度。
- Via：设置 PCB 板上过孔的宽度。
- Topology：设置 PCB 板上的走线策略。列表框中分为 7 种走线方式：X-Bias(X 偏斜走线)、Y-Bias(Y 偏斜走线)、Shortest(最短走线)、Daisy Chain(菊花链状走线)、Min Daisy Chain(小菊花链状走线)、Start/End Daisy Chain(头尾式小菊花链状走线)和 Star Point(星形走线)。
- Priority：设置在 PCB 板上走线的优先级。
- Layer：设置在 PCB 板上走线的板层。

5.2　电路图的编辑

有了上面的基础就可以绘制电路图了，所有元件放置完毕后，就可以进行电路图中各对象间的连线。连线的主要目的是按照电路设计的要求建立网络的实际连通性。但为了更快捷地绘制电路图，还要掌握电路图的编辑方法。本节将详细介绍电路图的编辑方法，包括电路元件的选取、剪切、删除、移动等方法。

5.2.1 元件的选取

最常用的元件选取方法是直接用鼠标左键在图纸上拖出一个矩形框，框内元件就能被全部选中。

(1) 利用元件选取工具：在主工具栏内有区域选取、取消选取和移动被选元件三个选取工具，如图 5-21 所示。

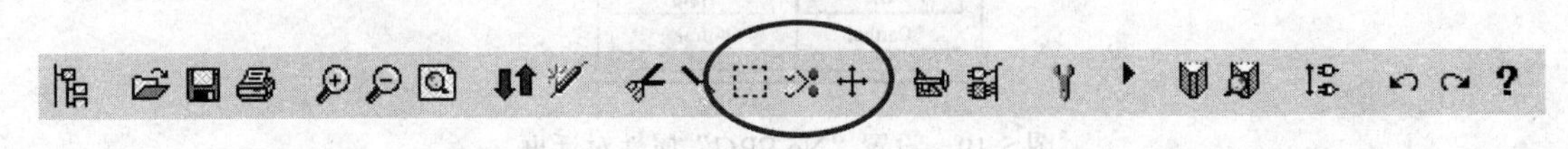

图 5-21 选取工具

(2) 菜单中与选取有关的命令，如图 5-22 所示：

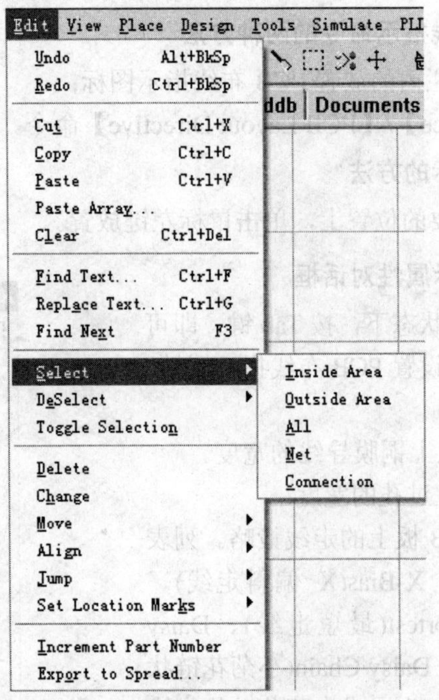

图 5-22 菜单中与选取有关的命令

【Inside Area】：区域选取命令，用于选取区域内的元件，等同于主工具栏里的区域选择工具。

【Outside Area】：区域外选取命令，用于选取区域外的元件，与【Inside Area】命令正好相反。

【All】：选取所有元件，用于选取图纸内的所有元件。

【Net】：选取网络命令，用于选取指定网络。使用这一命令，只要属于同一个网络名称的导线，不管在电路图上是否有连接线，都属于同一网络，都被选中。

(3) 菜单中与取消有关的命令：处于选取状态的元件可以将它恢复成未选取状态，如图 5-23 所示。

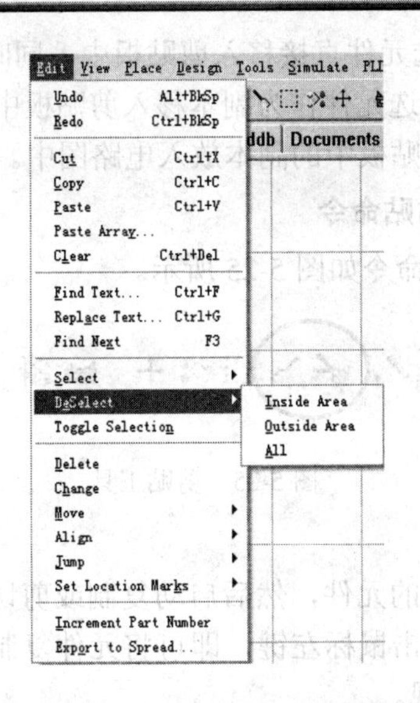

图 5-23　菜单中与取消有关的命令

【Inside Area】：表示区域取消选取命令，用于取消区域内元件的选取状态。

【Outside Area】：区域外取消选取命令，用于取消区域外元件的选取状态，与【Inside Area】命令正好相反。

【All】：取消所有元件的选取状态。

5.2.2　元件的剪贴

1. 菜单中与剪贴有关的命令

Protel 99SE 的剪贴命令集中在菜单【Edit】中，如图 5-24 所示。

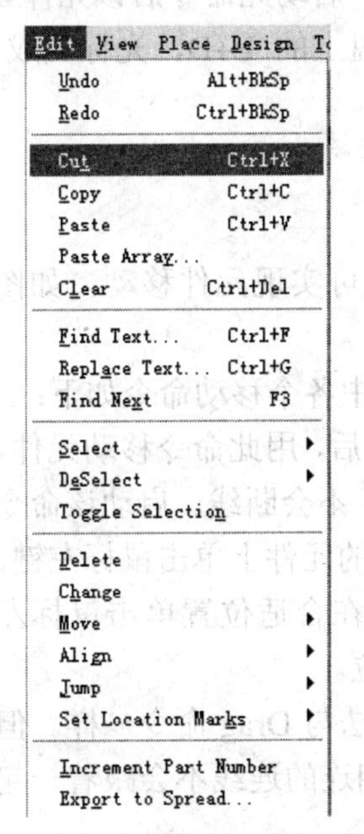

图 5-24　菜单中与剪贴有关的命令

【Cut】：剪切命令，将所选元件直接移入剪贴板中，同时电路图中所选元件被删除。

【Copy】：复制命令，将所选元件作为副本移入剪贴板中，电路图中所选元件不消失。

【Paste】：粘贴命令，将剪贴板中的副本放入电路图中。

2. 主工具栏中的剪切、粘贴命令

主工具栏中的剪切、粘贴命令如图5-25所示。

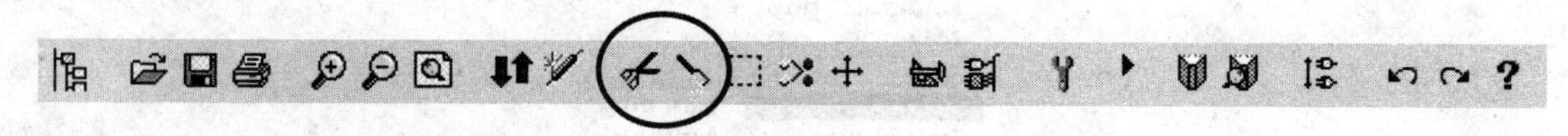

图5-25　剪贴工具

3. 元件剪贴的方法

● 首先选取要复制或剪切的元件，然后启动复制或剪切命令，光标变为十字形，再将光标移到已选取的元件上，单击鼠标左键，即可将元件复制或剪切到剪贴板中。也可通过快捷键Ctrl+C或Ctrl+X来实现。

● 启动粘贴命令后，光标变为十字形，且光标上带着剪贴板中的元件，将光标移动到合适位置，单击鼠标左键，即可将元件粘贴到该处。也可通过快捷键【Ctrl+V】来实现。

5.2.3　元件的删除

在菜单【Edit】中有【Clear】和【Delete】两个删除命令。

【Clear】：用于删除已选元件。启动该命令前，需要先选取元件，启动后该元件立刻被删除。

【Delete】：用于删除元件。启动该命令前，不需要先选取元件，只需用鼠标左键点击该元件一下，元件周围会出现虚框；启动此命令后该元件立刻被删除。

也可以使用快捷键，点击键盘上的E+D，光标变成十字形，此时可以用鼠标点击，删除多个元件。

5.2.4　元件的移动

执行【Edit】/【Move】命令可实现元件移动，如图5-26所示。

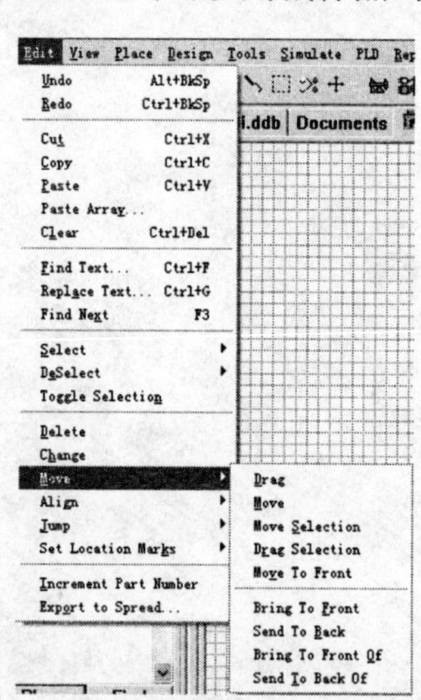

图5-26　菜单中的移动命令

菜单【Edit】/【Move】命令中各个移动命令如下：

【Drag】：拖动命令。连线完成后，用此命令移动元件，元件上所有的连线都会跟着移动，不会断线。启动该命令后，光标变成十字形，在需要拖动的元件上单击鼠标左键，元件就会跟着光标一起移动，再在合适位置单击鼠标左键，就可以完成对元件的重新定位。

【Move】：移动命令。操作方法与Drag命令一样。但采用此命令移动元件，与该元件相连的连线不会跟着一起移动。

【Move Selection】：移动选定元件，与 Move 命令类似，适用于多个元件一起同时移动的情况。

【Drag Selection】：拖动选定元件，与 Drag 命令类似，适用于多个元件一起同时拖动的情况。

【Move To Front】：在最上层移动元件。操作方法与 Drag 命令一样。

【Bring To Front】：将元件移动到重叠元件的最上层。启动该命令后，光标变成十字形，单击要移动的元件，该元件立即被移到重叠元件的最上层。

【Send To Back】：将元件移动到重叠元件的最下层。操作方法同上。

【Bring To Front Of】：将元件移动到某元件的上层。启动该命令后，光标变成十字形，单击要移动的元件，该元件暂时消失，光标仍为十字形；选择参考元件，单击鼠标左键，原先暂时消失的元件就被置于参考元件的上层。

【Send To Back Of】：将元件移动到某元件的下层。操作方法同上。

5.2.5 元件的排列和对齐

在启动元件的排列和对齐命令之前，首先选择需要排列和对齐的元件。菜单中元件排列与对齐的命令如图 5-27 所示。

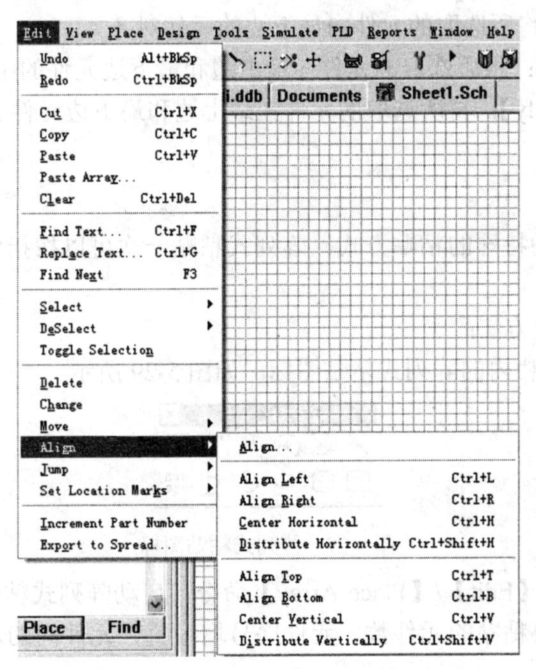

图 5-27 菜单中排列与对齐命令

【Align】：执行【Edit】/【Align】/【Align】命令，出现元件对齐设置对话框，如图 5-28 所示。对话框中“Move Primitives to Grid”选项是设定对齐时将元件移到格点上，以方便连线；在“Horizontal Alignment”(水平对齐)中，包含“No Change”(保持原状)、“Left”(向左对齐)、“Right”(向右对齐)、“Center”(向水平中心对齐)和“Distribute Equally”(水平等距放置)等选项；在“Vertical Alignment”(垂直对齐)中，包含“No Change”(保持原状)、“Top”

(向上对齐)、“Bottom”(向下对齐)、“Center”(向垂直中心对齐)和“Distribute Equally”(垂直等距放置)等选项。

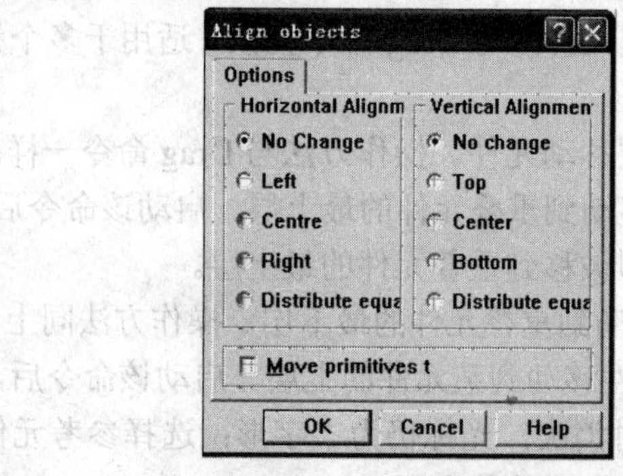

图 5-28　元件对齐设置对话框

【Align Left】：将所选取的元件向最左边的元件对齐。

【Align Right】：将所选取的元件向最右边的元件对齐。

【Center Horizontal】：将所选取的元件向最左边和最右边元件的中间位置对齐。

【Distribute Horizontally】：将所选取的元件在最左边和最右边元件之间等间距放置。

【Align Top】：将所选取的元件向最上边的元件对齐。

【Align Bottom】：将所选取的元件向最下边的元件对齐。

【Centre Vertically】：将所选取的元件向最上边和最下边元件的中间位置对齐。

【Distribute Vertically】：将所选取的元件在最上边和最下边元件之间等间距放置。

5.2.6　阵列式粘贴

阵列式粘贴是一种特殊的粘贴方式，阵列式粘贴一次可以按指定间距将同一个零件重复粘贴在图纸上。

阵列式粘贴的两种方法：

(1) 单击画图工具栏内的阵列式粘贴图标，如图 5-29 所示。

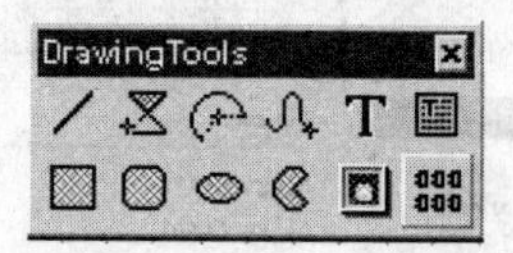

图 5-29　阵列式粘贴图标

(2) 选择主菜单中【Edit】/【Place Array】命令，启动阵列式粘贴命令，可以在阵列式粘贴对话框中设置所要粘贴的元件数、元件序号增量值、元件间的水平间距和垂直间距等参数，如图 5-30 所示。

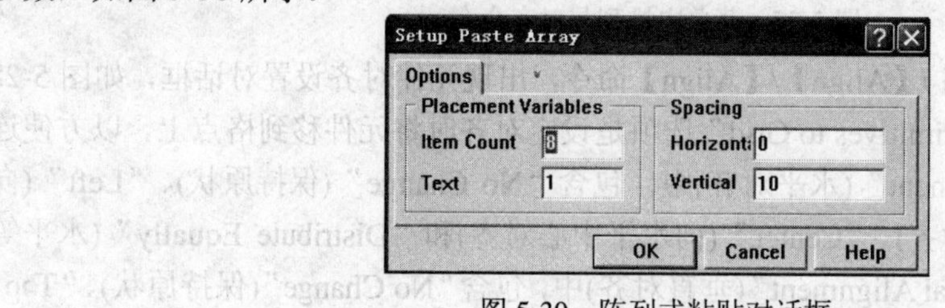

图 5-30　阵列式粘贴对话框

5.3　层次电路图的设计工具

随着电路设计项目复杂程度的日益增加，设计者很难将全部的电路图都绘制在一张图纸上，更不可能由一个人单独完成。通常需要将比较庞大的设计项目划分为很多的功能模块，由不同的设计人员来分别完成，然后再将这些设计整合到一起，构成一个完整的设计。层次电路图正是这种层次化设计方法的具体体现。这样做不但可以使项目设计结构清晰、有条理，而且可以使整个项目并行设计，从而大大提高项目的开发效率。

设计层次电路图的关键在于如何做到层次间信号的正确传递。在 Protel 99SE 中，主要靠放置电路方块图、方块图进出点和电路输入输出端口来实现信号的正确传递，这三种工具之间有着密切的联系。

在层次电路图设计中，每个电路方块图都有一个电路图与之相对应，并且电路方块图内部一般也都有方块图进出点。同时，在与电路方块图所对应的电路图中，也必须有电路输入输出端口与电路方块图的进出点相对应且同名。因为在同一项目的所有电路图中，同名的输入输出端口之间都可以认为是相互连接在一起的。这一点与网络标号有很大区别，在同一电路图中，具有相同网络标号的线路被认为是相互连接的，但是它的范围仅限于在同一电路图内。

采用自上而下的方法设计层次电路图需要用到菜单中的【Design】/【Create Sheet From Symbol】命令，而采用自下而上的方法设计层次电路图需要用到菜单中的【Design】/【Create Symbol From Sheet】命令，如图 5-31 所示。重复性层次图设计需要用到菜单中的【Tools】/【Complex To Simple】命令，如图 5-32 所示。

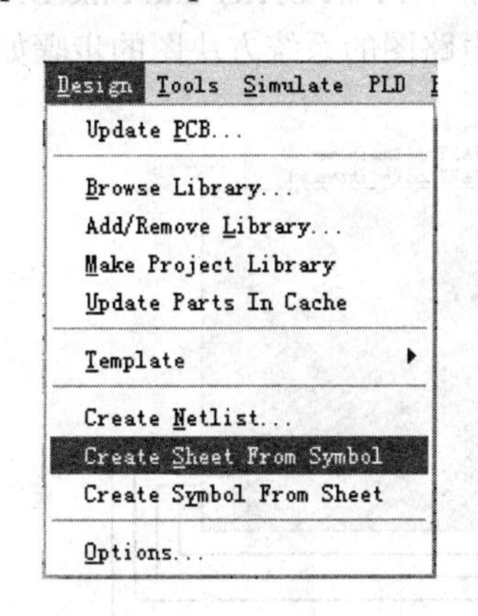

图 5-31　【Design】菜单中的层次图设计命令

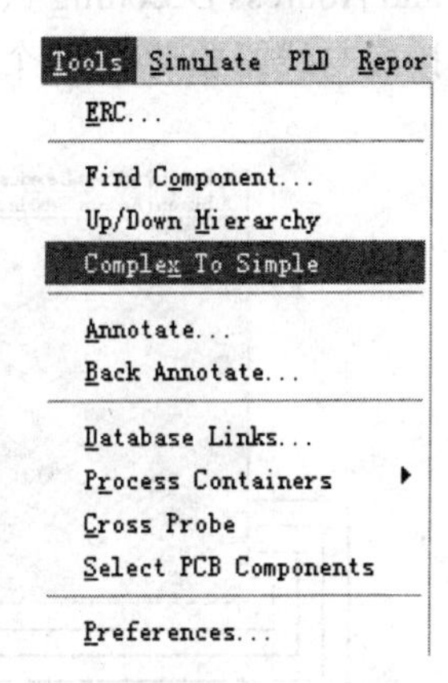

图 5-32　【Tools】菜单中的层次图设计命令

5.4　层次电路图的设计方法

层次电路图的设计方法是一种模块化的设计方法。用户可以把一个比较复杂的大系统，按照功能划分为多个子系统，而子系统又可以划分为多个功能模块。Protel 99SE 支持无限分层的层次电路图，因此各个功能模块又可以继续细分，直到分为一些各个的功能模块。因此，只要绘制出各个基本功能模块原理图，再根据预先定义好的子系统之间的连接关系，将多张原理图组合起来，整个系统的原理图设计过程就完成了。

5.4.1 自上而下的层次图设计方法

所谓自上而下，就是指将总的电路系统划分为若干子系统模块，然后再继续分割为基本模块，也即通过电路方块图生成原理图，其设计流程如图 5-33 所示。

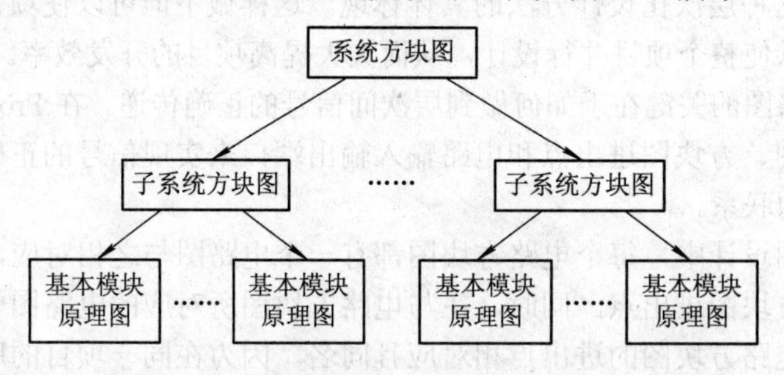

图 5-33 自上而下的设计流程

下面我们就以 Protel 99SE 自带的范例“4 Port Serial Interface.ddb”(该例子位于 C:\Program Files\Design Explorer 99SE\Examples 目录下)为例，介绍一下采用自上而下的方法设计层次电路图的过程。

1. 建立层次电路图的系统方块图(母图)

图 5-34 所示的是该层次电路图的系统方块图，整张方块图就是一个完整的电路，它由“ISA Bus and Address Decoding”(ISA 总线与地址译码)和“4 Port UART and Line Drivers”(4 通道串口接口与线路驱动器)两个模块构成。建立层次电路图的系统方块图的步骤如下：

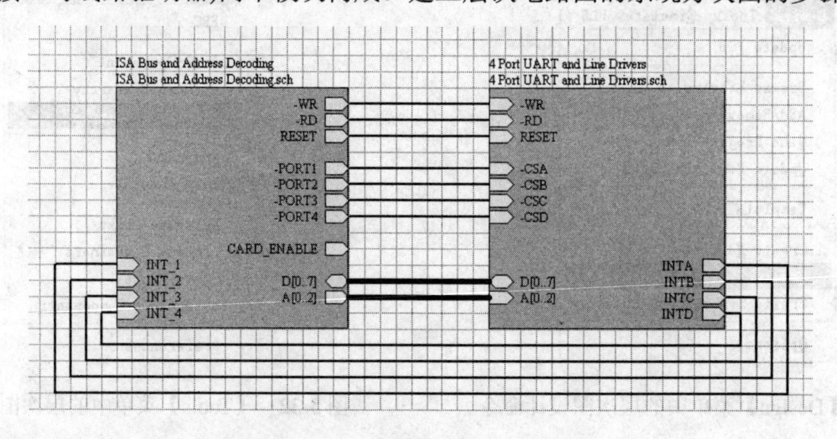

图 5-34 层次电路图的系统方块图

- 新建设计数据库文件(4 Port Serial Interface.ddb)，并进入数据库文件夹。
- 在设计数据库中新建原理图设计文件(.sch)，并将该文件名改为“4 Port Serial Interface.prj”，打开该文件。
- 放置电路方块图。

- 放置电路方块图进出点。
- 用导线、总线等将各电路方块图的进出点连接起来。
- 设置电路方块图、进出点以及导线的属性。

2. 绘制各部分基本模块原理图(子图)

- 在“4 Port Serial Interface.prj”中执行菜单命令【Design】/【Create Sheet From Symbol】，光标变成十字形，左键单击“ISA Bus and Address Decoding”方块，弹出对话框，询问是否改变将要生成的子电路中端口的方向，如图5-35所示。

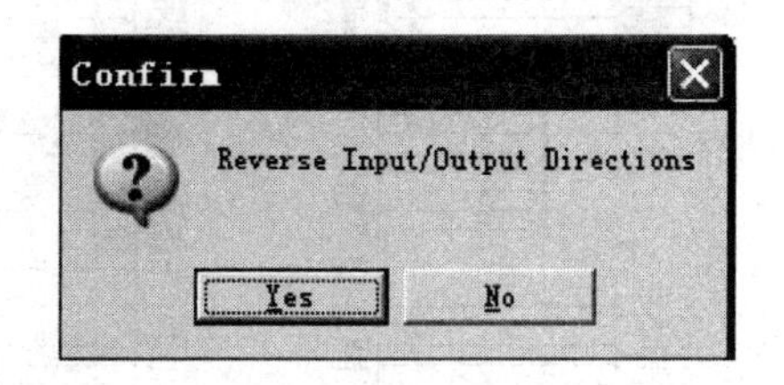

图5-35　询问对话框

- 单击【No】按钮，即生成的子电路中端口的方向与系统方块图中的一致。则系统自动生成子电路文件，如图5-36所示。

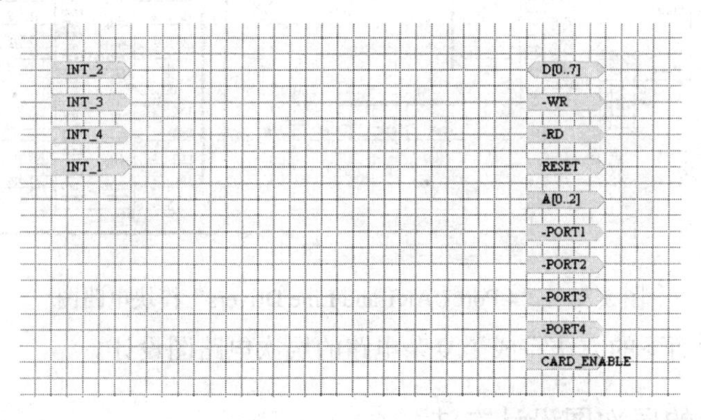

图5-36　自动生成的子电路文件

- 用绘制电路原理图的方法，在子电路端口的基础上绘制出具体的子电路，如图5-37所示。

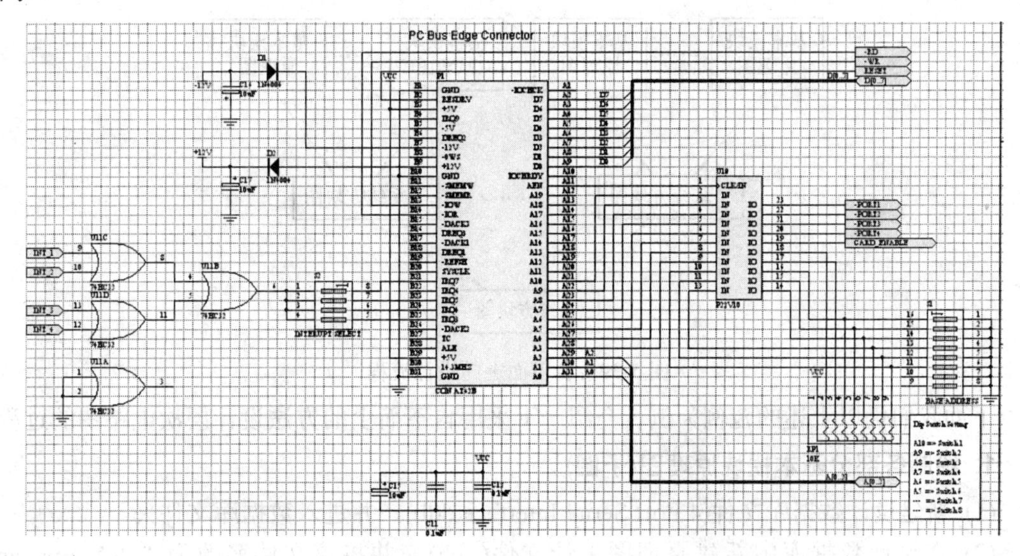

图5-37　“ISA Bus and Address Decoding”模块电路图

● 重复上述过程，绘制出“4 Port UART and Line Drivers”模块电路图，如图 5-38 所示。

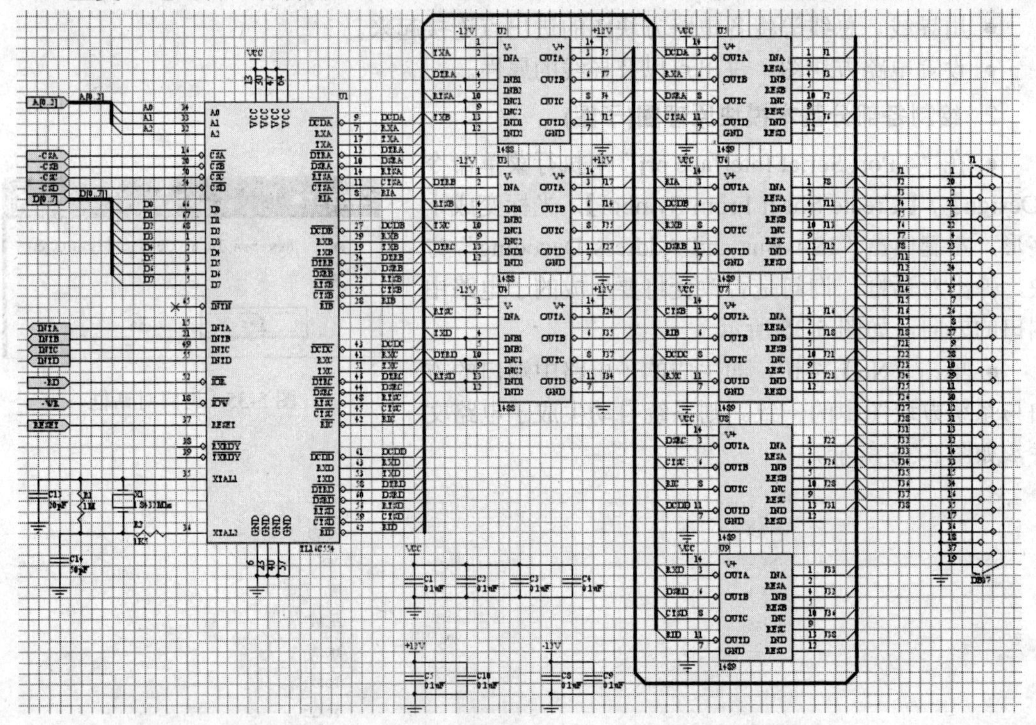

图 5-38 “4 Port UART and Line Drivers”模块电路图

这样就用自上而下的方法完成了复杂电路的层次电路图设计。

5.4.2 自下而上的层次图设计方法

此方法与自上而下的设计方法正相反，是由原理图生成电路方块图，其设计流程如图 5-39 所示。

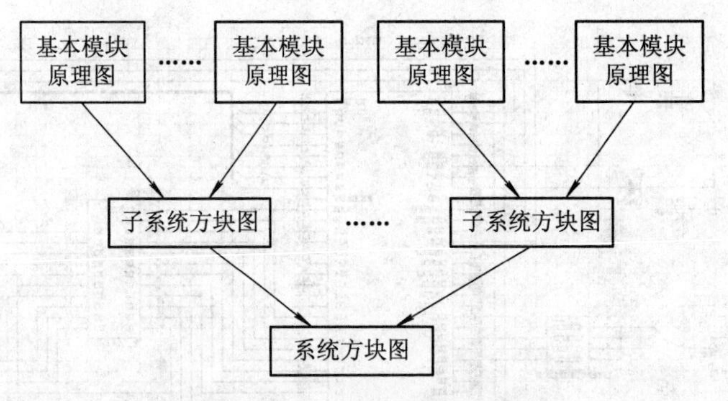

图 5-39 自下而上的设计流程

下面我们仍以上述的范例为例，介绍一下采用自下而上的方法设计层次电路图的过程。

1. 绘制各部分基本模块原理图(子图)

(1) 新建设计数据库文件(4 Port Serial Interface.ddb)，并进入数据库文件夹。

(2) 在设计数据库中新建原理图设计文件(.sch)，并将该文件名改为“ISA Bus and

Address Decoding.sch”，打开该文件。

(3) 用设计电路原理图的方法绘制出“ISA Bus and Address Decoding.sch”的电路原理图。再用同样的方法绘制出“4 Port UART and Line Drivers.sch”的电路原理图。

2. 建立层次电路图的系统方块图(母图)

(1) 在设计数据库中建立名为“4 Port Serial Interface.prj”的原理图文件。

(2) 在“4 Port Serial Interface.prj”中执行菜单命令【Design】/【Create Symbol From Sheet】，弹出如图5-40所示的对话框。从中选择需要在系统方块图中转换成电路方块图的电路，并单击【OK】按钮。

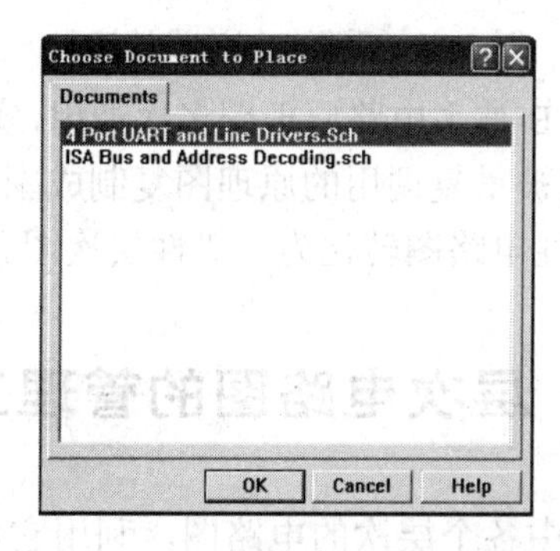

图5-40　选择转换成电路方块图的电路

(3) 单击【OK】按钮后，弹出如图5-35所示的对话框，询问是否改变将要生成的子电路中端口的方向。

(4) 单击【No】按钮，光标变成十字形，并带有一个电路方块图。选择合适位置，单击鼠标左键，电路方块图便放置在图纸上了，如图5-41所示。

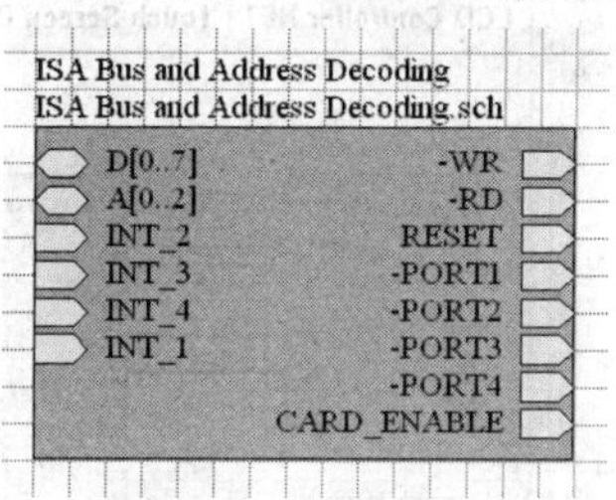

图5-41　由原理图生成的电路方块图

(5) 用同样的方法在系统方块图中放置其他子电路的方块图，将所有的方块图放置完后，再用导线或总线将各个方块图连接好。

这样就用自下而上的方法完成了复杂电路的层次电路图设计。

5.5　重复性层次图的设计

重复性层次图是指在层次电路图设计中，有一个或多个电路图被重复地调用，为方便调用，采用重复性设计的方法，可以省去很多工作量，不必重复绘制相同的电路图。其设计流程如图5-42所示。

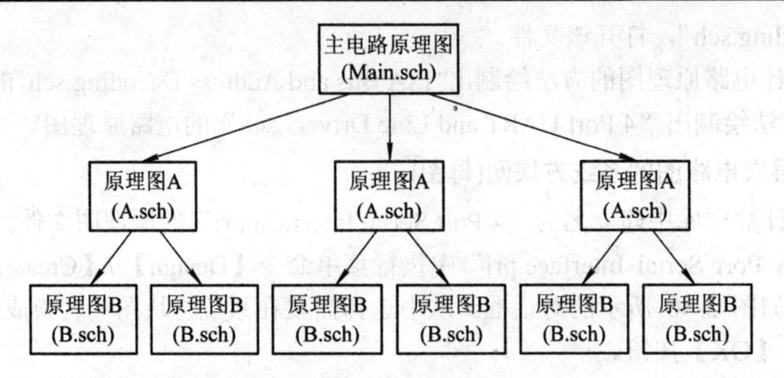

图 5-42　重复性层次设计流程

上图中原理图 A 和原理图 B 被主电路原理图多次调用，实际上只需绘制主电路原理图、原理图 A 和原理图 B，再将要被重复调用的原理图复制成副本，从而形成一组相互独立又相互关联的电路图，即把重复性电路图转化为一般性层次图。

5.6　层次电路图的管理工具

设计浏览器可以管理项目中各个层次的电路图，利用它可以很方便地在项目的各个部分间进行切换。打开 Protel 99SE 自带的范例"LCD Controller.Ddb"(该例子位于 C：\Program Files\Design Explorer 99SE\Examples 目录下)后设计浏览器内所显示的内容，如图 5-43 所示。

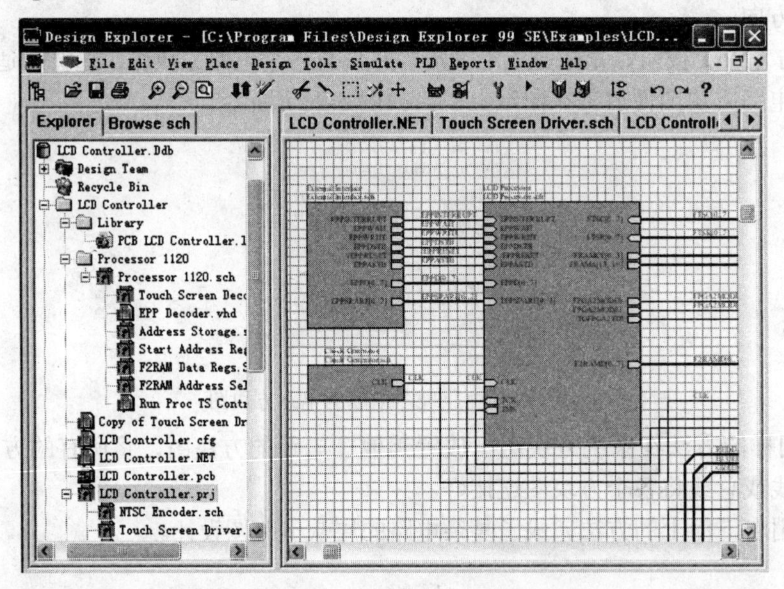

图 5-43　用设计浏览器管理层次电路图

设计浏览器不仅列出了目前系统中打开的文件，而且能够直观地表示出电路图之间的层次关系。由于在绘图时，设计浏览器会占显示区域，所以在层次图设计中可以用专用的层次图切换工具来实现各个图层之间的切换，即菜单中的【Tools】/【Up/Down Hierarchy】命令参见图 5-32；还可以单击主工具栏中的相关图标来启动层次图切换工具，如图 5-44 所示。

图 5-44　主工具栏中的层次图切换工具

习　　题

本章习题 1～11 中的图 5-45～图 5-55 均取自图 5-56，练习时可参考大图 5-56。

1. 上机练习：

(1) 根据本章所介绍的电路原理图的设计与编辑方法，绘制一个单片机最小系统电路原理图，如图 5-45 所示。

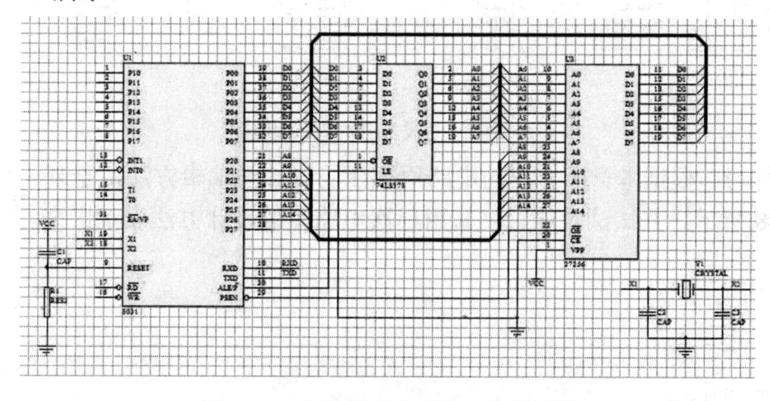

图 5-45　单片机最小系统电路原理图

(2) 请按下列要求对图纸参数进行设置。图纸尺寸为 A3，水平放置，并且标题栏采用标准型；重新设置所有元件名称，字体仿宋-GB2312，大小为 12；重新设置所有元件类型，字体仿宋-GB2312，大小为 11。

(3) 试着将上图中的电路用层次电路图的设计方法表示出来。

2. 上机练习：根据本章所介绍的电路原理图的设计与编辑方法，绘制一个跑马灯电路，如图 5-46 所示。并试试看能否将其用层次电路图的设计方法表示出来。

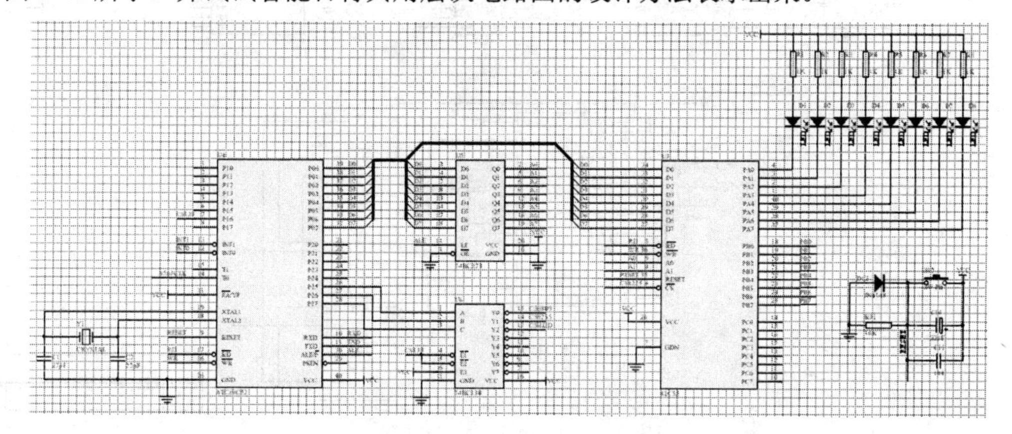

图 5-46　跑马灯电路

3. 上机练习：根据本章所介绍的电路原理图的设计与编辑方法，绘制一个七段 LED 数码管电路，如图 5-47 所示。并试试看能否将其用层次电路图的设计方法表示出来。

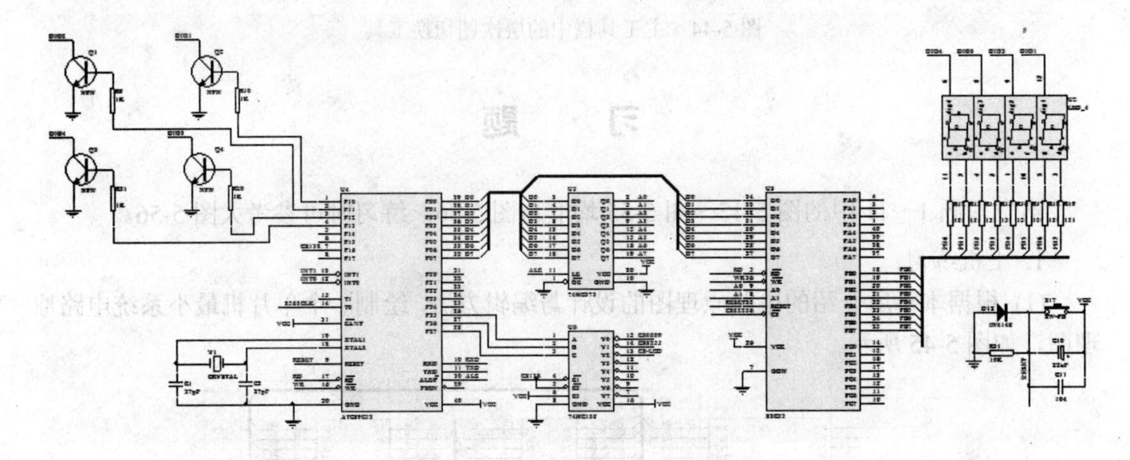

图 5-47　七段 LED 数码管电路

4. 上机练习：根据本章所介绍的电路原理图的设计与编辑方法，绘制一个 A/D 转换电路，如图 5-48 所示。并试试看能否将其用层次电路图的设计方法表示出来。

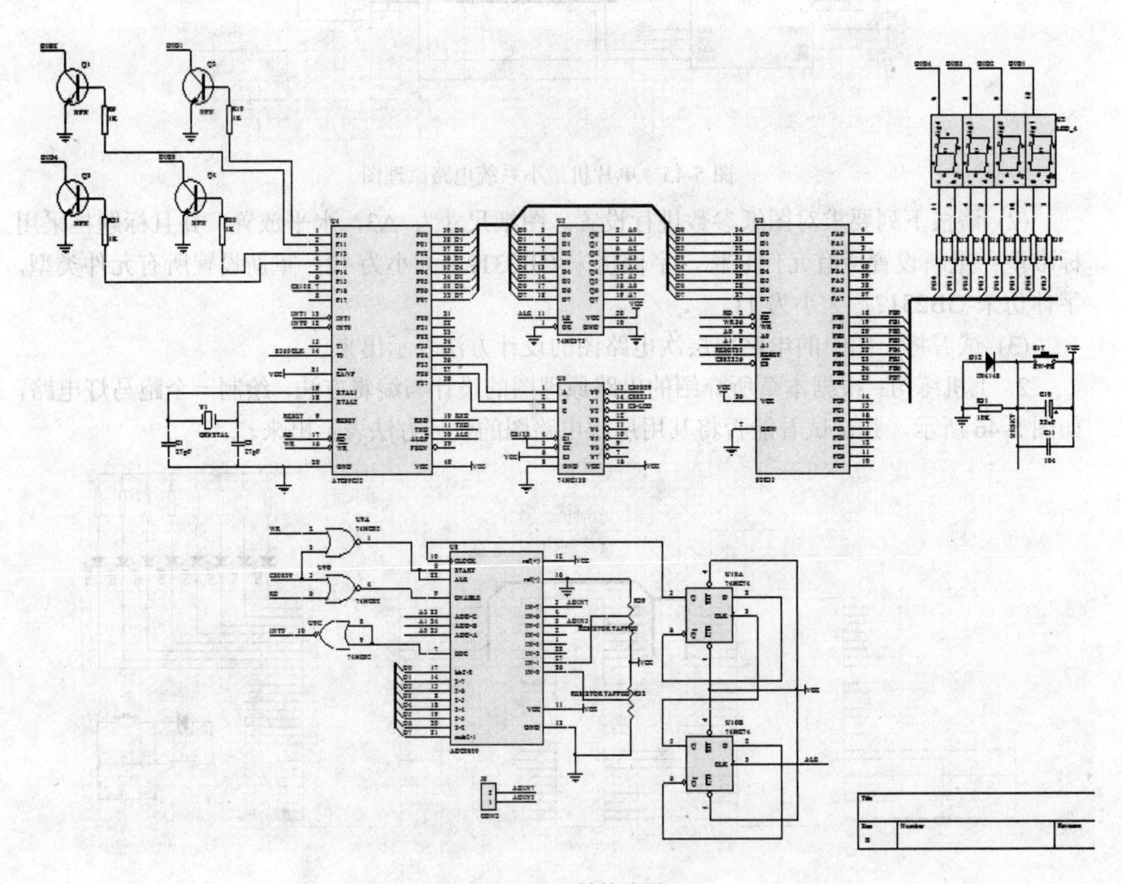

图 5-48　A/D 转换电路

5. 上机练习：根据本章所介绍的电路原理图的设计与编辑方法，绘制一个 4×4 键盘扫描电路，如图 5-49 所示。并试试看能否将其用层次电路图的设计方法表示出来。

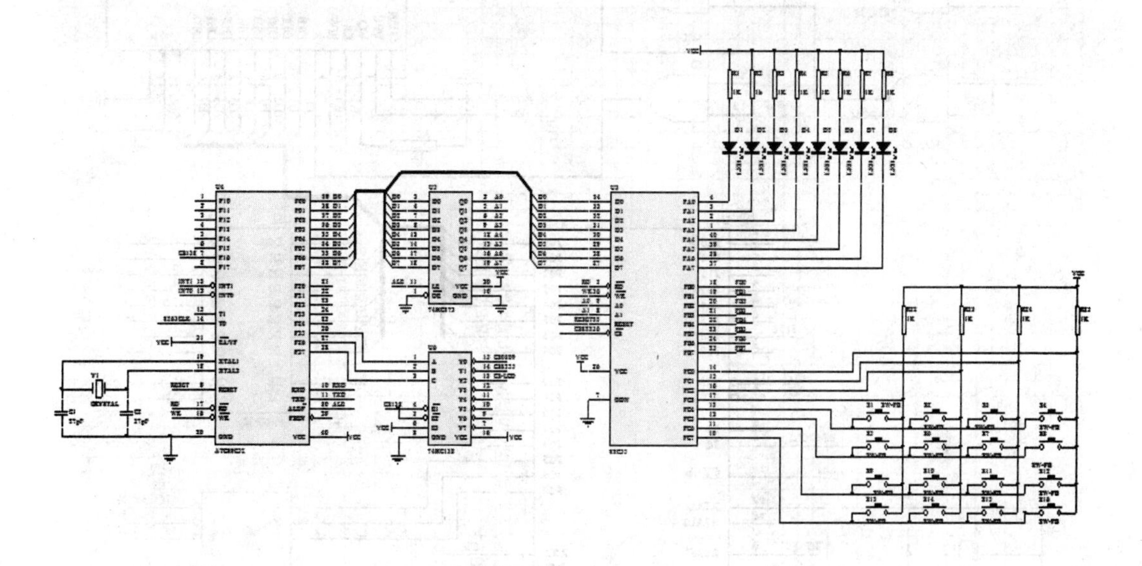

图 5-49　4×4 键盘扫描电路

6. 上机练习：根据本章所介绍的电路原理图的设计与编辑方法，绘制一个直流小电机正反转控制电路，如图 5-50 所示。并试试看能否将其用层次电路图的设计方法表示出来。

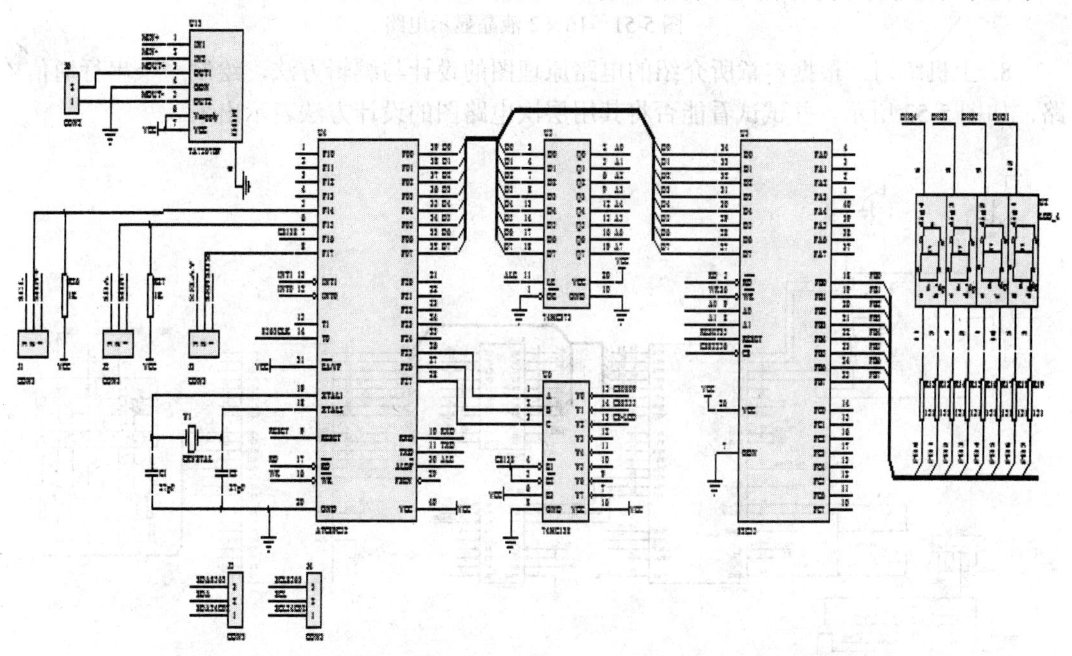

图 5-50　直流小电机正反转控制电路

7. 上机练习：根据本章所介绍的电路原理图的设计与编辑方法，绘制一个 16×2 液晶显示电路，如图 5-51 所示。并试试看能否将其用层次电路图的设计方法表示出来。

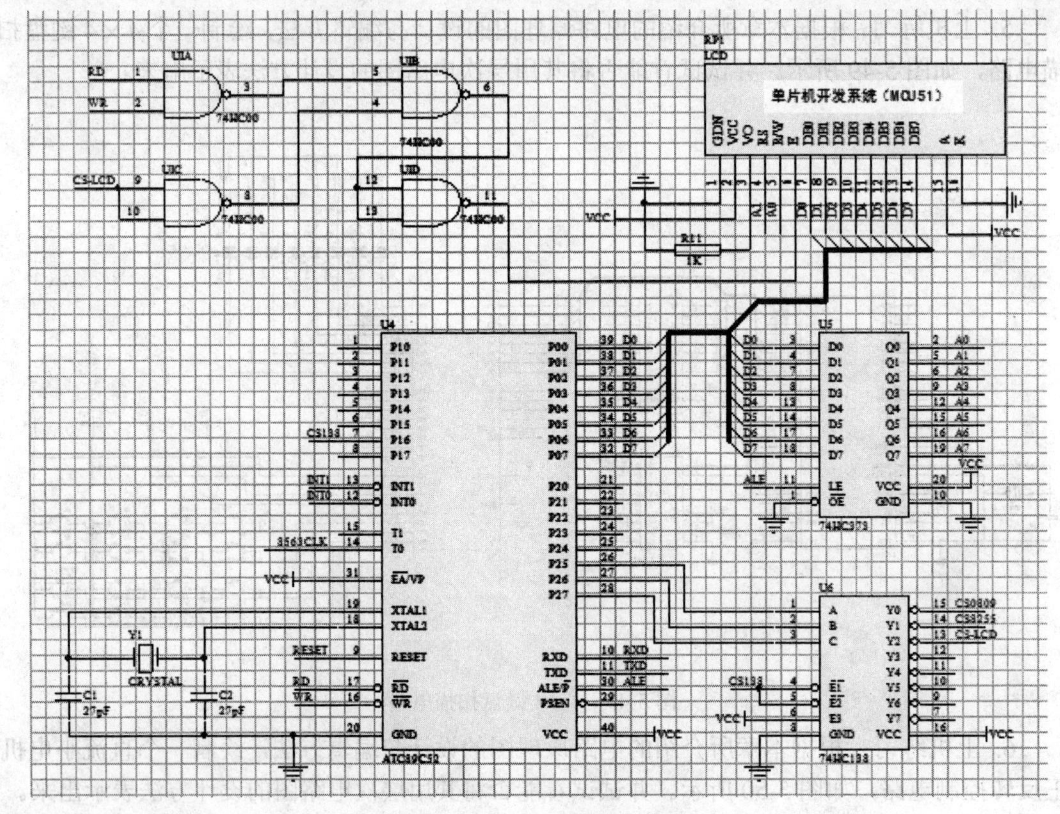

图 5-51　16 × 2 液晶显示电路

8. 上机练习：根据本章所介绍的电路原理图的设计与编辑方法，绘制一个串行通信电路，如图 5-52 所示。并试试看能否将其用层次电路图的设计方法表示出来。

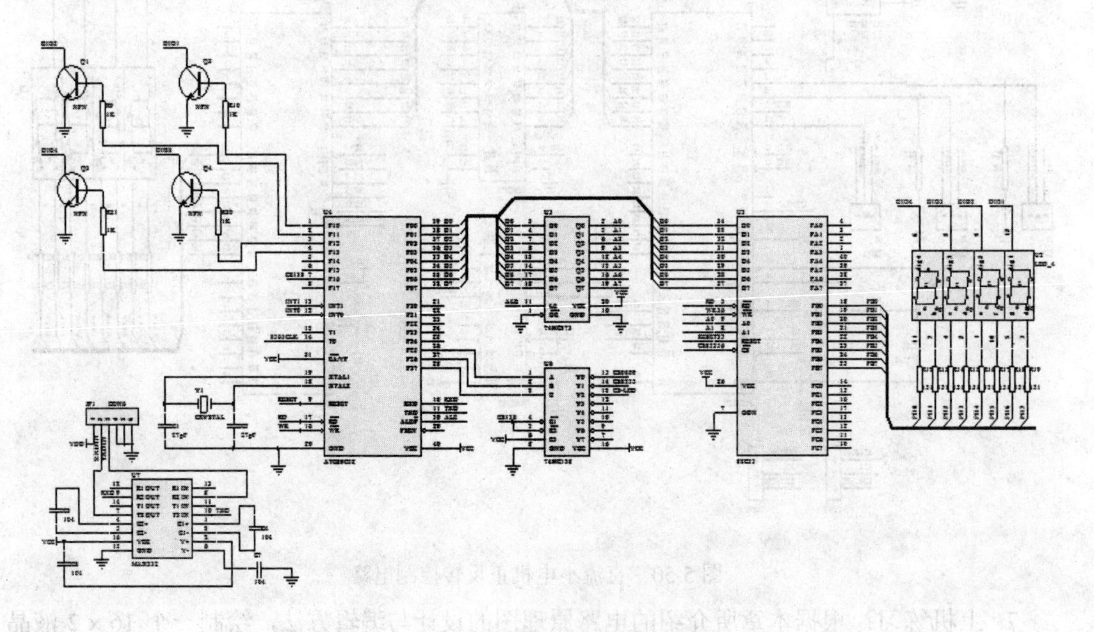

图 5-52　串行通信电路

9. 上机练习：根据本章所介绍的电路原理图的设计与编辑方法，绘制一个数字钟电路，如图 5-53 所示。并试试看能否将其用层次电路图的设计方法表示出来。

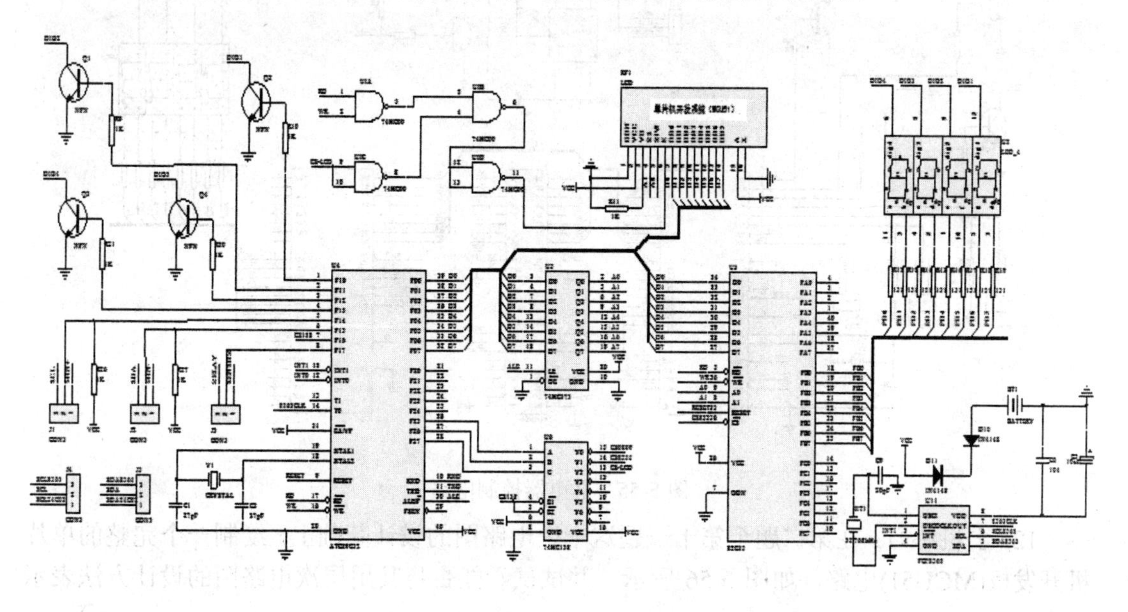

图 5-53　数字钟电路

10. 上机练习：根据本章所介绍的电路原理图的设计与编辑方法，绘制一个 I^2C 总线通信电路，如图 5-54 所示。并试试看能否将其用层次电路图的设计方法表示出来。

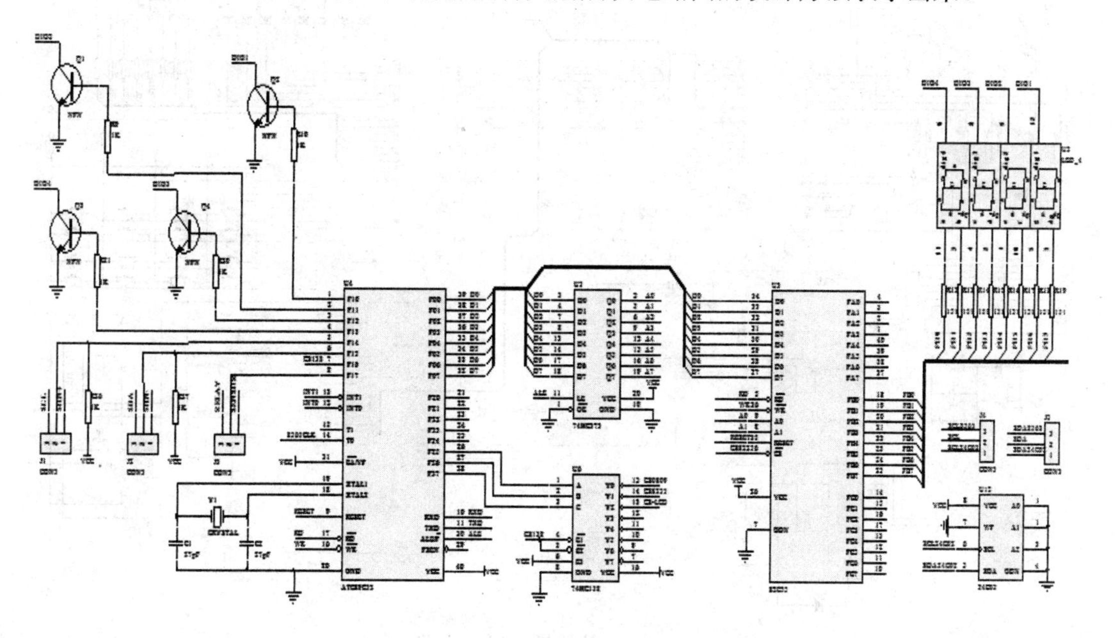

图 5-54　I^2C 总线通信电路

11. 上机练习：根据本章所介绍的电路原理图的设计与编辑方法，绘制一个继电器控制电路，如图 5-55 所示。并试试看能否将其用层次电路图的设计方法表示出来。

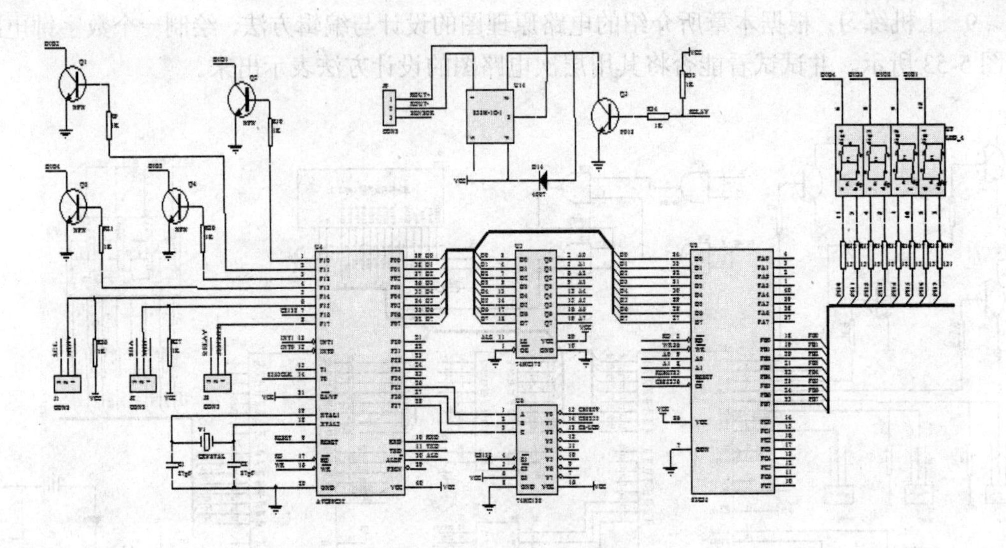

图 5-55　继电器控制电路

12. 上机练习：在第二题至第十一题这十个电路图的设计基础上，绘制一个完整的单片机开发板(MCU51)电路，如图 5-56 所示。并试试看能否将其用层次电路图的设计方法表示出来。

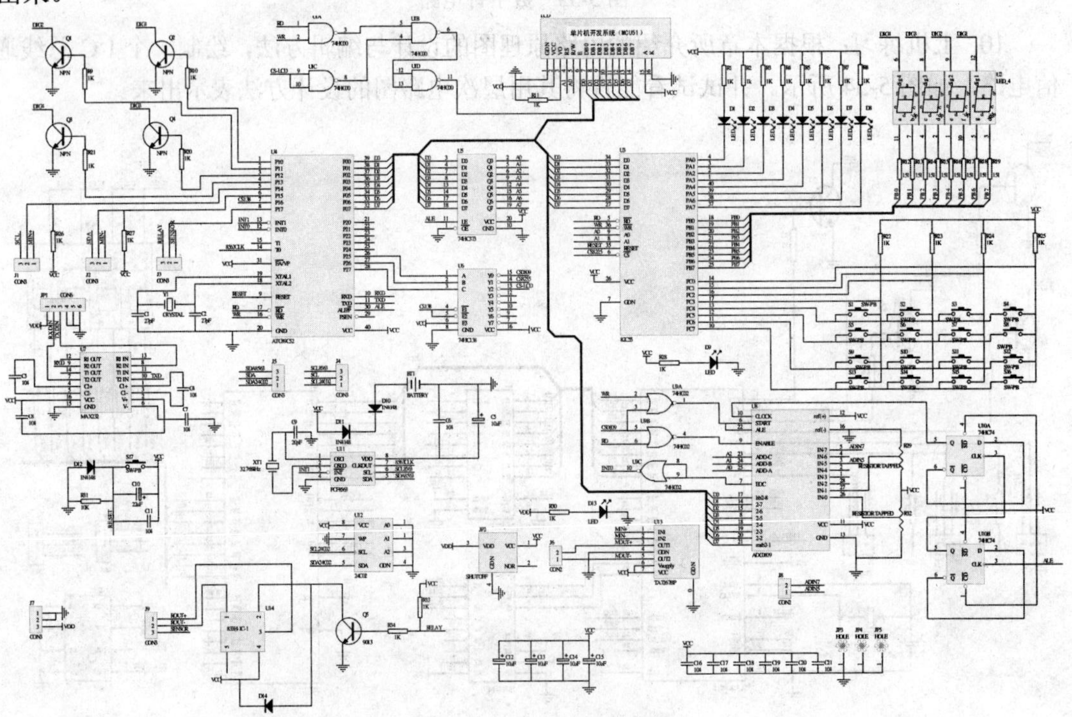

图 5-56　单片机开发板电路

电路原理图电检查、报表的生成及输出

原理图设计完毕后，还有很多后续的处理工作要做，例如：电气规则检查，生成网络表，以及其他报表的生成与输出。

本章主要内容包括：

- 检查原理图
- 生成网络表
- 生成零件列表
- 生成网络比较表等
- 原理图输出

6.1　检 查 原 理 图

电气规则检查是检查原理图设计结果是否有问题的可靠手段。只有对原理图进行设计规则检查后，才能生成正确的网络表，从而保证 PCB 板的正确性。

执行 ERC 检查时，应在需要检查的原理图中，单击主菜单中【Tools】/【ERC】命令。如图 6-1 所示，屏幕上会显示“Setup Electrical Rule Check”(电气规则检查设置)对话框，其中包括“Setup”选项卡和“Rule Matrix”选项卡。设置检查规则后，系统执行 ERC 操作。生成错误报表文件.ERC。

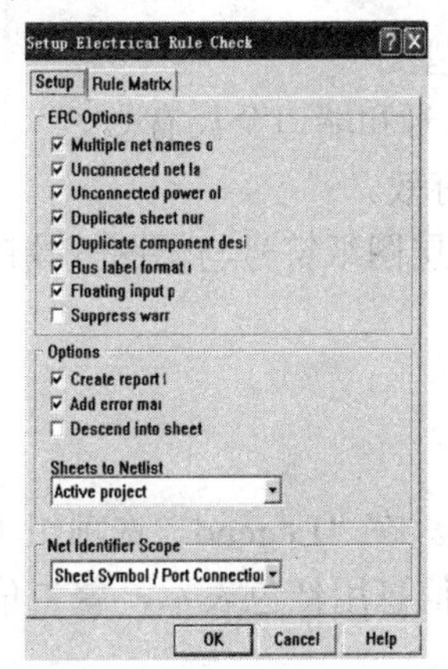

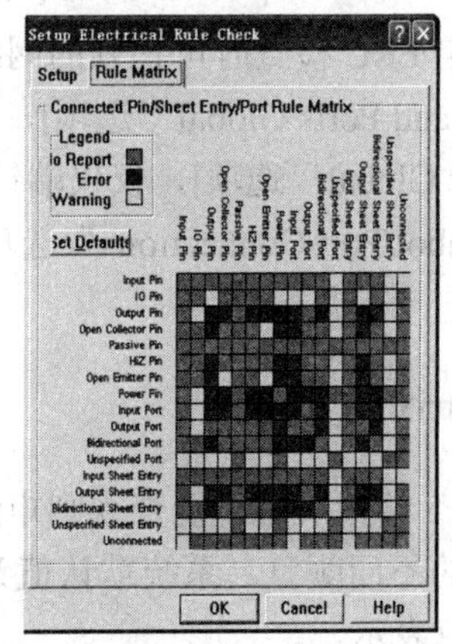

图 6-1　电气规则检查设置对话框

6.1.1 Setup 选项卡

“Setup”选项卡中包括“ERC Options”、“Options”、“Sheets to Netlist”和“Net Identifier Scope”四个选项组及下拉列表框。

1. “ERC Options”选项组

该选项组用于设置 ERC 检查的类型，各项说明如下：

[“Multiple net names on net”复选框]，检查同一网络上是否放置了不同的网络名称。

[“Unconnected net labels”复选框]，检查是否存在没有实际连接关系的网络标号。

[“Unconnected power objects”复选框]，检查是否存在没有实际连接关系的电源符号。

[“Duplicate sheet numbers”复选框]，检查层次电路图中是否有重复使用的图纸编号。

[“Duplicate component designators”复选框]，检查是否有重复使用的元件标号。

[“Bus label format errors”复选框]，检查总线符号的格式错误。总线名称的正确格式应为 Name [n0..n1]，Name 为总线名称，“[ ]”内为总线上连接的导线数，n0 与 n1 之间应为两个点。

[“Floating input pins”复选框]，检查是否存在浮接(未连接)的输入引脚。

[“Suppress warnings”复选框]，提示警告信息。

2. “Options”选项组

[“Create report file”复选框]，创建记录文件(*.ERC)，并在其中保存 ERC 检查结果。

[“Add error markers”复选框]，在 ERC 检查过程中，在错误处添加错误标记(一般为带圈的红色叉号)。

[“Descend into sheet parts”复选框]，检查范围是否深入到零件内部的电路图中。

3. “Sheets to Netlist”下拉列表框

该列表框用于设置 ERC 检查的范围。

[“Active sheet”选项]，仅检查当前激活的原理图。

[“Active project”选项]，检查当前激活的原理图项目中的所有原理图文件。

[“Sheet plus sub sheet”选项]，检查当前激活的原理图文件及其子文件。

4. “Net Identifier Scope”下拉列表框

该列表框确定 ERC 检查时可识别的网络的类型。

[“Net Label and Ports Global”选项]，网络标号和端口全局有效。

[“Only Ports Global”选项]，仅仅端口全局有效。

[“Sheet Symbol/Port Connections”选项]，上层图纸符号与子图纸端口相连有效，适合层次结构的图纸。

6.1.2 Rule Matrix 选项卡

“Rule Matrix”选项卡用于检查规则矩阵设置。在“Legend”选项组中设置在矩阵中表示不同信息对应的不同颜色。系统默认值为错误信息用红色表示，警告信息用黄色表示，而正确信息用绿色表示。

在矩阵中可设置引脚及端口，即图纸入口之间连接和不连接的规则。在矩阵中应包括所有可能的情况，从而确定检查标准。

矩阵采用的是纵横交叉汇合的方式。例如，设置电源引脚(Power Pin)与输出引脚(Output Pin)相连的情况时，可在左边的竖列中找到“Power Pin”行，然后在上边的横列中找到“Output Pin”列。在其交叉点上，显示红色，表示电源引脚与输出引脚不能相连。若须改变，可单击该交叉点，交叉点颜色由红色变为绿色，表示允许电源引脚与输出引脚相连。继续单击该交叉点，交叉点颜色由绿色变为黄色，表示遇到电源引脚与输出引脚相连的情况时，系统将给出警告信息。再次单击该交叉点，颜色又恢复到红色错误信息。

图 6-2 所示是对跑马灯电路原理图进行 ERC 检查后生成的错误报表。

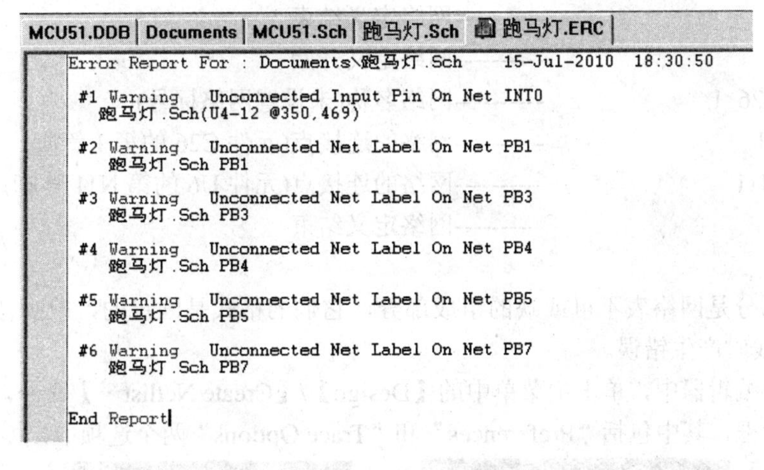

MCU51.DDB | Documents | MCU51.Sch | 跑马灯.Sch | 跑马灯.ERC

```
Error Report For : Documents\跑马灯.Sch     15-Jul-2010   18:30:50

 #1 Warning    Unconnected Input Pin On Net INT0
    跑马灯.Sch(U4-12 @350,469)

 #2 Warning    Unconnected Net Label On Net PB1
    跑马灯.Sch PB1

 #3 Warning    Unconnected Net Label On Net PB3
    跑马灯.Sch PB3

 #4 Warning    Unconnected Net Label On Net PB4
    跑马灯.Sch PB4

 #5 Warning    Unconnected Net Label On Net PB5
    跑马灯.Sch PB5

 #6 Warning    Unconnected Net Label On Net PB7
    跑马灯.Sch PB7

End Report
```

图 6-2　生成的错误报表

6.2 生成网络表

网络表是电路原理图与 PCB 之间的桥梁和接口，是电路板自动布线的灵魂。它是表征原理图中元器件连接关系的文本文件，可以由原理图文件直接生成，也可以在已完成布线的 PCB 中导出。

下面我们可以通过实例看到，网络表包括元件定义和网络定义两个部分。

(1) 元件定义部分：对原理图中的所有元件都给出了如下格式的定义。

[　　　　　　　　　　　　----------元件定义开始
C1　　　　　　　　　　　　----------元件标号(Designator)
1005[0402]　　　　　　　　----------元件封装(Footprint)
220p　　　　　　　　　　　----------元件类型(Parts Type)
]　　　　　　　　　　　　　----------元件定义结束
[
C2
RAD-0.3
60p

]

……

(2) 网络定义部分：给出原理图所有元件之间的连接关系。

(	----------网络定义开始
CLK	----------网络名称(设置了网络标号)
Q4-3	----------网络的连接点(元件 Q4 的第 3 管脚)
Q5-3	----------网络的连接点(元件 Q5 的第 3 管脚)
U1-2	----------网络的连接点(元件 U1 的第 2 管脚)
U6-B2	----------网络的连接点(元件 U6 的第 B2 管脚)
)	----------网络定义结束
(	----------网络定义开始
NetC26_1	----------网络名称(未设置网络标号)
C26-1	----------网络的连接点(元件 C26 的第 1 管脚)
U6-N11	----------网络的连接点(元件 U6 的第 N11 管脚)
)	----------网络定义结束

……

这两个部分是网络表不可或缺的组成部分，它们的格式是固定的，缺少任何部分都会导致 PCB 布线时产生错误。

在原理图编辑器中，单击主菜单中的【Design】/【Create Netlist…】命令，即可弹出生成网络表对话框，其中包括“Preferences”和“Trace Options”两个选项卡，如图 6-3 所示。

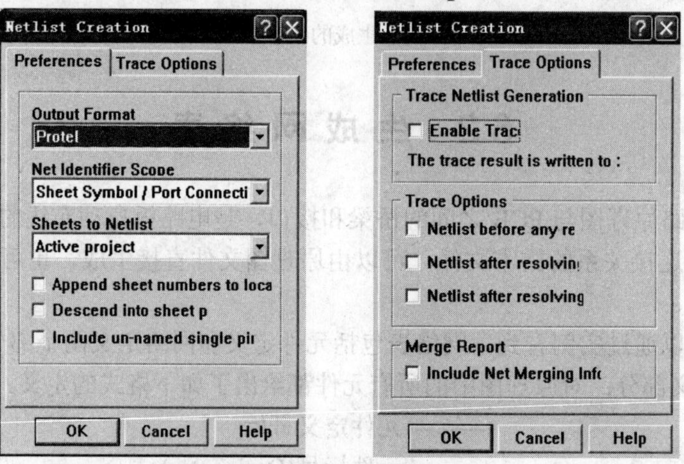

图 6-3 生成网络表对话框

1. “Preferences”选项卡

(1)“Output Format”：选择生成网络表的格式。Protel 99SE 提供了 Protel、Protel2、Edif2.0 和 Tango 等 38 种格式。

(2) “Net Identifier Scope”：选择网络名称认定的范围，主要针对层次电路图。其中共有以下 3 个选项。

- Net Labels and Ports Global：网络标号和端口在整个项目内全部的电路中都有效。

● Only Ports Global：只有端口在整个项目内有效。

● Sheet Symbol/Port Connections：方块电路符号与端口相连接。

(3) “Sheet to Netlist”：指定生成网络表的电路图范围。

● Active Sheet：当前激活的原理图。

● Active Project：当前激活的项目。

● Active sheet plus subsheets：当前激活的原理图及其子图。

(4) “Append sheet numbers to local nets”：设定在生成网络表时，系统自动将电路图编号，并且加到每个网络名称上，以识别该网络的位置。

(5) “Descend into sheet parts”：设定在生成网络表时，遇到电路图式零件，系统将深入到该零件的内部电路图，将该内部电路图视为电路的一部分，并且转化为网络表；用于层次原理图。

(6) “Include un-named single pin nets”：设定在生成网络表时，遇到没有名称的元件引脚，也一并转化为网络表。

2. 【Trace Options】选项卡

(1) “Enable Trace”：表示可以跟踪，并将跟踪结果保存为*.tng 文件。

(2) “Trace Option”其区域有三个跟踪选项：

● Netlist before any resolving：表示在转换网络表时，将任何动作都加到跟踪文件*.tng 中。

● Netlist after resolving sheets：表示只有当电路图中的内部网络结合到项目网络后，才加以跟踪，并形成*.tng 跟踪文件。

● Netlist after resolving project：表示只有当项目内部网络进行结合动作后，才将该步骤保存为*.tng 跟踪文件。

(3) “Include Net Merging Information”：指定跟踪文件内包括网络资料。

单击【OK】按钮，即可生成网络表文件(扩展名为.NET)，并自动进入网络表文件编辑器窗口。如图 6-4 所示，是由跑马灯电路原理图生成的网络表文件的一部分。

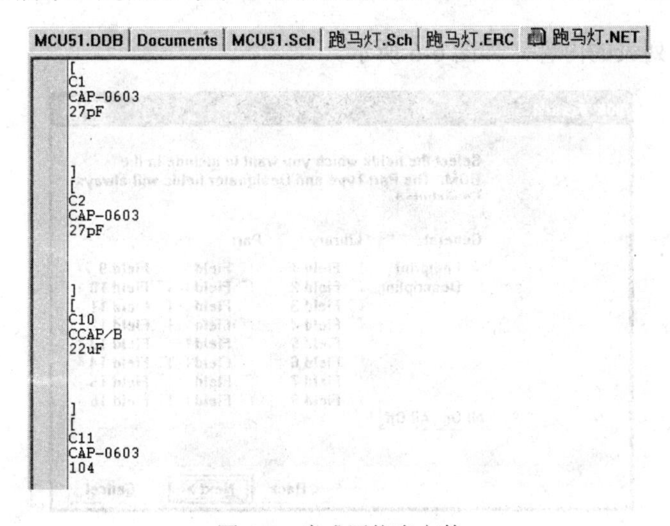

图 6-4　生成网络表文件

6.3 生成零件列表

零件列表也称为元件清单，主要用于记录一个电路或一个项目中的所有零件，其中主要包括零件的名称、标注和封装等内容。

在这里我们依然以单片机开发板电路(MCU51)中的跑马灯电路为例，具体介绍生成原理图零件列表的操作方法。

(1) 打开“D: MCU51.DDB”，激活“跑马灯.Sch”。

(2) 执行【Reports】/【Bill of Material】命令，进入启动零件清单向导，首先确定零件列表的范围，如图 6-5 所示。

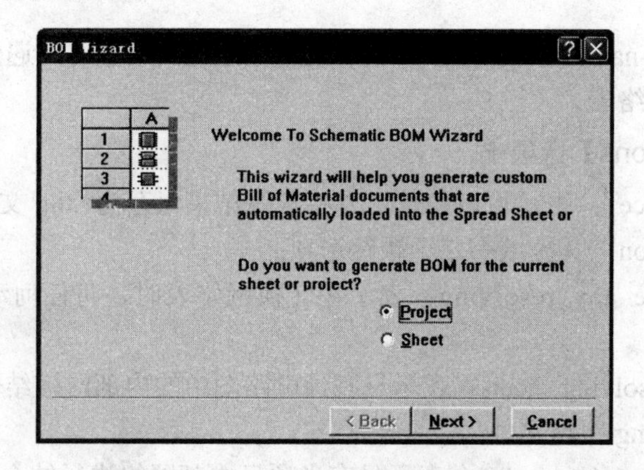

图 6-5　确定零件列表的范围对话框

“Project”选项表示要生成该项目中所有原理图的零件列表。“Sheet”选项表示要生成当前被激活的原理图的零件列表。

这里我们只生成“跑马灯.Sch”的零件列表，所以选“Sheet”选项。单击【Next】按钮，进入下一步。

(3) 确定零件列表的内容，如图 6-6 所示。

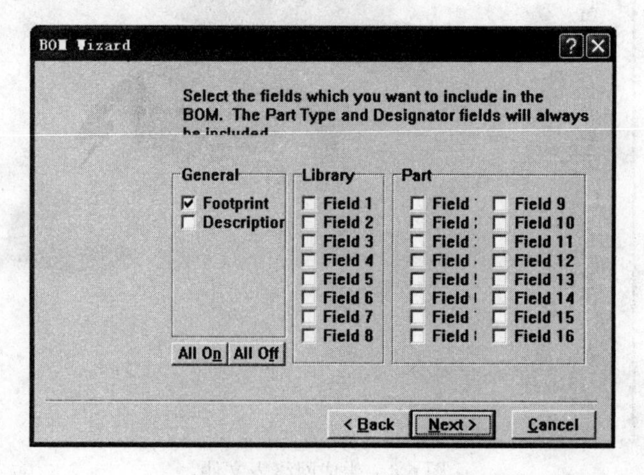

图 6-6　确定零件列表内容对话框

“Footprint”选项表示零件列表中包含零件封装内容。选中此项，单击【Next】按钮，进入下一步。

(4) 设置零件列表中每列名称，如图 6-7 所示。单击【Next】按钮，进入下一步。

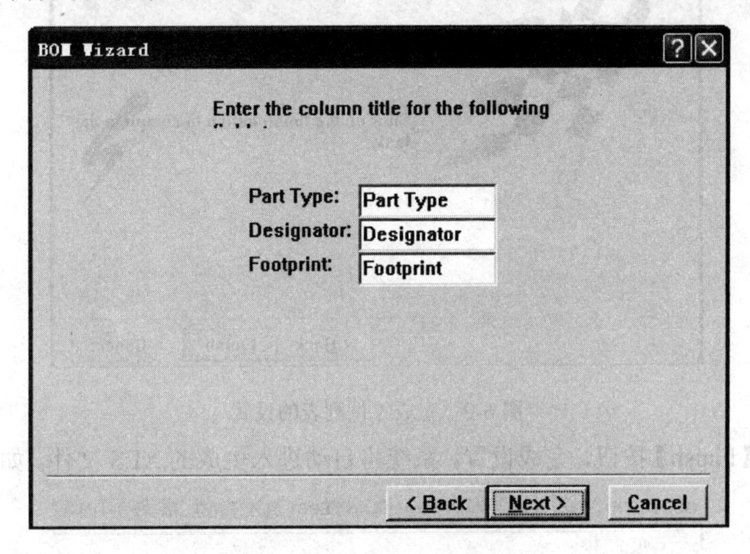

图 6-7　设置列名称

(5) 确定零件列表的输出格式，如图 6-8 所示。

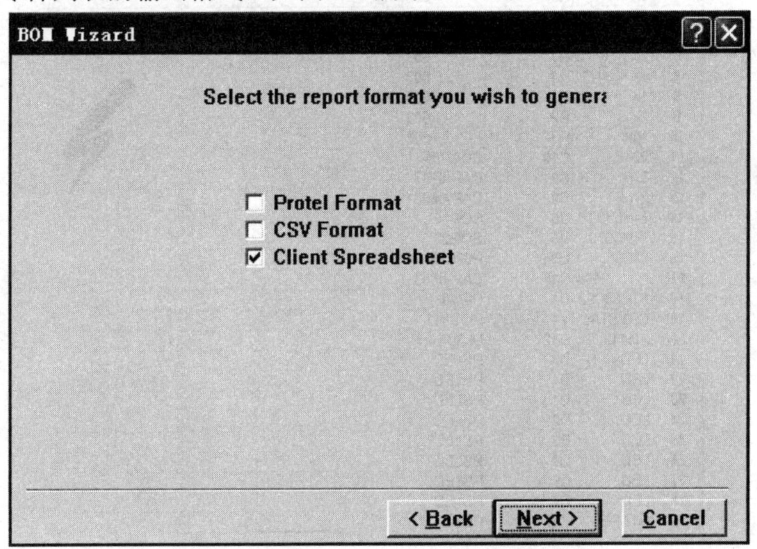

图 6-8　确定零件列表的输出格式对话框

“Protel Format”选项：表示以 Protel 格式输出的零件列表，文件后缀为 .bom。

“CSV Format”选项：表示以电子格式输出的零件列表，文件后缀为 .CSV。

“Client Spreadsheet”选项：表示以 Protel 99SE 格式输出的零件列表，文件后缀为 .XLS。

这里选择了“Client Spreadsheet”选项，然后单击【Next】按钮，进入下一步。

(6) 完成零件列表的设置画面，如图 6-9 所示。

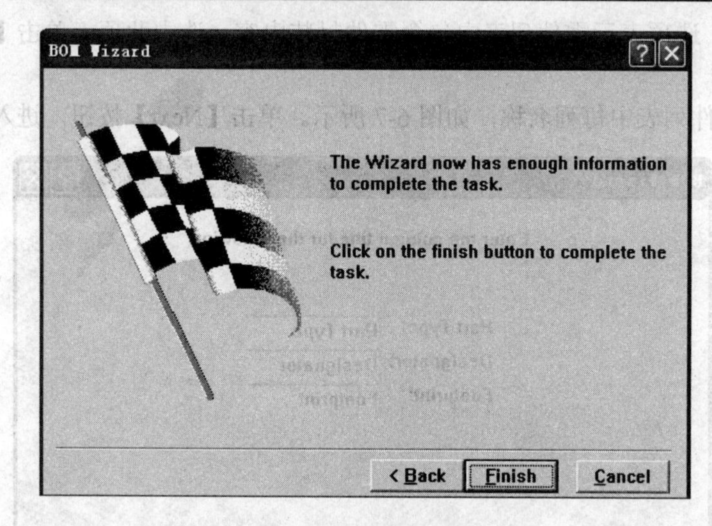

图 6-9　完成零件列表的设置

(7) 单击【Finish】按钮，完成设置，系统将自动进入生成的.XLS 文件，如图 6-10 所示。

MCU51.DDB | Documents | 跑马灯.Sch | 跑马灯.ERC | 跑马灯.NET | 跑马灯.XLS

E30

	A	B	C	D	E	F	G	H
1	Part Type	Designator	Footprint					
2	1K	R6	603					
3	1K	R5	603					
4	1K	R8	603					
5	1K	R7	603					
6	1K	R1	603					
7	1K	R3	603					
8	1K	R4	603					
9	1k	R2	603					
10	10K	R31	603					
11	22uF	C10	CCAP/B					
12	27pF	C1	CAP-0603					
13	27pF	C2	CAP-0603					
14	74HC138	U6	SOP16					
15	74HC373	U5	SOP20					
16	82C55	U3	P82C55-40					
17	104	C11	CAP-0603					
18	ATC89C52	U4	DIP40					
19	CRYSTAL	Y1	POS011					
20	IN4148	D12	DIODE0.7					
21	LED	D3	PSLED					
22	LED	D4	PSLED					
23	LED	D1	PSLED					
24	LED	D2	PSLED					
25	LED	D8	PSLED					
26	LED	D7	PSLED					
27	LED	D5	PSLED					
28	LED	D6	PSLED					
29	SW-PB	S17	PSKEY-4					

图 6-10　进入跑马灯.XLS 文件

6.4　生成网络比较表等

除了前面详细介绍过的 ERC 列表、网络表和零件列表，下面将简单介绍网络比较列表、层次列表、交叉参考列表和零件引脚列表的内容和生成方法。

利用网络比较表可以对比两个网络表之间的异同，从而检查电路是否发生了变更。执行【Reports】/【Netlist Compare】命令，如图 6-11 所示。按照步骤先后选定两个待比较的网络表文件后，系统自动进入文本编辑器，并生成网络比较表，如图 6-12 所示。

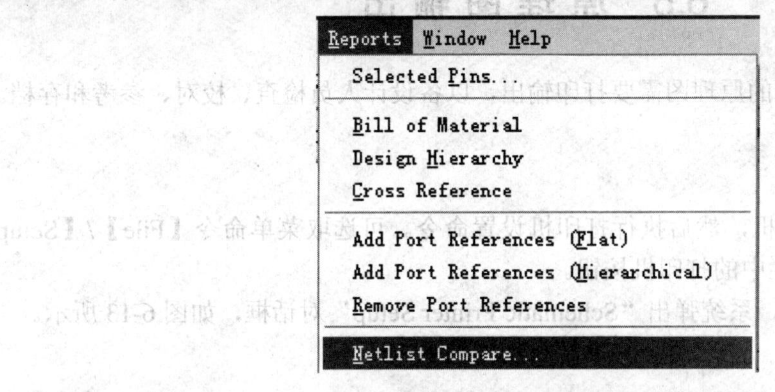

图 6-11　启动网络比较表

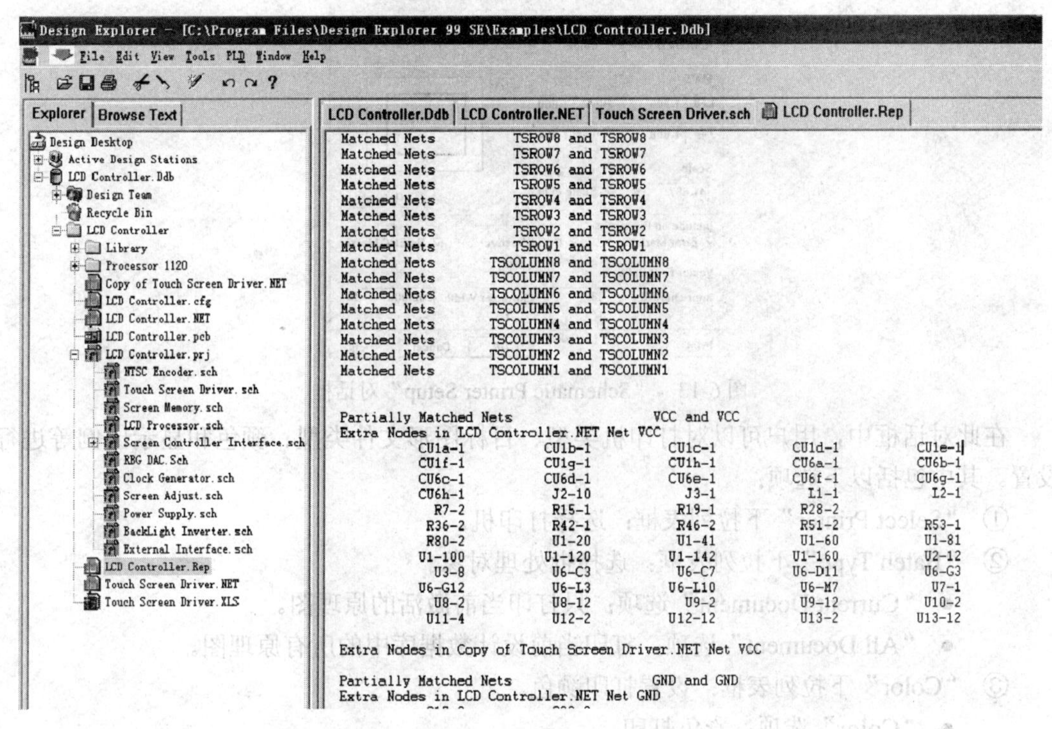

图 6-12　生成的网络比较表文件

层次列表主要用于层次原理图的设计，描述项目中所包含的各个原理图文件的文件名和彼此间的相互关系，以方便设计人员操作。执行【Reports】/【Design Hierarchy】命令，系统将自动生成层次列表。

零件交叉参考列表主要列出各个零件的编号、名称及所在的电路图。执行【Reports】/【Cross Reference】命令，系统将自动进入文本编辑器，并生成零件交叉参考列表。

零件引脚列表主要列出所选零件的引脚信息，如引脚号、名称、所在的网络名称等等。首先应选择零件，再执行【Reports】/【Selected Pins】命令，即可列出所选零件的所有引脚信息。

6.5 原理图输出

绘制完毕、检查无误的原理图需要打印输出，以备设计人员检查、校对、参考和存档。

6.5.1 设置打印机

(1) 确认安装好打印机，然后执行打印机设置命令。可选取菜单命令【File】/【Setup Printer】，或单击主工具栏中的打印机按钮。

(2) 执行完上述命令，系统弹出“Schematic Printer Setup”对话框，如图 6-13 所示。

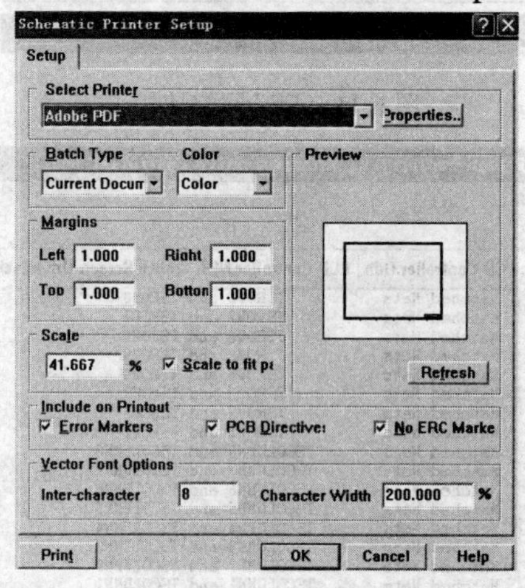

图 6-13 “Schematic Printer Setup”对话框

在此对话框中，用户可以对打印机类型、目标图形文件类型、颜色和显示比例等进行设置。其中包括以下选项：

① “Select Printer”下拉列表框：选择打印机。

② “Batch Type”下拉列表框：选择批处理对象。

- “Current Document”选项：只打印当前激活的原理图。
- “All Document”选项：打印当前设计数据库中的所有原理图。

③ “Color”下拉列表框：设置打印颜色。

- “Color”选项：彩色打印。
- “Monochrome”选项：单色打印。

④ “Margins”选项组：设置页边距，包括“Left”(左边距)、“Right”(右边距)、“Top”(上边距)和“Bottom”(下边距)四种类型，单位为 Inch(英寸)。

⑤ “Scale”：设置打印比例。

⑥ “Scale to fit page”复选框：设置打印比例，使输出的图纸自动适合所选打印纸的大小，即无论原理图的图纸种类是什么，程序都会自动根据当前打印纸的尺寸计算出合适的缩放比例，使打印输出时的原理图充满整页打印纸。选中该复选框后，前面对打印比例的设置将无效。

⑦ “Include on Printout”选项组：设置打印原理图时是否打印非原理图对象。

- “Error Markers”复选框：打印错误标记。
- “PCB Directive”复选框：打印 PCB 测试点。
- “No DRC Markers”复选框：打印非 DRC 标记。

⑧ “Vector Font Options”选项组：设置向量字体，可设置向量字体的大小和向量字体的宽度比例。

⑨ “Preview”：单击窗体中的“Refresh”按钮，可以预览实际打印输出的效果。

⑩ “Properties”按钮：单击后会弹出“打印设置”对话框，如图6-14所示。在此对话框中可以设置打印机属性、打印纸的大小、纸张方向和纸张来源等。设置完成后单击【确定】按钮即可。

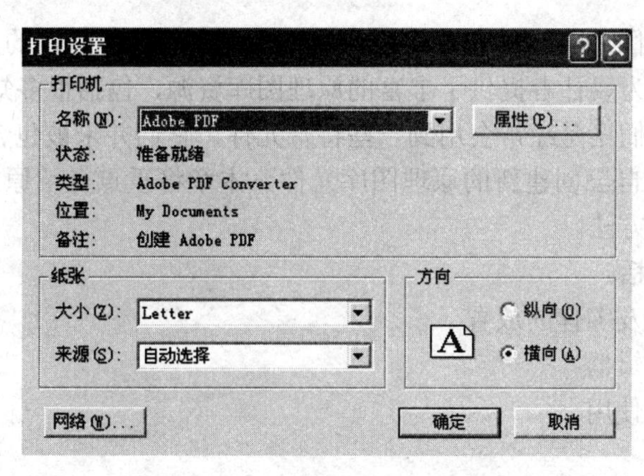

图6-14　“打印设置”对话框

6.5.2　打印输出

打印机设置完毕，就可以打印输出原理图了。用户可执行菜单命令【File】/【Print】，或者在上述打印机设置对话框中单击【Print】按钮，系统就会按照设置自动打印。

习　题

1. ERC 的含义和作用是什么？

2. 上机练习：对第5章习题中设计的原理图文件，进行 ERC 检查，并针对错误报表中的错误修改原理图，直到没有错误为止。

3. 上机练习：对第5章习题中设计的原理图文件，修改 ERC 规则后，进行 ERC 检查，然后查看生成的错误报表，并分析修改规则后生成的错误信息与之前的有什么不同。

4. 网络表有什么作用？

5. 上机练习：用第5章习题中设计的原理图文件，生成网络表文件。

6. 上机练习：生成第5章习题中设计的原理图文件的零件列表，再通过修改设置，生成不同格式的零件列表文件。

7. 上机练习：打印输出设计好的原理图文件。

第7章 原理图库操作

在开始绘制原理图之前，首先要将绘制原理图用到的元件所在的原理图库加载到设计数据库。Protel 99SE 为设计者提供了丰富的原理图库资源，包括很多知名厂商的各类器件。但在实际设计中，我们还是经常会用到一些特殊元件，它们并未被包含在 Protel 99SE 的标准库中，这时就需要自己创建新的原理图库元件。本章将重点介绍原理图库的加载和创建新的原理图库元件的方法。

本章主要内容包括：

- 原理图库加载及零件的放置
- 使用零件库编辑器
- 零件管理器的使用
- 创建新的零件

7.1 原理图库加载及零件的放置

一般来说，加载原理图库有三种方法。

(1) 从原理图的设计管理器加载原理图库文件。原理图的设计管理器位于设计窗口的左边，由两部分构成。一部分是设计浏览器【Explorer】，与 Windows 中的资源管理器相似；另一部分是零件管理器【Browse Sch】，如图 7-1 所示。加载原理图库的具体操作步骤如下：

- 在元件管理器中选择【Libraries】，单击【Add】/【Remove】按钮，出现查找库文件列表对话框，如图 7-2 所示。
- 单击【Add】按钮，被选中的库文件及其路径会在“Selected Files”文本框中列出；双击要加载的库文件，同样可以实现加载。
- 单击【OK】按钮完成加载。

(2) 从原理图设计窗口主工具栏的按钮加载原理图库文件。具体操作步骤如下：

- 单击主工具栏中的按钮。
- 后续操作同(1)所述。

(3) 从菜单【Design】中加载原理图库文件。具体操作步骤如下：

- 执行【Design】/【Add/Remove Library】。
- 后续操作同(1)所述。

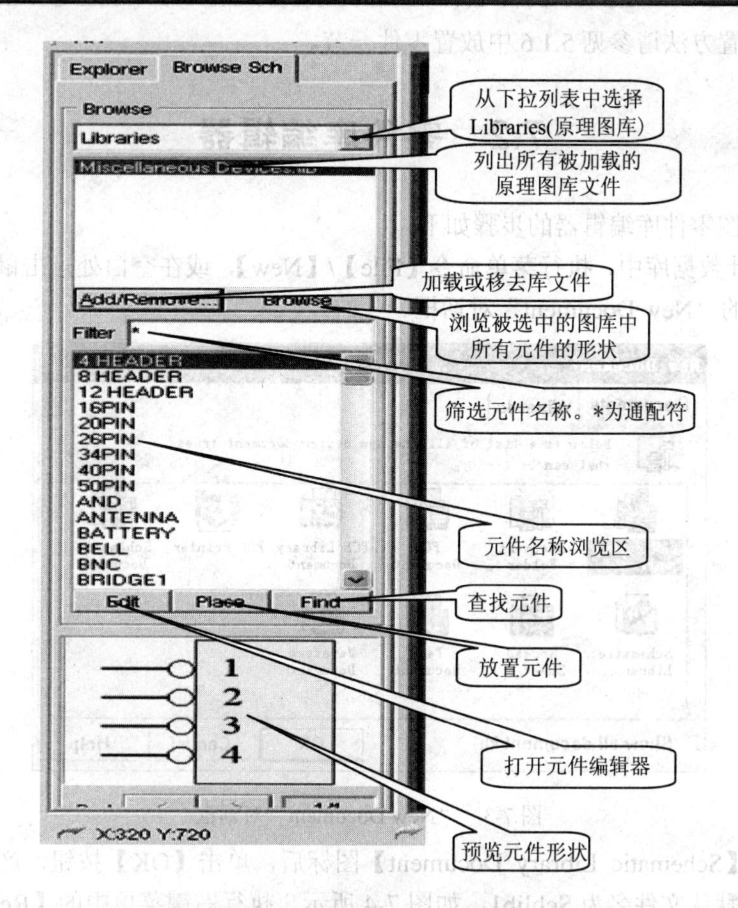

图 7-1　原理图的设计管理器

图 7-2　查找库文件列表对话框

零件的放置方法请参见 5.1.6 中放置零件一节。

7.2 零件库编辑器

启动原理图零件库编辑器的步骤如下：

(1) 在设计数据库中，执行菜单命令【File】/【New】，或在空白处点击鼠标右键，显示如图 7-3 所示的“New Document”对话框。

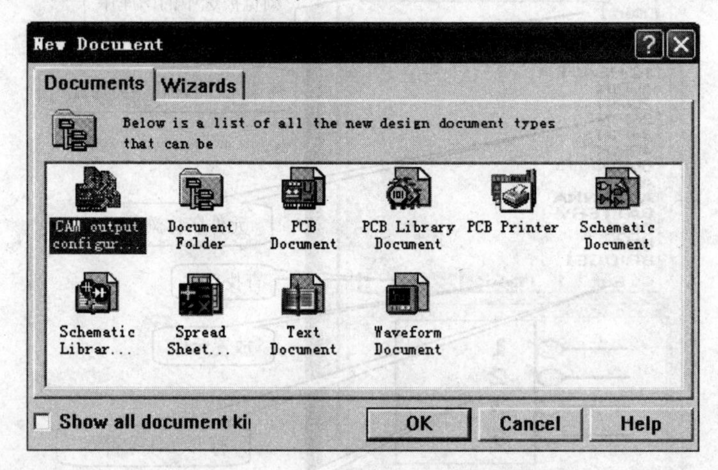

图 7-3 “New Document”对话框

(2) 选择【Schematic Library Document】图标后，单击【OK】按钮，产生一个新的原理图库文件，默认文件名为 Schlib1，如图 7-4 所示。执行右键菜单中的【Rename】命令，可以给原理图库文件重命名。

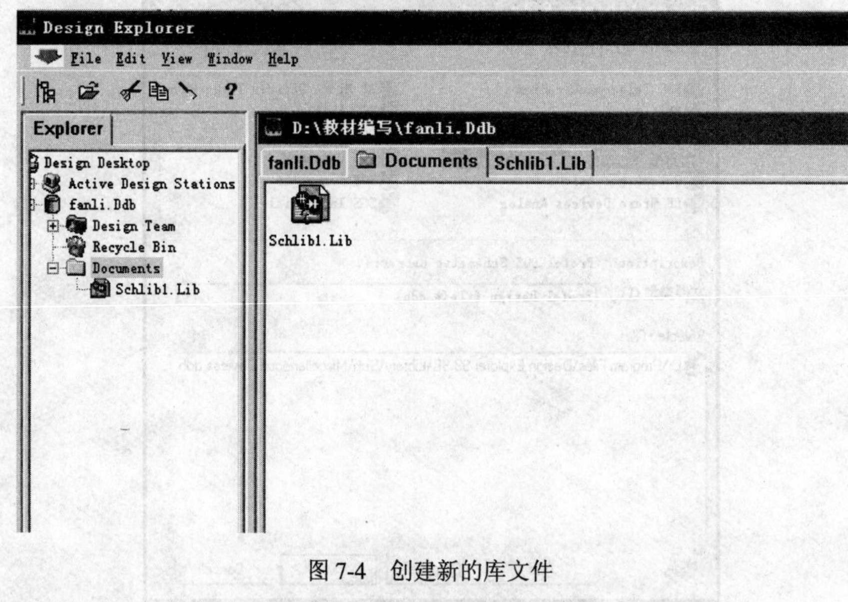

图 7-4 创建新的库文件

(3) 双击原理图库文件，进入原理图零件库编辑器窗口。

7.2.1　零件库编辑器界面

零件库编辑器界面主要由菜单栏、主工具栏、设计管理器、画图工具栏和零件编辑区组成，如图 7-5 所示。

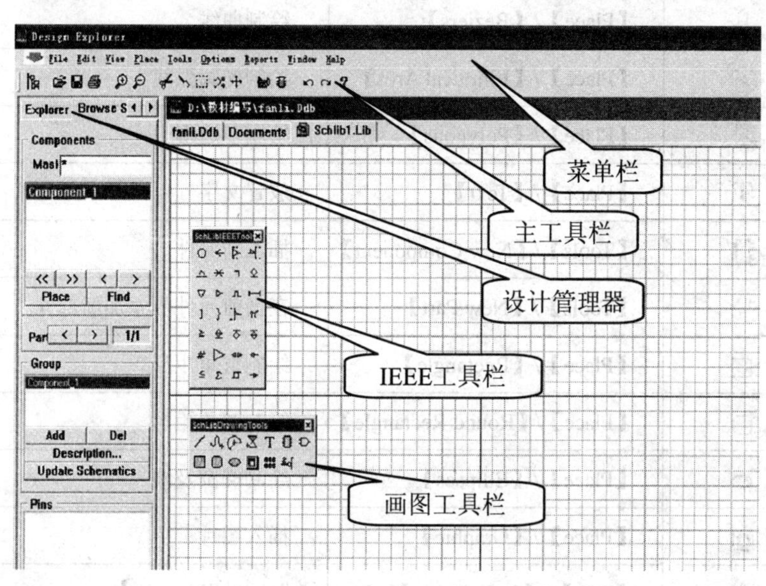

图 7-5　零件库编辑器界面

设计管理器位于设计窗口的左边，由设计浏览器【Explorer】和零件管理器【Browse Schlib】两部分构成。设计浏览器与 Windows 应用程序相类似，负责文件的管理；零件管理器，负责零件的管理。

7.2.2　画图工具栏

零件库编辑器中有两个主要工具栏，一个是零件库画图工具栏(SchLib Drawing Tools)，一个是放置 IEEE 符号工具栏(SchLib IEEE Tools)。下面分别介绍这两个工具栏。

1. 零件库画图工具栏

零件库编辑器一般的画图工具栏如图 7-6 所示，通过主工具栏上的按钮或执行菜单命令【View】/【Toolbars】/【Drawing Toolbar】可以打开或关闭这个工具栏。

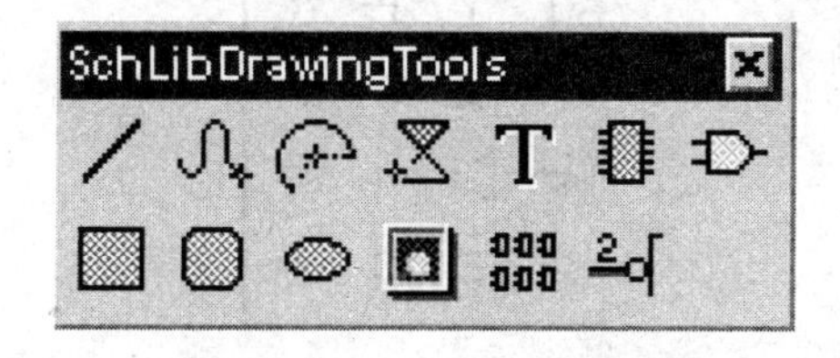

图 7-6　SchLib 画图工具栏

绘图工具栏上的按钮功能与某些菜单命令相对应。其对应关系和具体功能说明如表 7-1 所示。

表 7-1　SchLib 画图工具栏上各种按钮功能

按　钮	对 应 命 令	功　能
	【Place】/【Line】	绘制直线
	【Place】/【Beziers】	绘制曲线
	【Place】/【Elliptical Arcs】	绘制椭圆弧线
	【Place】/【Polygons】	绘制多边形
T	【Place】/【Text】	放置文字
	【Tools】/【New Component】	插入新元件
	【Tools】/【New Part】	在当前元件内添加新部件
	【Place】/【Rectangle】	绘制直角矩形
	【Place】/【Round Rectangle】	绘制圆角矩形
	【Place】/【Ellipses】	绘制椭圆及圆
	【Place】/【Graphic】	插入图片
	【Edit】/【Paste Array】	阵列粘贴
	【Place】/【Pins】	放置管脚

2. 放置 IEEE 符号工具栏

放置 IEEE 符号工具栏如图 7-7 所示，用它来放置 IEEE 标准的电气符号，通过主工具栏上的按钮或执行菜单命令【View】/【Toolbars】/【IEEE Toolbar】可以打开或关闭这个工具栏。

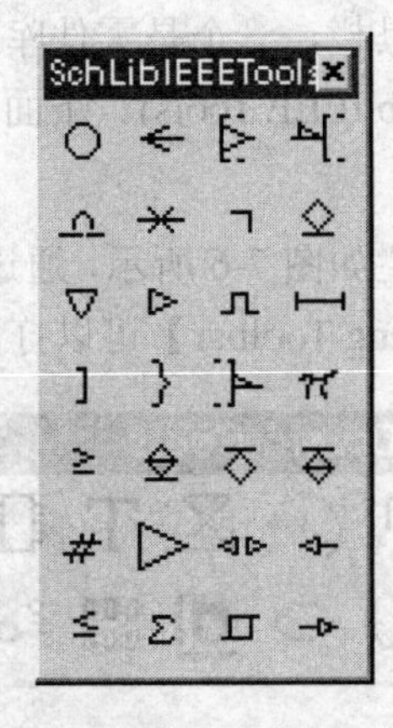

图 7-7　放置 IEEE 符号工具栏

放置 IEEE 符号工具栏上的按钮功能与【Place】/【IEEE Symbols】下的各命令相对应。其对应关系和具体功能说明如表 7-2 所示。

表 7-2　放置 IEEE 符号工具栏上各种按钮功能

按　钮	对应【Place】/【IEEE Symbols】下的命令	功　能
	Dot	放置低态触发符号
	Right Left Signal Flaw	放置左向信号
	Clock	放置上升沿触发时钟脉冲
	Active Low Input	放置低态触发输入符号
	Analog Signal In	放置模拟信号输入符号
	Not Logic Connection	放置无逻辑性连接符号
	Postponed Output	放置具有暂缓性输出符号
	Open Collector	放置具有集电极开路的输出符号
	Hiz	放置高阻抗状态符号
	High Current	放置高输出电流符号
	Pulse	放置脉冲符号
	Delay	放置延时符号
	Group Line	放置多条 I/O 线组合符号
	Group Binary	放置二进制组合的符号
	Active Low Output	放置低态触发输出符号
	Pi Symbol	放置Π符号
	Greater Equal	放置大于等于号
	Open Collector Pull Up	放置具有提高阻抗的集电极开路的输出符号
	Open Emitter	放置发射极开路的输出符号
	Open Emitter Pull Up	放置具有电阻接地的发射极开路的输出符号
	Digital Signal In	放置数字输入符号
	Inverter	放置反相器符号
	Input Output	放置双向信号
	Shift Left	放置数据左移符号
	Less Equal	放置小于等于号
	Sigma	放置Σ符号
	Schmitt	放置有施密特触发特性的符号
	Shift Right	放置数据右移符号

7.3　零件管理器的使用

零件管理器为用户取用、查找零件和查看原理图上的信息带来了很大方便，它的切换操作方法如下：

- 单击主工具栏中的 图标。
- 单击【Browse SchLib】标签，切换零件管理器。

本节将详细介绍零件管理器的使用方法。

零件管理器【Browse Schlib】，包括“Components”零件列表区、“Group”组显示区、“Pin”引脚显示区和“Mode”零件模式区等 4 个区域，如图 7-8 所示。下面将对这 4 个区域进行详细地介绍。

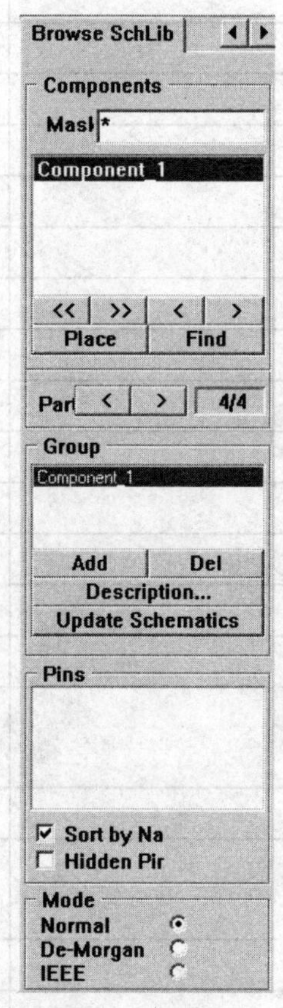

图 7-8 零件管理器

1. “Components”零件列表区

该区域用于查找、选择及取用零件，各项说明如下：

(1) “Mask”：用于筛选零件。

(2) 零件名显示区：位于 Mask 下方，用于显示零件库中的零件名。

(3) 【>>】按钮：选择零件库中的第一个零件，相当于【Tools】/【First Component】命令。

(4) 【<<】按钮：选择零件库中的最后一个零件，相当于【Tools】/【Last Component】命令。

(5) 【<】按钮：选择前一个零件，相当于【Tools】/【Pre Component】命令。

(6) 【>】按钮：选择后一个零件，相当于【Tools】/【Next Component】命令。

(7) 【Place】按钮：将所选零件放置到原理图中，单击该按钮后，系统将自动切换到原理图设计界面。

(8)【Find】按钮：单击后，系统将启动零件搜索工具。

(9)【Part】按钮：针对复合零件设计。单击【<】按钮后系统切换到复合零件中的前一个器件；单击【>】按钮后系统切换到复合零件中的后一个器件。不同器件，引脚不同。

(10) 状态栏：位于【Part】右边，显示当前器件号。

2. "Group"组显示区

该区域用于查找、选择及取用在零件名显示区域指定零件的零件组。零件组是指共用零件图不同名的零件。各项说明如下：

(1)【Add】按钮：用于添加组零件，将指定的零件名称归入该零件组。单击【Add】按钮后，出现如图 7-9 所示的"New Component Name"(元件命名)对话框，输入零件名称，单击【OK】按钮，即可将指定的零件添加到零件组。

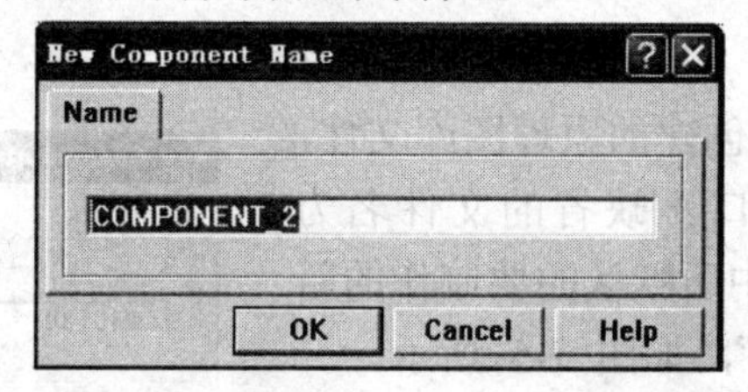

图 7-9　"New Component Name"对话框

(2)【Del】按钮：用于将零件显示区内的指定零件从该零件组中删除。

(3)【Description…】按钮：与【Tools】/【Description】命令作用相同。

(4)【Update Schematics】按钮：更新电路图中有关零件的部分，单击该按钮，系统将该零件在零件编辑器中所做的修改反映到原理图中。

3. "Pins"引脚显示区

该区域用于显示零件引脚，共分三个部分：

(1) 引脚显示区域：用于显示引脚信息。

(2) "Sort by Name"：指定按名称排列。

(3) "Hidden Pins"：用于设置是否在零件图中显示隐含引脚。

4. "Mode"零件模式区

零件模式区用于指定零件模式。

7.4　创建新的零件

创建新的原理图库零件有两种方法：第一种方法是利用画图工具栏和 IEEE 符号工具栏直接在设计窗口绘制；第二种方法是从现有的零件库中选择一个相似零件，复制到设计窗口，再对其进行编辑。对于方块形结构、外形比较规则的集成元件，我们可以采用第一种方法直接绘制，也可以通过编辑相似零件来产生；而对于那些形状极不规则的分立元件，如电阻、电容、三极管、二极管等，采用第二种方法创建是比较好的选择。

7.4.1 直接绘制新的零件

下面以如图 7-10 所示的单片机开发板电路中的 74HC138 为例，介绍直接绘制原理图库零件的具体步骤。

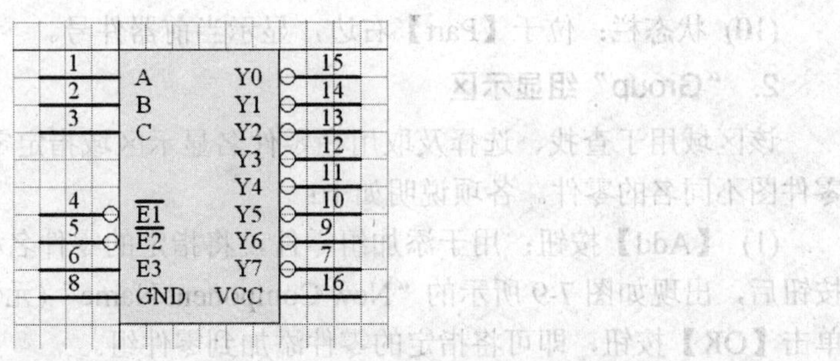

图 7-10 直接绘制原理图库零件实例

(1) 双击 7.2.1 节中已经创建的原理图库文件，进入原理图零件库编辑窗口，缺省的文件名为"Schlib1.Lib"，当前库文件中所默认的要制作的新元件名称为"Component_1"，如图 7-5 所示。一般在第四象限绘制零件，四个象限的交点就是元件的基准点。

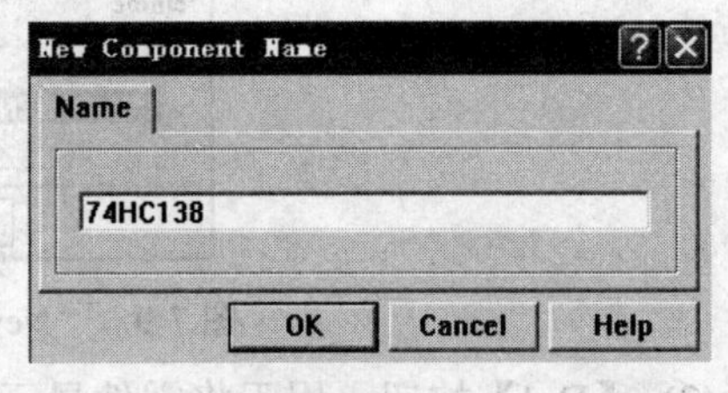

图 7-11 为新建元件命名

(2) 执行菜单命令【Tools】/【Rename Component…】，系统弹出"New Component Name"对话框，在此对话框中我们将新建元件命名为"74HC138"，如图 7-11 所示。单击【OK】按钮确认。

(3) 为了使光标在绘制过程中能够更加灵活地定位，还需要重新设定捕捉栅格参数。执行菜单命令【Options】/【Document Options】，系统自动弹出"Library Editor Workspace"(库编辑器环境属性)对话框，如图 7-12 所示。在"Grids"栏中选中"Snap"(捕捉栅格)和"Visible"(可视栅格)选项，并将"Snap"项设为 5，"Visible"项设为 10，这样可以使光标位于可视栅格的中间位置，单击【OK】按钮确认。

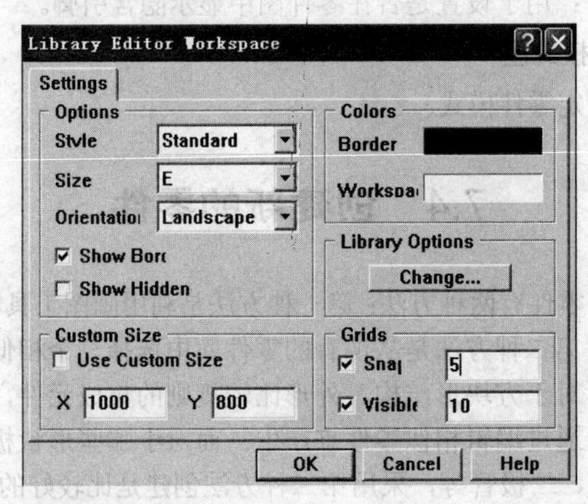

图 7-12 设置捕捉栅格参数

(4) 打开原理图库画图工具栏【SchLib Drawing Tools】，单击其中的□按钮，鼠标处出现十字光标，在坐标原点处单击鼠标左键，矩形左上角被定位，移动鼠标指针往右下拖出一个矩形，如图 7-13 所示。

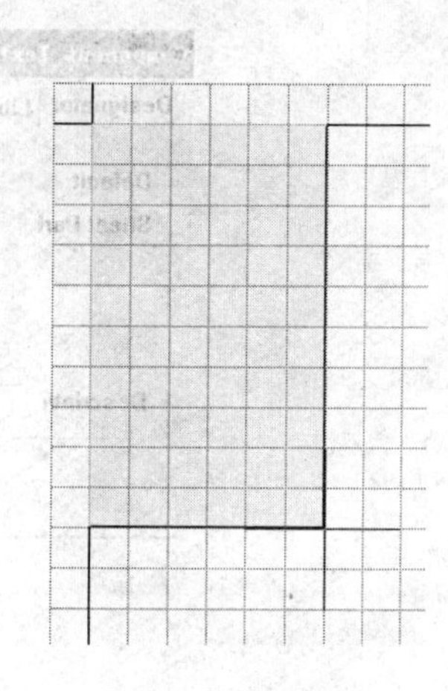

图 7-13　放置矩形框

(5) 放置引脚。单击绘图工具栏上按钮，出现的十字光标上附带顶端有一小黑点的浮动引脚。需要特别注意的是，引脚是有方向性的，光标所在端是表示引脚与内部电路的连接端，它应放在矩形框的边缘，而带黑点的一端是表示引脚与外部电路连接的一端。引脚在浮动状态，且输入法在英文方式下，每按一次空格键，引脚就逆时针旋转 90°；按一次【X】键或【Y】键，引脚就会在水平方向或垂直方向翻转一次。引脚在放置状态下，按【Tab】键或双击已被放置的引脚都可以打开引脚属性对话框，如图 7-14 所示。

引脚属性各项含义如下：

● Name：引脚名称。当需要在引脚的名称上放置上划线表示该引脚低电平有效时，可在引脚名称字符之后插入“\”，如本例中的“E\1\”等。

● Number：引脚序号。

● X-Location：引脚基准点的 X 方向坐标。

● Y-Location：引脚基准点的 Y 方向坐标。

● Orientation：引脚放置的方位。

● Color：选择引脚颜色。

● Dot：为引脚添加一个小圆圈，表示这个引脚低电平有效，即负逻辑标志。

● Clk：为引脚添加时钟标志。

● Electrical：引脚电气特性。

● Hidden：隐藏引脚选项。

● Show Name：引脚名称显示/隐藏选项。

● Show Number：引脚序号显示/隐藏选项。

● Pin Length：引脚长度。

● Selection：选中状态选择。

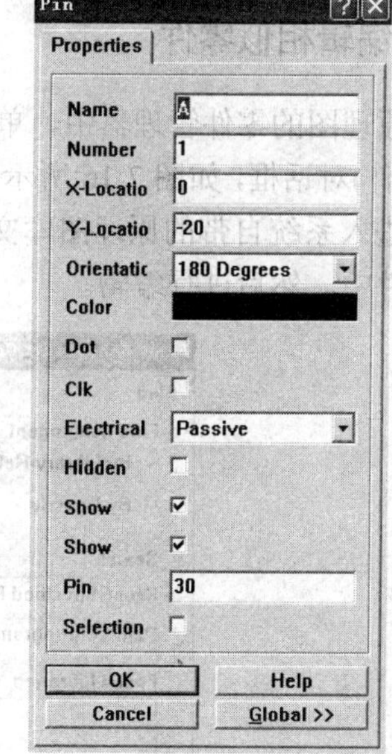

图 7-14　设置引脚属性对话框

(6) 单击鼠标左键，即可将引脚放置在选定位置，依次放置所有引脚，结果如图 7-10 所示。

(7) 元件描述。执行菜单命令【Tools】/【Description…】或单击左侧零件管理器【Group】组显示区中的【Description】按钮，系统弹出“Component Text Fields”(元器件默认属性)对话框，可对元件标号和元件封装等进行描述，如图 7-15 所示。本元件设置默认元件标号为“U?”，元件封装为“DIP16”，单击【OK】按钮确认即可。

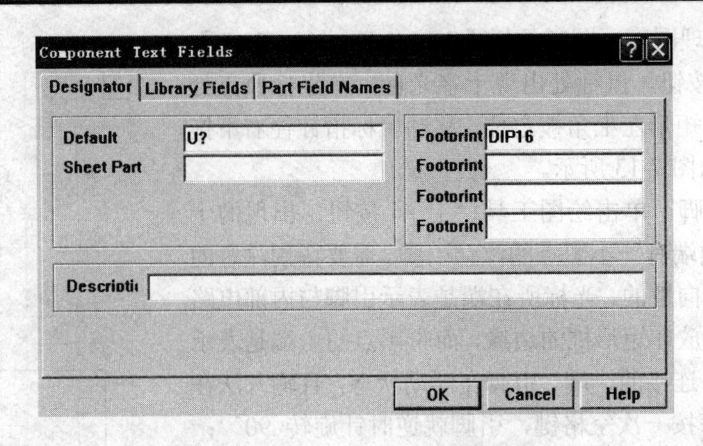

图 7-15 设置元器件默认属性对话框

(8) 执行菜单命令【File】/【Save】或单击主工具栏按钮，即可将新建原理图库零件“74HC138”保存在当前的原理图库文件“Schlib1.Lib”中。

若要在“Schlib1.Lib”中添加其他库元件，可以执行菜单命令【Tools】/【New Component】，系统弹出如图 7-11 所示的“New Component Name”对话框，接着在此对话框中输入新元件的名称，确认后即可打开一个新的空白绘图区，然后重复上述操作步骤即可。

7.4.2 编辑相似零件

在原理图的零件管理器中，单击【Find】按钮，就会弹出“Find Schematic Component”(查找零件)对话框，如图 7-16 所示，输入要编辑的零件名称，开始查找。找到后，单击【Edit】按钮，进入系统自带的原理图库文件中，将要编辑的零件选中、复制，并粘贴到用户建立的库文件中，然后进行编辑。

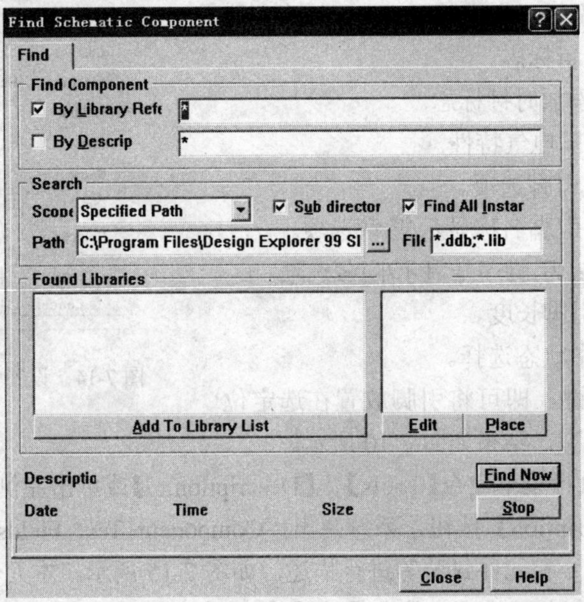

图 7-16 查找零件对话框

下面我们以如图 7-17 所示的实例来说明这个过程。

(1) 在原理图文件中，选中零件管理器中“Miscellaneous.lib”库中的“NPN DAR”(达林顿管)，如图 7-18 所示。

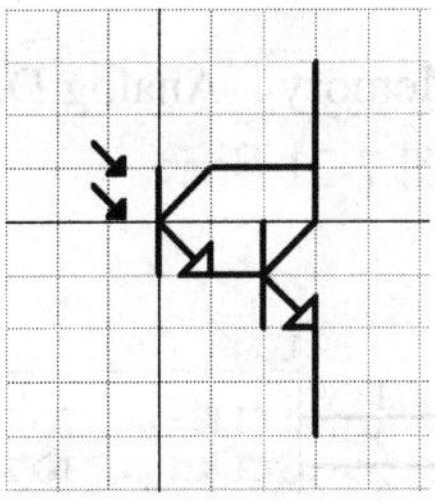

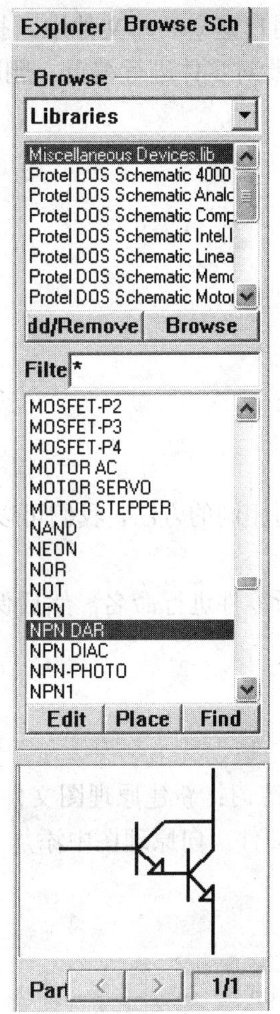

图 7-17　编辑相似零件实例

图 7-18　找到相似零件

(2) 单击【Edit】按钮，进入“Miscellaneous.lib”库，并显示零件“NPN DAR”，如图 7-19 所示。

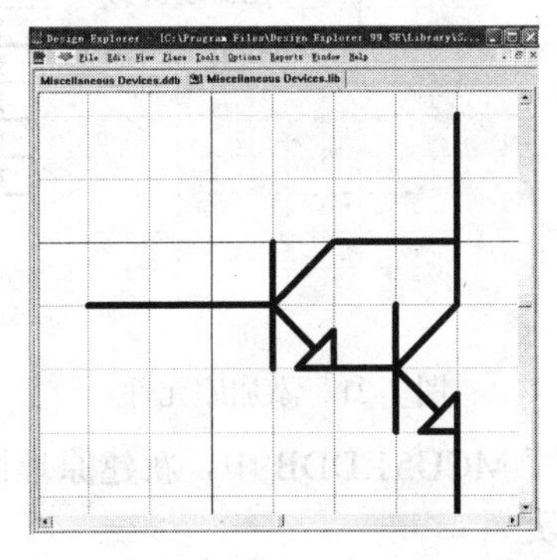

图 7-19　进入系统自带的原理图库

(3) 选中“NPN DAR”，并执行菜单命令【Edit】/【Copy】将其复制到用户建立的库文件中。注意，执行复制命令后，光标变为十字形，此时需用鼠标左键在零件的合适位置单击，以确定零件的参考点。

(4) 在用户建立的库文件中，执行菜单命令【Edit】/【Paste】，粘贴达林顿管。然后，根据实际需要对零件进行编辑。删除多余部分后，如图 7-20 所示。

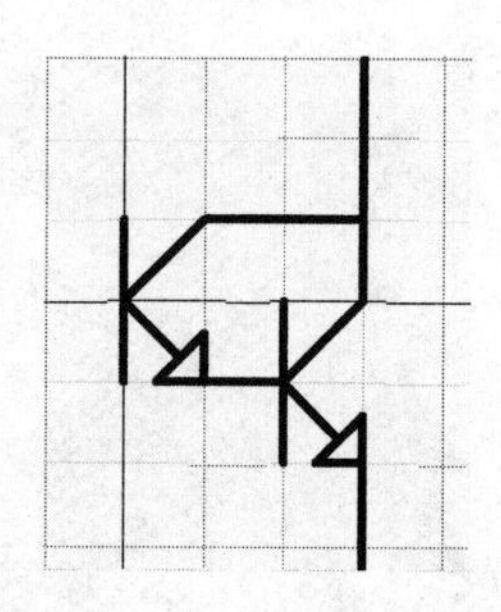

图 7-20　编辑后的达林顿管

(5) 利用相同的方法，我们可以从其他器件中再复制两个表示发光的小箭头，结果如图 7-17 所示。

(6) 对新零件进行命名，然后保存到当前库文件中。

习　题

1. 上机练习：新建原理图文件，并在其中加载 AMD Memory、Analog Devices 和 PLD 三个库文件，向原理图中添加元件 U1、U2 和 U3，如图 7-21 所示。

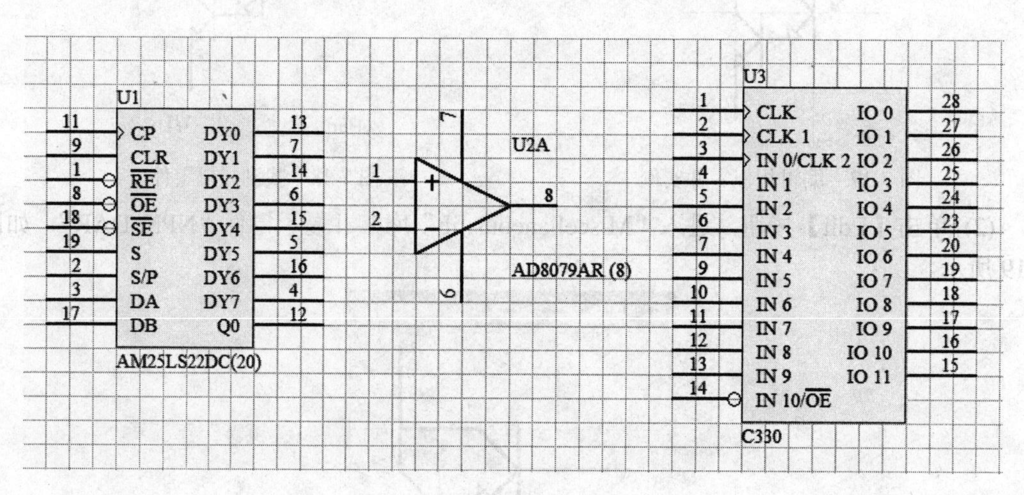

图 7-21　添加库元件

2. 上机练习：在设计数据库 MCU51.DDB 中，新建原理图库文件 MCU51.LIB，并在其中建立如图 7-22 所示的新元件。

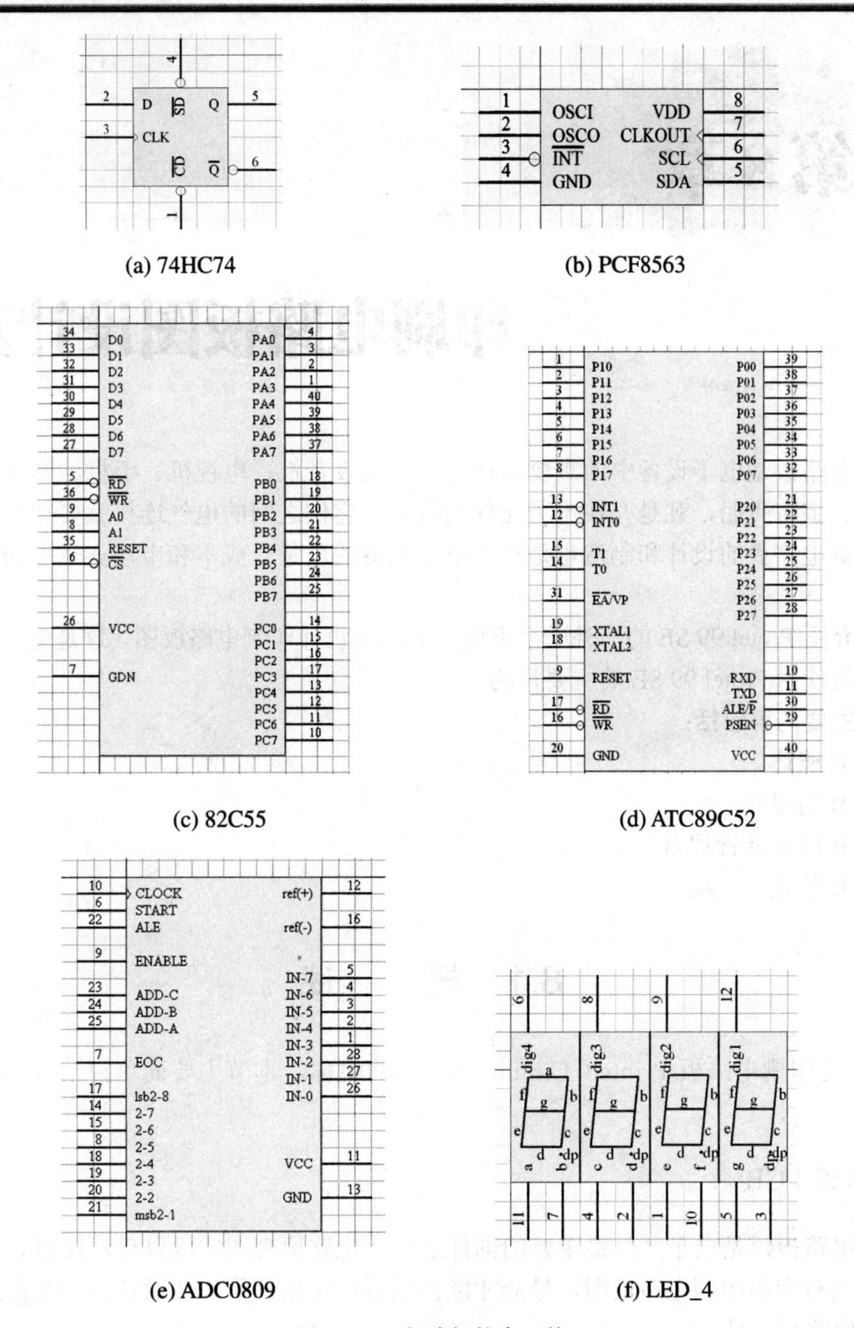

(a) 74HC74　　(b) PCF8563

(c) 82C55　　(d) ATC89C52

(e) ADC0809　　(f) LED_4

图 7-22　创建新的库元件

3. 上机练习：将所有 MCU51.SCH 中需要用到的，而原理图标准库中没有的原理图库元件(参见图 5-55 单片机开发板电路)，创建在原理图库文件 MCU51.LIB 中。

印刷电路板图设计基础

印刷电路板是电子设备中的重要部件之一。从收音机、电视机、手机、微机等民用产品到导弹、宇宙飞船，凡是存在电子元件的设备，它们之间的电气连接就要使用印刷电路板。而印刷电路板的设计和制造也是影响电子设备的质量、成本和市场竞争力的基本因素之一。

本章介绍 Protel 99 SE 的另外一个重要功能——设计印刷电路板图。这是电子、电气电路设计人员使用 Protel 99 SE 的主要目的。

本章主要内容包括：

- PCB 概述
- PCB 的设计流程
- PCB 的设计管理器
- PCB 的设计环境

8.1 概　　述

PCB 是印刷电路板(Printed Circuit Board)的简称，本节主要简单说明 PCB 的基本知识。

8.1.1 认识 PCB

印制电路板，是电子产品最重要的部件之一。电路原理图完成以后，还必须再根据原理图设计出对应的印制电路板图，最后才能由制板厂家根据用户所设计的印制电路板图制作出印制电路板产品。

在学习印刷电路板设计之前，我们先了解一下有关印刷电路板的概念、结构和设计流程。对于初学者，这些知识是十分必要的。

1. 印制电路板的制作材料与结构

印制电路板的结构是在绝缘板上覆盖着相当于电路连线的铜膜。通常绝缘材料的基板采用酚醛纸基板、环氧树脂板或玻璃布板。发展的趋势是板子的厚度越来越薄，韧性越来越强，层数越来越多。

2. 有关电路板的几个基本概念

(1) 层：这是印制板材料本身实实在在的铜箔层。

(2) 铜膜导线和飞线：导线是敷铜经腐蚀后形成的，用于连接各个焊盘。印制电路板的设计都是围绕如何布置导线来完成的。飞线也叫预拉线，是在引入网络表后生成的，而它所连接的焊盘间一旦完成实质性的电气连接，则飞线自动消失。它并不具备实质性的电气连接关系。在手工布线时它可起引导作用，从而方便手工布线。

(3) 焊盘和过孔。焊盘用于放置、连接导线和元件引脚。过孔用于连接不同板层间的导线，实现板层的电气连接。分为穿透式过孔、半盲孔、盲孔三种。

(4) 助焊膜和阻焊膜。助焊膜是涂于焊盘上提高焊接性能的一层膜，也就是在印制板上比焊盘略大的浅色圆。阻焊膜是为了使制成的印制电路板适应波峰焊等焊接形式，要求板子上非焊盘处的铜箔不能粘焊而在焊盘以外的各部位涂覆的一层涂料，用于阻止这些部位上锡。

(5) 长度单位及换算：100 mil = 2.54 mm(其中 1000 mil = 1 Inches)。

(6) 安全间距：是走线、焊盘、过孔等部件之间的最小间距。

8.1.2 PCB 的结构与基本元素

1. 结构

原始的 PCB 是一块表面有导电铜层的绝缘材料板。根据电路结构，在 PCB 上合理安排电路元器件的放置位置(称之为布局)；然后在板上绘制各元器件间的互连线(称为布线)；经腐蚀后保留作互连线用的铜层；再经钻孔等处理后，裁剪成具有一定外形尺寸供装配元器件用的印刷电路板。

随着电子技术的进步，PCB 在复杂程度、适用范围等方面都有了飞速的发展。一般来说，印刷电路板可分为下面 3 种：

(1) 单面板。单面板是一种仅有一面带敷铜的电路板，用户仅可在敷铜的一面布线。单面板由于其成本低而被广泛应用，但由于只能在一面布线，因此当线路复杂时，其布线往往比双面板或多层板困难得多。

(2) 双面板。双面板包括顶层(Top Layer)和底层(Bottom Layer)，顶层一般为元件面，底层一般为焊接层面。双面板的两面都有敷铜，均可布线，所以是制作电路板比较理想的选择。

(3) 多层板。多层板是包含多个工作层的电路板，除上面顶层和底层以外，还包括中间层、内部电源层或接地层。随着电子技术的高速发展，电子产品越来越精密，电路板也越来越复杂，多层电路板的应用也越来越广泛。多层电路板一般指 3 层以上的电路板。多层电路板的层数增加，给加工工艺带来了难度。

2. PCB 的基本元素

构成 PCB 图的基本元素有下述 6 种。

(1) 元件封装。元件封装是指实际元件焊接到电路板时所指示的外观和焊点位置，它是实际元件引脚和印刷电路板上的焊点一致的保证。由于元件封装只是元件的外观和焊点位置，仅仅是空间的概念，因此不同的元件可共用一个封装；另一方面，同一种元件也可有

不同的封装，如电阻的封装形式有 AXIAL0.3、AXIAL0.4 及 AXIAL0.5 等。

常用的元件封装形式如下：

● 电阻的封装形式如图 8-1 所示，其封装系列名为 AXIALxxx，xxx 表示数字。后缀数越大，其形状也越大。

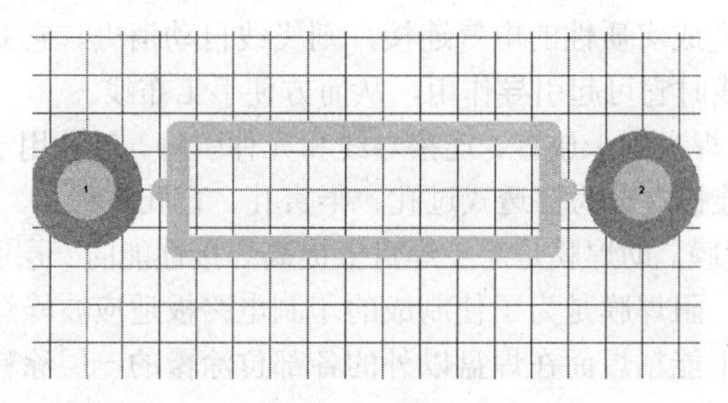

图 8-1 AXIAL0.3

● 二极管的封装形式如图 8-2 所示，其封装系列名称为 DIODExxx，后面的数字 xxx 表示功率。后缀数越大，表示功率越大，其形状也越大。

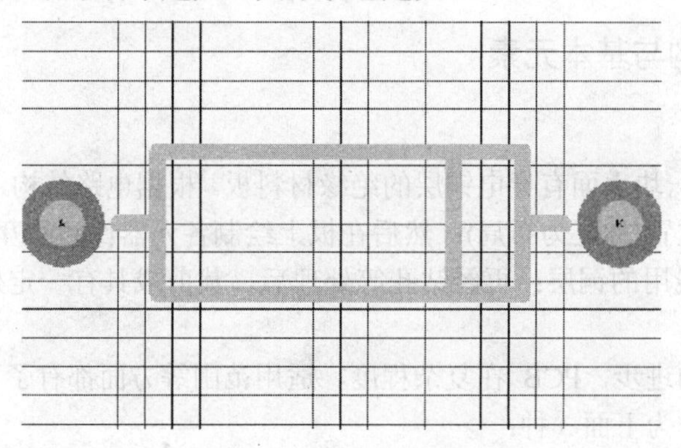

图 8-2 DIODE0.4

● 三极管的封装形式如图 8-3 所示，其封装系列名称为 TO-xxx，后缀 xxx 表示三极管的类型。

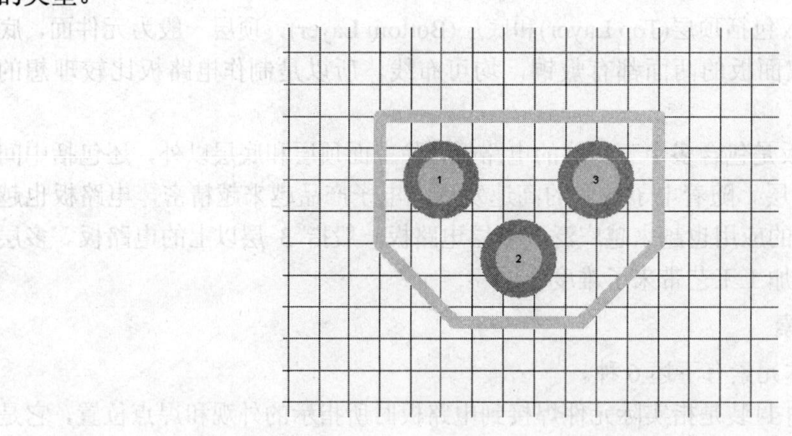

图 8-3 TO-92A

● 双列直插式集成电路的封装形式如图 8-4 所示，其封装系列名称为 DIPxxx，后缀 xxx

表示管脚数。

● 串并口的封装形式如图 8-5 所示，其封装系列名称为 DBxxx，后缀 xxx 为针数。

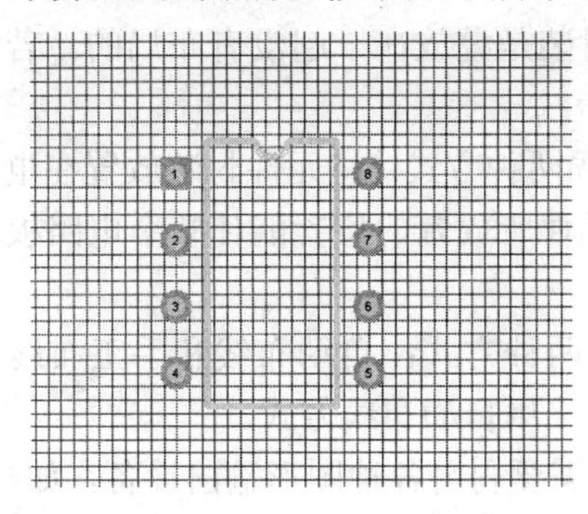

图 8-4　DIP8

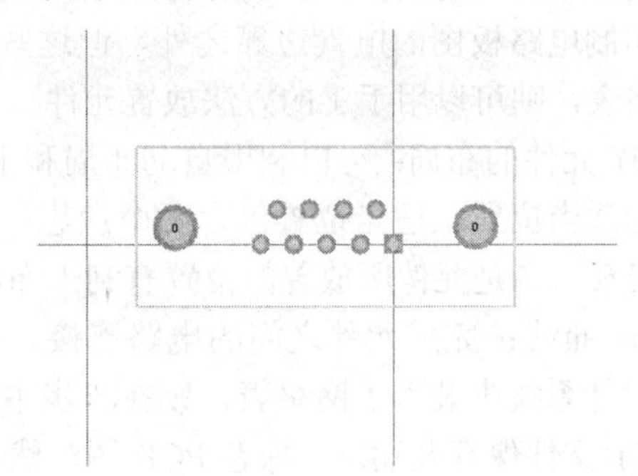

图 8-5　DB9/M

(2) 铜膜导线。铜膜导线也称铜膜走线，简称导线。导线用于连接各个焊点，是印刷电路板最重要的部分。印刷电路板设计均围绕如何布置导线进行。

与导线有关的另一种线，称为飞线，即预拉线。飞线是在引入网络表后，系统根据规则生成的，用来指引布线的一种连线。

飞线与导线有本质的区别。飞线只是一种形式上的连线，在形式上表示各个焊点间的连接关系，没有电气的连接意义。导线则是根据飞线指示的焊点间的连接关系而布置的，是具有电气连接意义的连接线路。

(3) 焊点与导孔。焊点的作用是放置焊锡、连接导线和元件引脚。导孔的作用是连接不同板层的导线。

导孔有 3 种，即从顶层贯通到底层的穿透式导孔、从顶层到内层或从内层通到底层的盲导孔和层间的隐藏导孔。

导孔有两个尺寸，即导孔直径和通孔直径。通孔的孔壁由与导线相同的材料构成，用于连接不同板层的导线。

8.1.3　PCB 设计流程

设计印制电路板可以按照如图 8-6 所示的 7 个步骤完成原理图的设计工作。

(1) 绘制电路原理图：利用 SCH 99SE 绘制电路原理图生成网络表。当所设计的电路图非常简单时，可以不必进行原理图的绘制和网络表的生成，而直接进行 PCB 的设计，即有时可跳过这一步。

(2) 规划电路板：在绘制印制电路板之前，用户还要对电路板有一个初步的规划，比如电路板采用多大的物理尺寸、采用几层电路板(单面板、双面板还是多层)、各元件采用何种封装形式及其安装位置等。这是一项极其重要的工作，它是确定电路板设计的框架的关键步骤。

(3) 设置参数：设置参数主要是指设置元件的布置

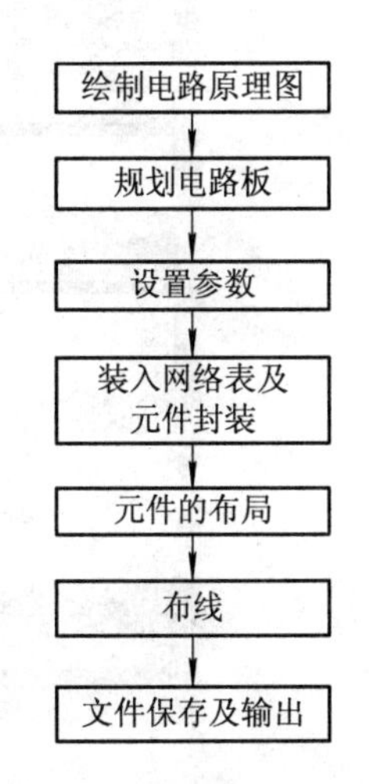

图 8-6　PCB 设计流程图

参数、层数参数、布线参数等。有些参数用其默认值即可。

(4) 装入网络表及元件封装：该步是将已生成的网络表装入，此时元件的封装会自动放置在印制电路板图的电气边界之外，但这些元件封装是叠放在一起没有布局的。若没有生成网络表，则可以用手工的方法放置元件。

(5) 元件的布局：可以利用自动布局和手工布局两种方式，将元件封装放置在电路板边框内的适当位置。适当位置包含两个意思：一是元件所放置的位置能使整个电路板看上去整齐美观，二是元件所放置的位置有利于布线。

(6) 布线：完成元件之间的电路连接。布线有两种方式：自动布线和手工布线。若在 PCB 设计系统中装入了网络表，则在该步中就可以采用自动布线方式。

(7) 文件保存及输出：保存 PCB 图，然后根据需要利用各种图形输出设备，如打印机、绘图仪等输出电路板的布线图。

8.2 PCB 图编辑器

本节说明如何利用 Protel 99SE 系统的 PCB 编辑器设置 PCB 环境参数。

8.2.1 Protel 99SE PCB 的启动及窗口认识

在 Protel 99SE 状态下，单击【File】菜单下的【New】命令，然后在如图 4-10 所示的窗口直接双击“PCB Document”(PCB 文档)文件图标，即可创建新的 PCB 文件并打开印制板编辑器。

当然，如果设计文件包(.ddb)内已经含有 PCB 文件，则可以在“设计文件管理器”窗口内直接单击相应文件夹下的 PCB 文件图标来打开 PCB 编辑器，并进入对应 PCB 文件的编辑状态。Protel 99 印制板编辑窗口如图 8-7 所示，菜单栏内包含了【File】、【Edit】、【View】、【Place】、【Design】、【Tools】、【Auto Route】等，这些菜单命令的用途将在后续操作中逐一介绍。

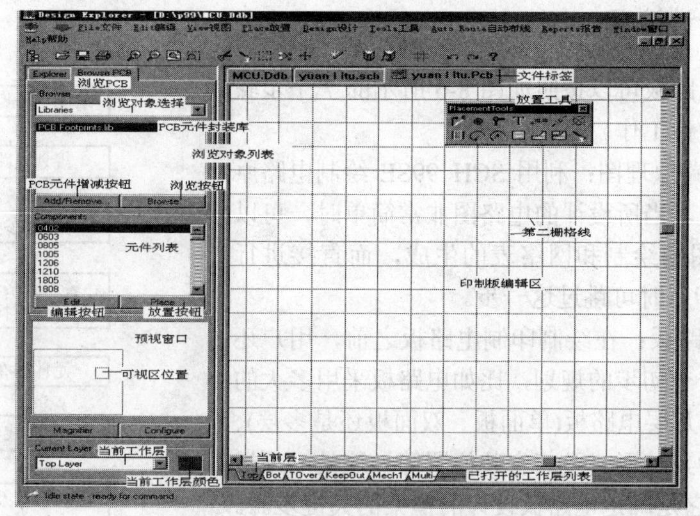

图 8-7　Protel 99 印制板编辑窗口

8.2.2　PCB 设计管理器

启动设计管理器(Design Explorer)窗口的步骤如下。

(1) 进入 Protel 99SE 系统，从【File】下拉菜单中打开一个已存在的设计库，或执行【File】/【New】命令建立新的设计管理器。

(2) 进入设计管理器后，执行【File】/【New】命令，显示“New Document”对话框，如图 8-8 所示。

(3) 选择“PCB Document”图标，然后单击【OK】按钮。

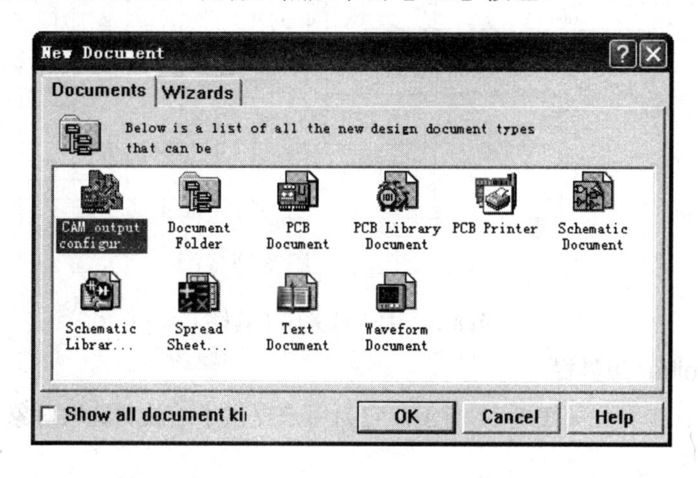

图 8-8　“New Document”对话框

(4) 新建立的文件将包含在当前的设计库中，单击这个文件，打开 Design Explorer 窗口，如图 8-9 所示。

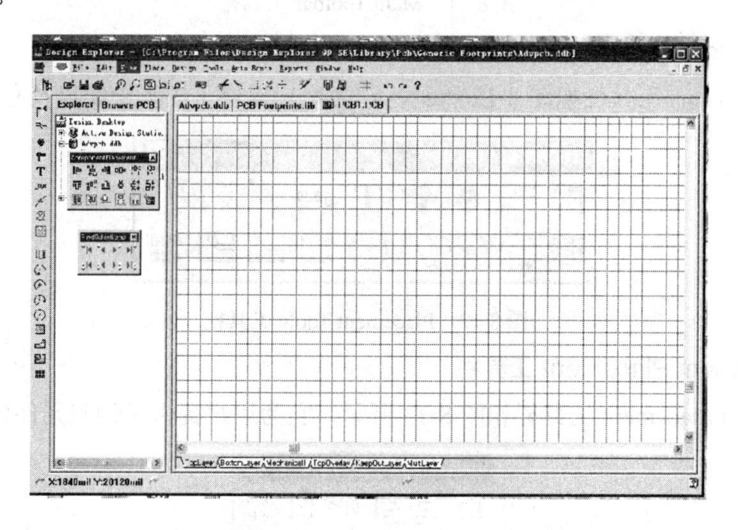

图 8-9　Design Explorer 窗口

Design Explorer 窗口包括 4 个工具栏，即 Main Toolbar (主工具栏)、Placement Tools(放置工具栏)、Component Placement (元件位置调整工具栏)和 Find Selections (查找选择工具栏)。在实际工作中可根据需要打开或关闭这些工具栏，如图 8-10 所示。

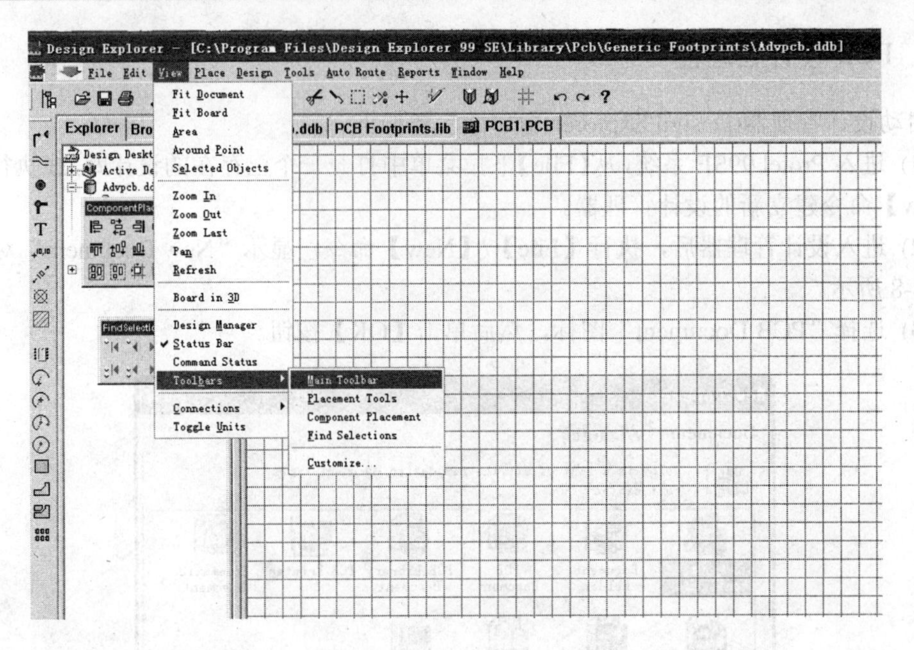

图 8-10　打开或关闭工具栏

1. Main Toolbar 工具栏

Main Toolbar 工具栏如图 8-11 所示，它为用户提供了缩放和选取对象等按钮，其操作对应于 View 菜单。

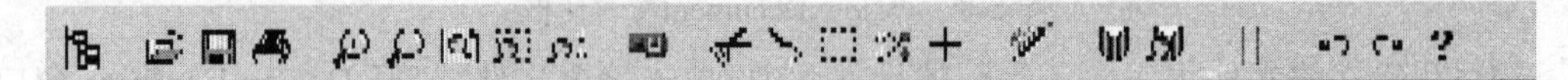

图 8-11　Main Toolbar 工具栏

2. Placement Tools 工具栏

Placement Tools 工具栏如图 8-12 所示，它为用户提供了图形绘制以及布线按钮。

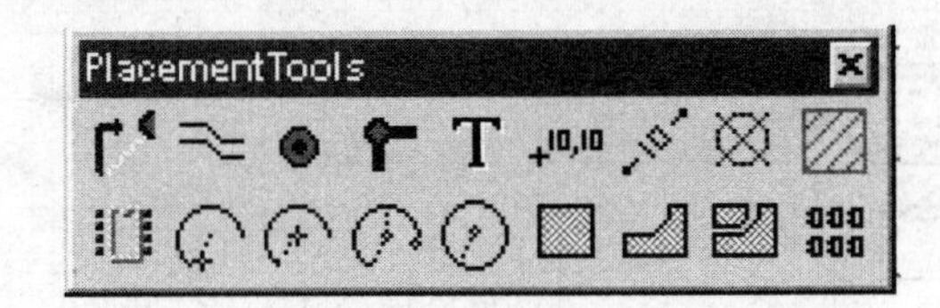

图 8-12　Placement Tools 工具栏

3. Component Placement 工具栏

Component Placement 工具栏如图 8-13 所示，它为用户提供了调整元件位置的按钮。

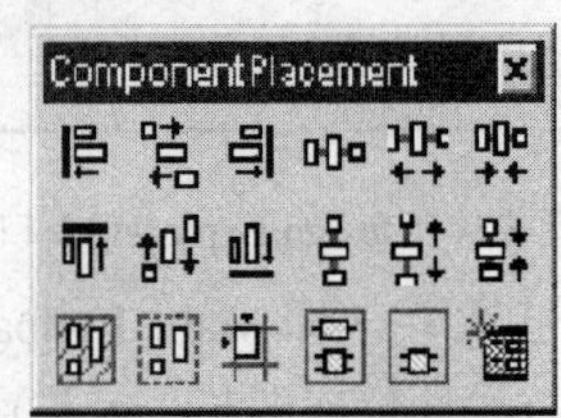

图 8-13　Component Placement 工具栏

4. Find Selections 工具栏

Find Selections 工具栏允许从一个选择物体以向前或向后的方向到下一个，如图 8-14 所示。

图 8-14　Find Selections 工具栏

8.2.3　设置电路板工作层

本小节说明如何设置电路板工作层。

1. 工作层类型及其管理

Protel 99SE 已扩展到 32 个信号层，其中包括 16 个内层电源/接地层和 16 个机械层，用户可在不同的工作层执行不同的操作。设置工作层时，执行 PCB 设计管理器的【Design/Options】命令，显示如图 8-15 所示的“Document Options”对话框，其中只显示用到的信号层、电源层及机械层。

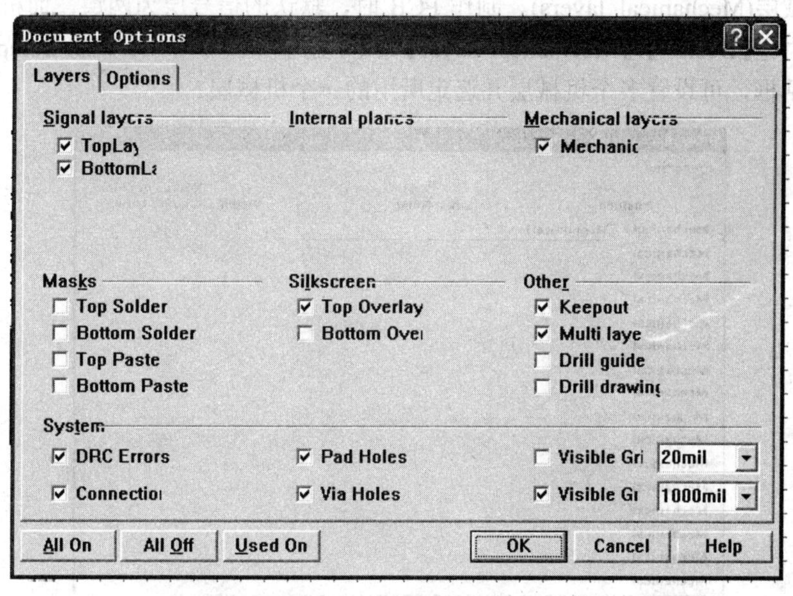

图 8-15　“Document Options”对话框

(1) 信号层(Signal layers)。信号层主要用于放置与信号有关的电气元素，如 Top Layer 用于放置元件面，Bottom Layer 用作焊锡面，Mid 用于布置信号线。

如果当前是多层板，则全部显示在信号层中，包括 Top、Bottom、Mid1 和 Mid2 等。如果用户未设置 Mid 层，则不显示这些层。执行【Design】/【Layer Stack Manager】命令，显示如图 8-16 所示的“Layer Stack Manager”对话框，单击【Add Layers】按钮可添加信号层。

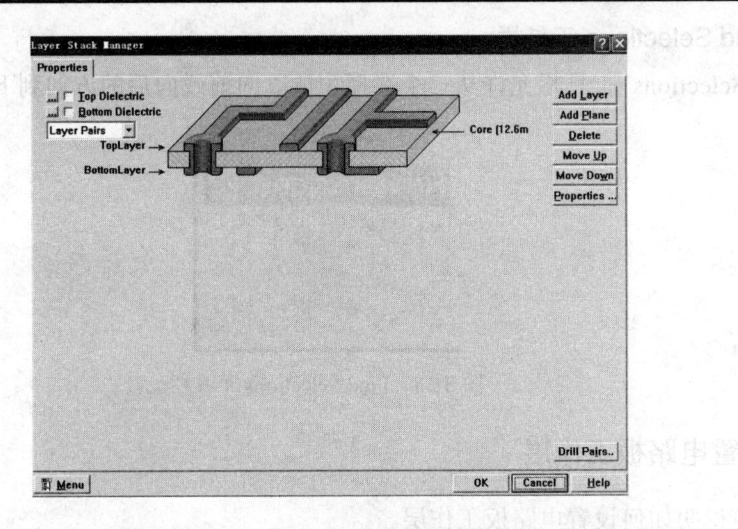

图 8-16　“Layer Stack Manager”对话框

(2) 内层电源/接地层(Internal plane)。内层电源/接地层主要用于布置电源线及接地线。如果绘制的是多层板，则可以单击图 8-16 中的【Add Plane】按钮添加内层电源/接地层，设置的内层电源/接地层显示在图 8-15 所示的“Document Options”对话框的 Internal Plane 栏中。

(3) 机械层(Mechanical layers)。制作 PCB 时，默认的信号层为两层，而机械层默认的只有一层。执行【Design】/【Mechanical Layer】命令，显示如图 8-17 所示的“Setup Mechanical Layers”对话框，可设置多个机械层并选定所用的一个机械层。

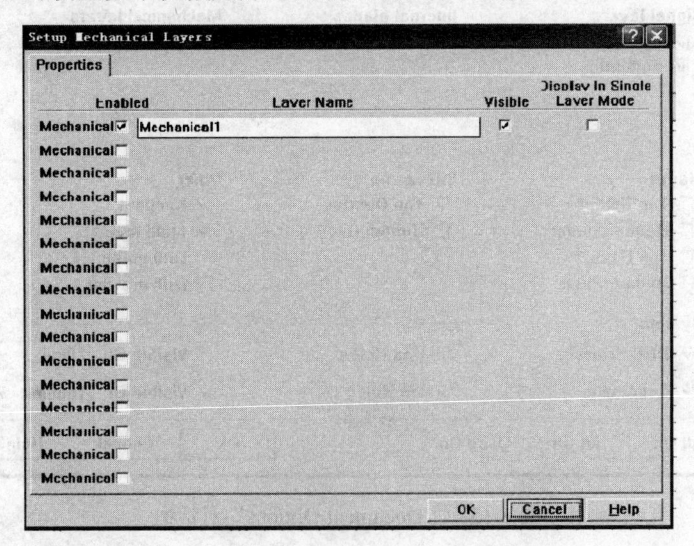

图 8-17　“Setup Mechanical Layers”对话框

(4) 阻焊层及防锡膏层(Solder Mask & Past Mask)。阻焊层及防锡膏层包括以下 4 层。

- Top Solder Mask：顶层阻焊层。
- Bottom Solder Mask：底层阻焊层。
- Top Past Mask：顶层防锡膏层。

- Bottom Past Mask：底层防锡膏层。

(5) 丝印层(Silkscreen)。丝印层主要用于绘制元件的外形轮廓和标识元件序号。

- Top：顶层丝印层。
- Bottom：底层丝印层。

除了提供以上的工作层以外，Protel 99SE 还提供以下选项：

- Keep Out：是否禁止布线层。
- Multi Layer：是否显示复合层，如果未选择，则不显示导孔。
- Drill Guide：绘制钻孔导引层。
- Drill drawing：绘制钻孔图层。

用户还可在图 8-15 的 System 选项组中设置其他项目。

- Connection：是否显示飞线，在绝大多数情况下均要显示飞线。
- DRCErrors：是否显示自动布线检查错误信息。
- Pad Holes：是否显示焊点通孔。
- Via Holes：是否显示导孔通孔。
- Visible Gridl：是否显示第 1 组格点。
- Visible Grid2：是否显示第 2 组格点。

2. 设置工作层

由于在实际设计过程中不可能打开所有工作层，因此需要用户设置工作层，将自己需要的工作层打开，其步骤如下：

(1) 执行【Design/Options】命令，显示如图 8-15 所示的“Document Options”对话框。

(2) 在该对话框中，单击“Layers”选项卡，即可进入工作层设置对话框。从对话框中可发现每一个工作层前都有一个复选框，如果工作层前的复选框中有选中符号，则表明工作层被打开，否则该工作层处于关闭状态。

单击【All On】按钮时，将打开所有的工作层；单击【All Off】按钮时，所有工作层将处于关闭状态；单击【Used On】按钮时，则可由用户设定工作层。

3. 设置参数

在图 8-15 中，单击“Options”选项卡，即可进行格点(Snap)、电气栅格(Electrical Grid)等设置，如图 8-18 所示。

(1) Snap X/Snap Y：控制工作空间的对象移动格点的间距。光标移动的间距由 Snap 右边的编辑选择框中的尺寸确定，用户可在 Snap 右边的区域直接输入或单击下拉式按钮选择系统预置值。

(2) Component X/Component Y：设置控制元件移动的间距。设置方法与 Snap 设置方法相同。

(3) Electrical Grid：设置电气栅格的属性。其含义与原理图中的电气格点相同。选中 Electrical Grid 表示具有自动捕捉焊点的功能。Range 用于设置捕捉半径。在布置导线时，系统以当前光标为中心，以设置值为半径捕捉焊点。一旦捕捉到焊点，光标将自动加到该焊点上。

(4) Measurement Units(度量单位)：设置系统度量单位，系统提供了两种度量单位，即

Imperial (英制)和 Metric(公制)，系统默认为英制。

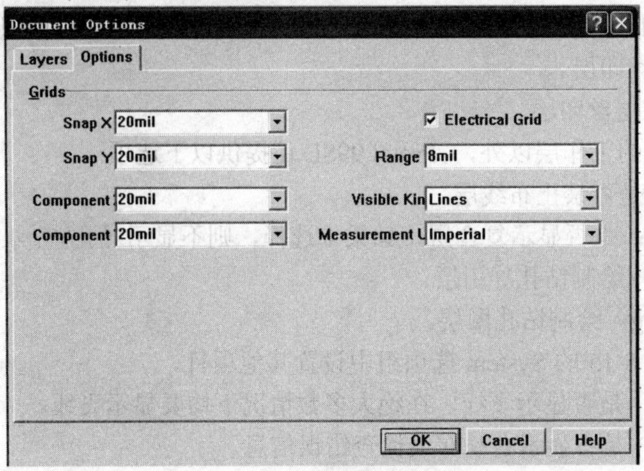

图 8-18 Options 选项卡

8.2.4 设置 PCB 电路参数

设置 PCB 电路参数是电路板设计过程中非常重要的一步，参数包括光标显示、板层颜色和默认设置等。执行【Tools】/【Preference】命令，显示如图 8-19 所示的“Preferences”对话框，默认为 Options 选项卡。

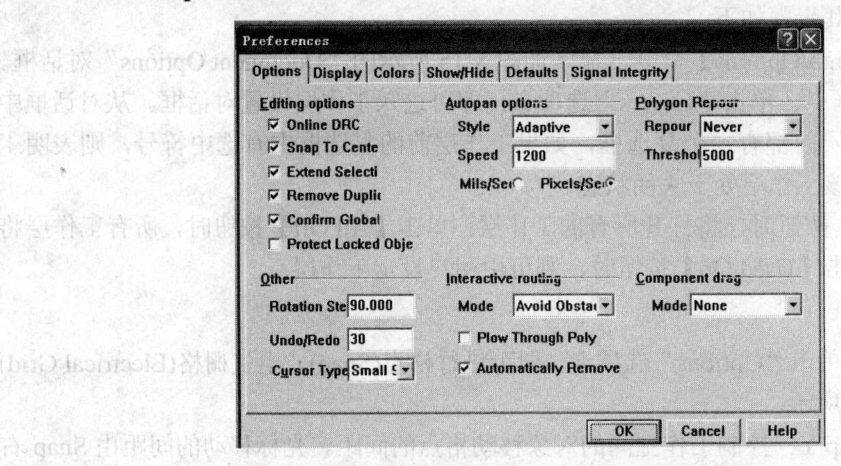

图 8-19 “Preferences”对话框

“Preferences”对话框包括 6 个选项卡。

1. “Options”选项卡

“Options”选项卡用于设置一些特殊功能，主要有如下 5 个选项组：

(1) “Editing options”选项组，用于设置编辑操作时的一些特性。

- “Online DRC”复选框：设置在线设计规则检查。选中后，在布线过程中，系统自动根据设定的设计规则进行检查。
- “Snap To Center”复选框：设置当移动元件封装或字符串时，光标是否自动移动元件封装或字符串参考点。默认选中。

● “Extend Selection”复选框：设置选择电路板组件时，是否取消原来选择的组件。选中这个复选框，系统不取消原来选择的组件，连同新选择的组件一起处于选择状态。默认选中。

● “Remove Duplicates”复选框：设置系统是否自动删除重复的组件，默认选中。

● “Confirm Global Edit”复选框：设置在整体修改时，是否显示整体修改结果提示对话框。默认选中。

● “Protect Locked Objects”复选框：选中后保护锁定对象。

(2) “Autopan options”选项组，用于设置自动移动功能，其中的 Style 下拉列表框包括如下模式选项：

● “Disable”：取消移动功能。

● “Re-Center”：当光标移到编辑区边缘时，将光标所在位置作为新的编辑区中心。

● “Fixed Size Jump”：当光标移动到编辑区边缘时，将以 Step 的设置值为移动量向未显示区移动。按下 Shift 键后，系统将以“Shift Step”选项的设置值为移动量向未显示区移动。

● “Shift Accelerate”：当光标移到编辑区边缘时，如果“Shift Step”选项的设定值大于 Step 选项的设定值，将以 Step 选项的设定值为移动量向未显示区移动。当按下 Shift 键后，将以“Shift Step”选项的设定值为移动量向未显示区移动。如果“Shift Step”选项的设定值小于 Step 选项的设定值，则忽略是否按 Shift 键，以“Shift Step”选项的设定值为移动量向未显示区移动。

● “Shift Decelerate”：当光标移到编辑区边缘时，如果“Shift Step”选项的设定值大于 Step 选项的设定值，则以“Shift Step”选项的设定值为移动量向未显示区移动。按下 Shift 键后，以 Step 项的设定值为移动量向未显示区移动。如果“Shift Step”选项的设定值小于 Step 选项的设定值，则忽略是否按 Shift 键，以“Shift Step”选项的设定值为移动量向未显示区移动。

● “Ballistic”：当光标移动到编辑区边缘时，越往编辑区边缘移动，移动速度越快。

(3) “Other”选项组，用于设置交互布线中的避免障碍和推挤布线方式。

● “Rotation Step”文本框：设置旋转角度。用户在放置组件时，每按一次空格键，组件旋转一个角度，默认值为 90°。

● “Cursor Types”下拉列表框：设置光标类型。系统提供了 3 种光标类型，即 Small 90(小 90°光标)、Large 90 (大 90°光标)及 Small 45(小 45°光标)。

● Undo/Redo 文本框：设置撤消操作和重复操作的步骤。

(4) “Interactive Routing”选项组用于设置交互布线模式，用户可选择 3 种方式：Ignore Obstacle(忽略障碍)、Avoid Obstacle (避开障碍)及 Push Obstacle (移开障碍)。

● “Plow Through Polygon”复选框：选中后，布线使用多边形检测布线障碍。

● “Automatically Remove”复选框：设置自动回路删除。选中表示，在绘制一条导线后，如果发现存在另一条回路，则删除原来的回路。

(5) “Component Drag”选项组用于设置与组件连接导线和组件的关系，在其中的 Mode 下拉列表框中包括如下选项：

● “Component Tracks”选项：选择后在使用命令【Edit】/【Move】/【Drag】移动组件时，与组件连接的导线会随着组件一起伸缩，不与组件断开。

● “None”选项：选择后在使用命令【Edit】/【Move】/【Drag】移动组件时，与组件连接的导线会和组件断开。

2. “Display”选项卡

单击“Display”，打开“Display”选项卡，如图8-20所示。

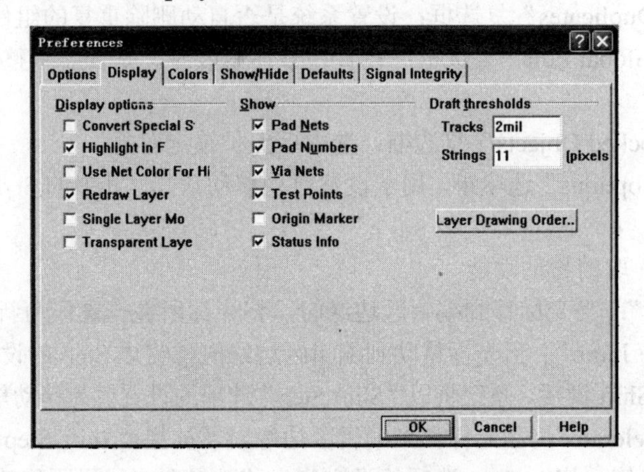

图8-20 “Display”选项卡

如图8-20所示，“Display”选项卡包括以下3个选项组：

(1) “Display options”选项组，用于设置屏幕显示模式。

- “Convert Special Strings”复选框：设置是否将特殊字符串转换为其代表的文字。
- “Highlight in for Net”复选框：高亮显示所选网络。
- “Use Net Color For Highlight”复选框：设置选中网络是否使用网络的颜色，还是一律采用黄色。
- “Redraw Layer”复选框：设置当重画电路板时，系统将逐层重画。
- “Single Layer Mode”复选框：设置只显示当前编辑的板层，不显示其他板层。
- “Transparent Layer”复选框：选择后，所有导线和焊点均变为透明色。

(2) “Show”选项组，用于设置PCB板显示。

- “Pan Nets”复选框：设置是否显示焊点的网格名。
- “Pad Numbers”复选框：设置是否显示焊点的序号。
- “Test Points”复选框：选中后，显示测试点。
- “Origin Marker”复选框：设置是否显示指示绝对坐标的黑色叉圆圈。

(3) “Draft thresholds”选项组，用于设置图形显示极限。

- “Tracks”文本框：设置的值为导线显示极限，大于该值的导线以实际轮廓显示，否则以简单直线显示。
- “Strings”文本框：设置值为字符显示极限，像素大于该值的字符以文本显示，否则以框显示。

3. “Colors”选项卡

“Colors”选项卡如图8-21所示。

该选项卡用于设置板层的颜色，单击【Default Colors】按钮，恢复板层颜色为系统默认的颜色。单击【Classic Colors】按钮，系统将板层颜色指定为传统的设置颜色，即DOS中采用的黑底设计界面。设置时，单击板层右边的颜色块，打开如图 8-22 所示的“Choose Color”对话框，在其中可以选择颜色。

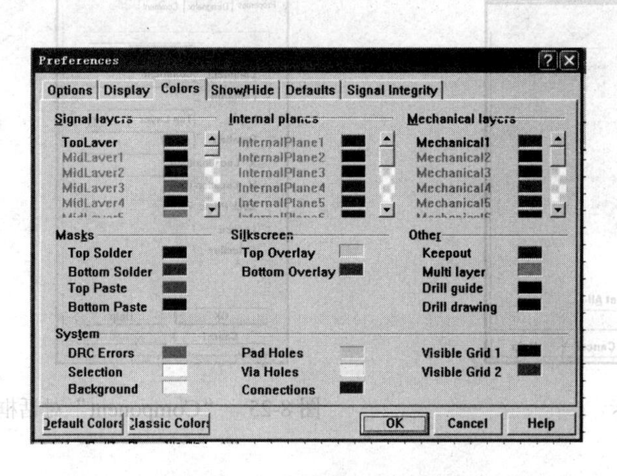

图 8-21　“Colors”选项卡

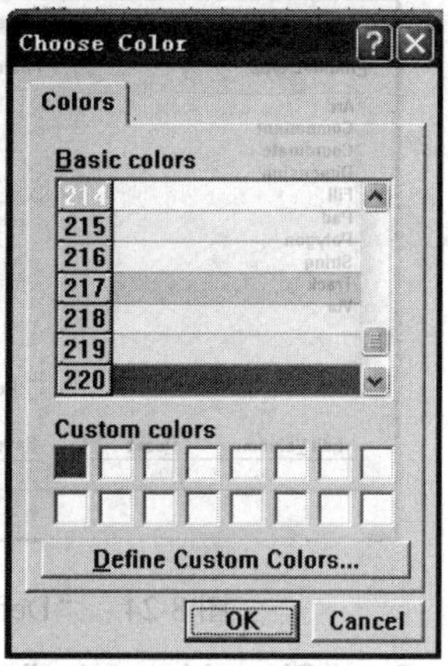

图 8-22　“Choose Color”对话框

4. “Show/Hide”选项卡

“Show/Hide”选项卡如图 8-23 所示。

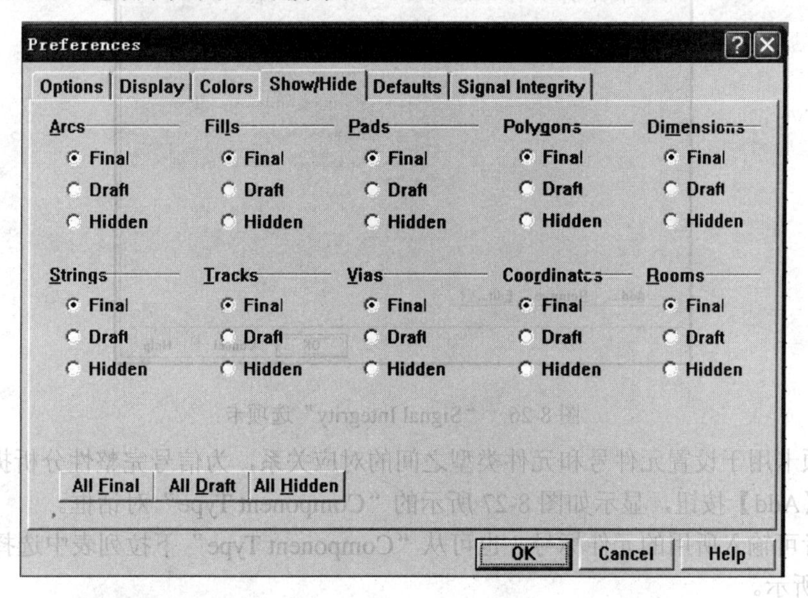

图 8-23　“Show/Hide”选项卡

该选项卡用于设置 PCB 板各种几何图形的显示模式，分为 Final (最终)、Draft (草稿) 及 Hidden (不显示)模式。

5. “Defaults”选项卡

“Defaults”选项卡如图 8-24 所示。

该选项卡用于设置各个组件的默认设置。选择 Primitive type 中的组件后单击【Edit Values】按钮，进入设置系统默认值的对话框。

如选中 Component (元件封装)组件，单击【Edit Values】按钮，显示“Component”对

话框，如图 8-25 所示。在取用元件封装时反映设置后的值。

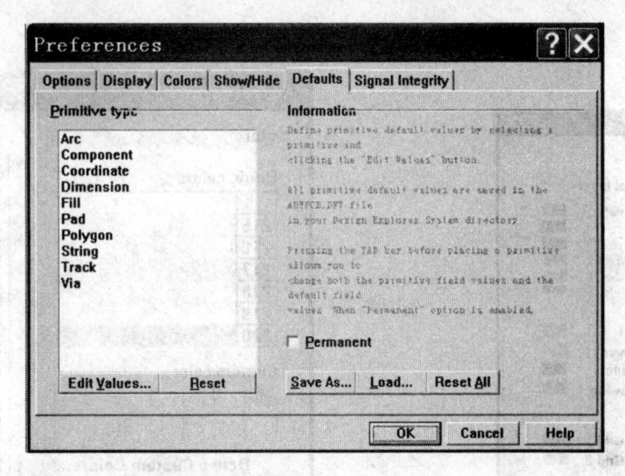

图 8-24 “Defaults”选项卡

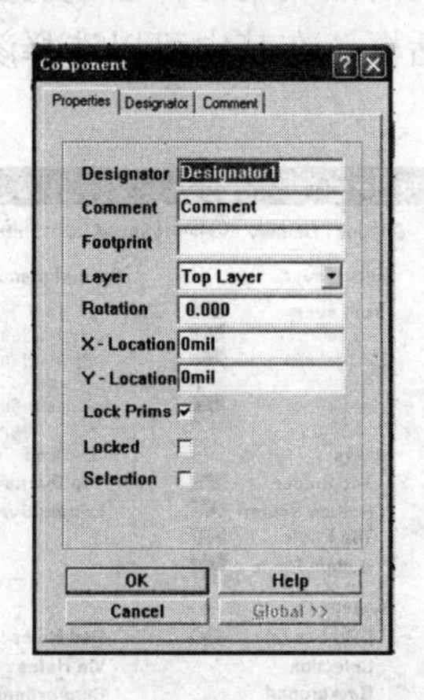

图 8-25 “Component”对话框

6. “Signal Integrity”选项卡

“Signal Integrity”选项卡如图 8-26 所示。

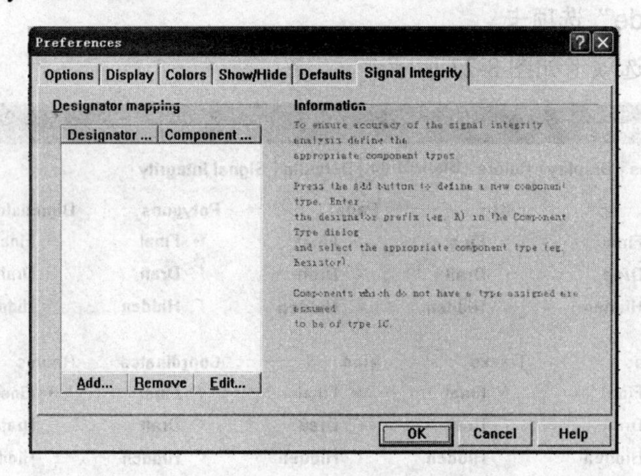

图 8-26 “Signal Integrity”选项卡

该选项卡用于设置元件号和元件类型之间的对应关系，为信号完整性分析提供信息。

单击【Add】按钮，显示如图 8-27 所示的“Component Type”对话框。

设计者可输入所用的元件标号，也可从“Component Type”下拉列表中选择元件类型，如图 8-28 所示。

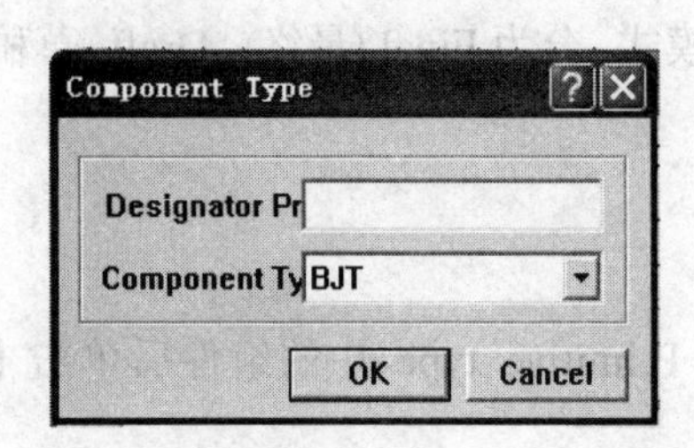

图 8-27 “Component Type”对话框

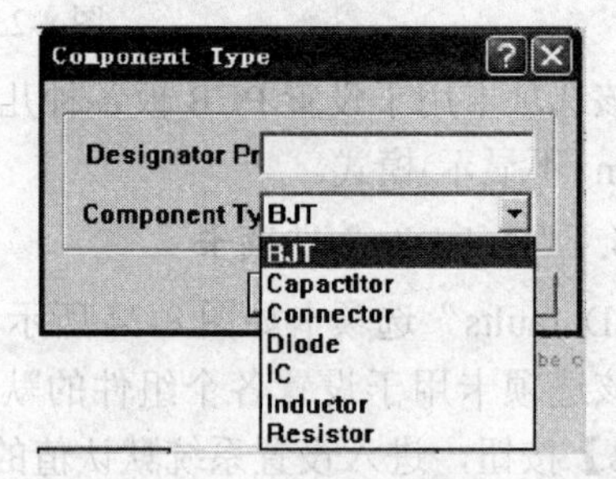

图 8-28 选择元件类型

添加设计中用到的元件标号后，下一步即可检查 PCB 的 DRC。

8.3 PCB 图的设计环境设置及绘图工具

本节说明如何利用 Protel 99SE 系统的 PCB 编辑器设置 PCB 环境参数，还介绍绘图工具的使用。

8.3.1 PCB 文件管理

通过前面的学习，我们知道 Protel 99SE 用一个专题数据库来管理各种设计文件，PCB 文件同样也采用这种由专题数据库来管理文件的方式。因此，PCB 文件管理的各项操作都是在专题数据库中进行的，这样就要求在进行 PCB 文件管理之前，首先要建立或打开一个专题数据库，然后再在专题数据库中进行 PCB 的文件管理。

- 新建 PCB 文件
- 保存 PCB 文件
- 打开已有 PCB 文件
- 关闭 PCB 文件

8.3.2 装载元件库

1. 元件封装

元件封装就是原理图中元件的 Footprint。它是实际元件焊接到电路板时，所指示的外观和焊盘位置。不同的元件可以共用同一种元件封装。同一种元件也可以有不同的封装形式。在取用焊接元件时，不仅要知道元件名称，还要知道其封装形式。元件封装可以在设计电路原理图时指定，也可在引进网络表时指定。

元件封装的主要参数是形状尺寸，因为只有尺寸正确的元件才能安装并焊接在电路板上。原理图中的元件注重于元件的引脚，引脚号码是重要的电气对象，引脚之间的连接不能有任何错误。而 PCB 图不仅注重元件引脚之间的连接，更注重元件的外形尺寸，要将引脚与引脚之间的导线连接转换成焊盘与焊盘之间的铜膜线连接。

(1) 元件封装的分类。一般元件的封装图包括元件图形、焊盘和元件属性三部分。

元件图形不具备电气性质，由丝网漏印的方法印到电路板的元件层上。

焊盘就是元件的引脚。焊盘上的号码就是元件管脚的号码。原理图元件的引脚号码必须与封装图中的焊盘号码一致。焊盘的号码、尺寸、位置十分重要，如果错了，PCB 板就不能用了。

元件属性用于设置元件的位置、层次、序号(designator)和注释(comment)等项目的内容。

(2) 元件封装的编号。元件封装图的名称是它在封装库中的名称，Protel 有三个封装库。它们是连接器库(connector)、一般封装库(Generic Foot Prints)和 IPC 封装库。元件封装的编号一般为“元件类型+焊盘距离(焊盘数)+元件外形尺寸”。可根据元件封装编号来判别元件封装的规格。表 8-1 所示为部分元件的封装说明。

表 8-1 部分元件的封装说明(单位为英寸)

封装类型	封装名称	说　明
电阻类无源元件	AXIAL0.3～1.0	数字表示焊盘间距
无极性电容元件	RAD0.1～0.4	数字表示焊盘间距
有极性电容	RB.2/.4～RB.5/1.0	斜杠前的数字表示焊盘间距，斜杠后的数字表示电容外直径
二极管	DIODE0.4、DIODE0.7	数字表示焊盘间距
石英晶体	XTAL1	
晶体管	TO-xxx	其中 xxx 为数字，表示不同的晶体管封装
可变电阻	VR1～VR5	
双列直插	DIPxxx	其中 xxx 表示引脚数
单列直插	SIPx	其中 x 表示引脚数
牛角连接器	IDCxx	其中 xx 表示管脚数

2. 加载元件库

方法类似于原理图元件库的加载。

8.3.3 设置电路板工作层面

如前所述，一般的电路板有单面板、双面板和多层板三种。单面板并不意味着电路板只有一个工作层面，同样双面板也并不是说电路板只有两个工作层面。

Protel 99SE 具有 32 个信号布线层，16 个电源地线层和多个非布线层，可以满足一般需要。一般电路板的元件面称为顶层(top)，焊接面称为底层(bottom)，中间的信号布线层称为中间层(mid)。

在一块电路板上真正存在的工作层并没有那么多，一些工作层在物理意义上是相互重叠的，而有些则是为了方便电路板的设计和制造而设置的。在设计的过程中往往只要析开需要的工作层面，而将其他的都关闭。

在创建好 PCB 文件并启动 PCB 编辑器后，设计人员首先要对电路板进行规划。所谓规划电路板，就是根据电路的规模以及公司或制造商的要求，具体确定所需制作电路板的物理外形尺寸和电气边界。电路板规划的原则是在满足公司或制造商的要求的前提下，尽量美观且便于后面的布线工作。

8.3.4 PCB 绘图工具的使用

与电原理图编辑器相似，在印制板编辑、设计过程中，除了可以使用菜单命令操作外，PCB 编辑器也将 系列常用的菜单命令以工具按钮形式罗列在“工具栏”内，用鼠标单击“工具栏”上的某 “工具”按钮，即可迅速执行相应的操作。PCB 编辑器提供了主工具栏(Main Toolbar)、放置工具栏(窗)(Placement Tools)。必要时可通过【View】菜单下的【Toolbars】命令打开或关闭这些工具栏(窗)(缺省时这两个工具栏均处于打开状态)。主工具栏内有关工具的作用与 SCH 编辑器主工具栏的作用的相同或相近，在此不再介绍。放置工具栏内的工具按钮如图 8-29 所示。

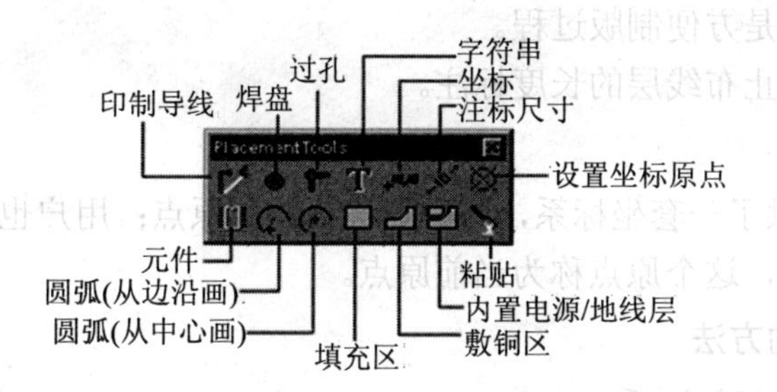

图 8-29　放置工具栏

下面将介绍 PCB 图设计中放置工具栏中各按钮的功能。

1. 印制导线

操作演示：放置导线并修改线宽，注意在导线的每个转折点处单击确认。

2. 放置焊盘及其属性编辑

操作演示(如图 8-30 所示)：

(1) 放置一个焊盘，修改焊盘属性为内径 32，外径 80，焊盘形状为方形。

(2) 放置一个焊盘，修改焊盘属性为内径 28，外径 X 轴 50，Y 轴 70，焊盘形状为圆形。

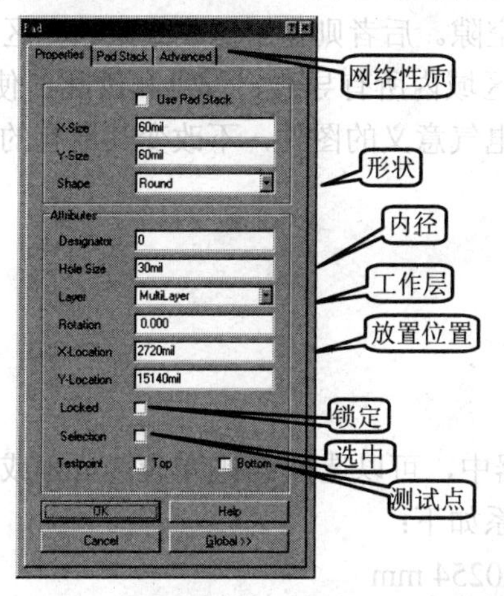

图 8-30　焊盘及属性编辑对话框

提示：焊盘内孔只能为圆形，但焊盘的形状可以为圆的(椭圆和正圆)、方形的(正方和长方)、八角形的。

3. 放置过孔及其属性编辑

操作演示：放置一个过孔并修改其属性。

4. 放置字符串

操作演示：放置字符串。

5. 放置位置坐标

放置位置坐标是将光标当前位置的坐标放置在工作平面上以供参考。

操作演示：放置一个当前位置的坐标。

6. 放置尺寸标注

设置尺寸标注主要是方便制版过程。

操作演示：放置禁止布线层的长度标注。

7. 设定坐标原点

PCB 系统本身提供了一套坐标系，其原点称为绝对原点；用户也可以通过设定坐标原点来定义自己的坐标系，这个原点称为当前原点。

8. 四种绘制圆弧的方法

边缘法：绘制的是 90° 圆弧。

中心法：可用于绘制任意半径任意弧度的圆弧。

绘制任意角度的圆弧。

绘制整圆。

操作演示：4 种方式绘制圆弧。

9. 放置填充

在印制电路板中，为提高系统的抗干扰性，通常需要设置大面积的电源、接地区域。这个可以利用填充功能来实现。

填充的方式有两种：矩形填充和多边形填充。这两种方式是有区别的。前者填充的是整个区域。没有任何遗留的空隙。后者则是用铜膜线来填充区域，线与线之间是有间隙的。

另外，矩形填充会覆盖区域内所有导线、焊盘和过孔，使其具有电气连接关系，而多边形填充则会绕开这些具有电气意义的图件，不改变其原有的电气连接关系。

10. 其他工具

放置直线。

放置元件空间。

放置内部电源/接地层。

放置图件。

在 Protel 99 PCB 编辑器中，可以选择英制(单位为 mil)或公制(单位为 mm)两种长度计量单位，彼此之间的换算关系如下：

1 mil = 0.0254 mm

10 mil = 0.254 mm

100 mil = 2.54 mm

1000 mil(1 英寸) = 25.4 mm

习　　题

1. 设计一个双层电路板，至少需要哪几个层？
2. 简述设计 PCB 的主要步骤。

PCB 设计与布局

本章介绍 PCB 图库的加载与布局。

我们先熟悉将原理图中元件的电气连接关系转化为印制板中元件的连接关系，以及在 PCB 中放置、选择、移动、复制、粘贴、删除元件封装及其他印刷电路板对象，然后重点掌握 PCB 布局设计规则和手工与自动布局。

本章主要内容包括：

- PCB 的工作环境
- 从原理图到 PCB 的连接
- PCB 的布局设计规则
- PCB 的手工与自动布局

9.1　窗 口 设 置

在 Protel 99 状态下，单击【File】菜单下的【New】命令，然后在如图 9-1 所示的窗口直接双击【PCB Document】文件图标，即可创建新的 PCB 文件并打开印制板编辑器。当然，如果设计文件包(.ddb)内已经含有 PCB 文件，则可以在“设计文件管理器”窗口内直接单击相应文件夹下的 PCB 文件图标来打开 PCB 编辑器，并进入对应 PCB 文件的编辑状态。

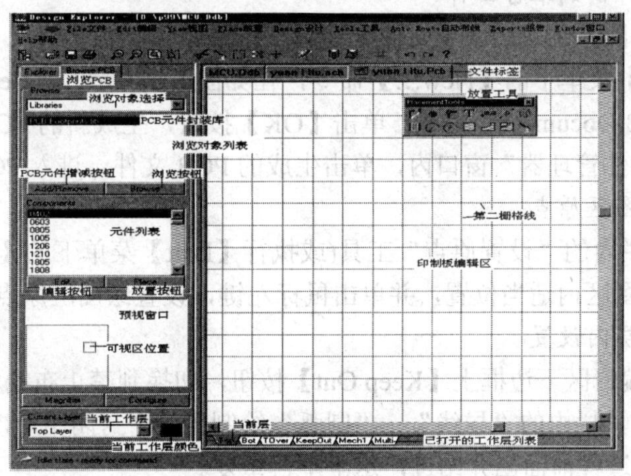

图 9-1　Protel 99 印制板编辑窗口

Protel 99 印制板编辑窗口如图 9-1 所示，菜单栏内包含了【File(文件)】、【Edit(编辑)】、【View(浏览)】、【Place(放置)】、【Design(设计)】、【Tools(工具)】、【Auto Route(自动布线)】等，这些菜单命令的用途将在后续操作中逐一介绍。

9.2 从原理图到印制板

印制板编辑、设计是电子设计自动化最后的也是最关键的环节，换句话说，原理图编辑是印制板编辑、设计的前提和基础。对于同一电路系统来说，原理图中元器件电气连接与印制板中元器件连接关系应完全相同，只是原理图中的元件用“电气图形符号”表示，而印制板中的元件用“封装图”描述。可见原理图中已包含了元件的电气连接关系。完成了原理图编辑后，在 Protel 99 中，可通过如下方法之一将原理图中元件的电气连接关系转化为印制板中元件的连接关系，无须在印制板中逐一输入元件的封装图。

(1) 通过“更新”方式生成 PCB 文件。在 Protel 99 原理图编辑状态下，执行【Design】菜单下的【Update PCB…】(更新 PCB)命令，生成或更新 PCB 文件，并把原理图中的元件封装图及电气连接关系数据传送到 PCB 文件中。Protel 99 原理图文件(.sch)与印制板文件(.pcb)具有动态同步更新功能。

(2) 通过“网络表”文件生成印制板文件。在原理图编辑状态下，执行【Design】菜单下的【Create Netlist…】命令，生成含有原理图元件电气连接关系信息的网络表文件(.net)，然后将网络文件装入 PCB 文件中。这是 Protel 98 及更低版本环境下，原理图文件与印制板文件之间连接的纽带，Protel 99 依然保留这一功能。

9.2.1 通过网络表文件生成印制板文件

Protel 99 依然保留通过网络表文件(.net)装入元件封装图的功能，操作过程如下：

1) 装入网络文件前的准备工作

(1) 编辑好原理图并生成网络表文件(.net)。

(2) 执行【File】菜单下的【New…】命令，在如图 8-8 所示的“New Document”选择窗口内，选择“PCB Document”类型，单击【OK】按钮，生成新的 PCB 文件。

(3) 在“设计文件管理器”窗口内，单击生成的 PCB 文件，进入 PCB 编辑状态。

2) 重新设置绘图区原点

单击放置工具栏内的“设置原点”工具(或执行【Edit】菜单下的【Origin】/【Set】命令)，将光标移到绘图区内适当位置，并单击鼠标左键，设置绘图区原点。

3) 在禁止布线层内设置

(1) 单击 PCB 编辑区下边框上【Keep Out】按钮，切换到禁止布线层。

(2) 利用放置工具栏内的“导线”、“圆弧”绘制出一个封闭图形，作为布线区，如图 9-2 所示。具体操作过程前面已介绍过，这里不再重复。

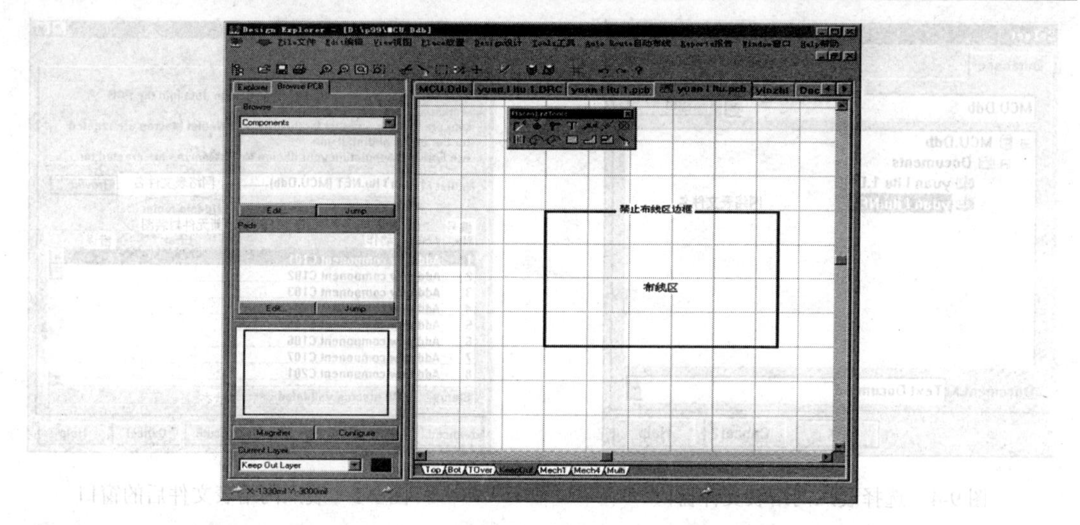

图 9-2　布线区

4) 装入网络表

在禁止布线层内设置了电路板布线区边框后，即可通过如下步骤装入网络表文件：

(1) 执行【Design】菜单下的【Netlist…】命令，在如图 9-3 所示的窗口内装入原理图网络表文件。

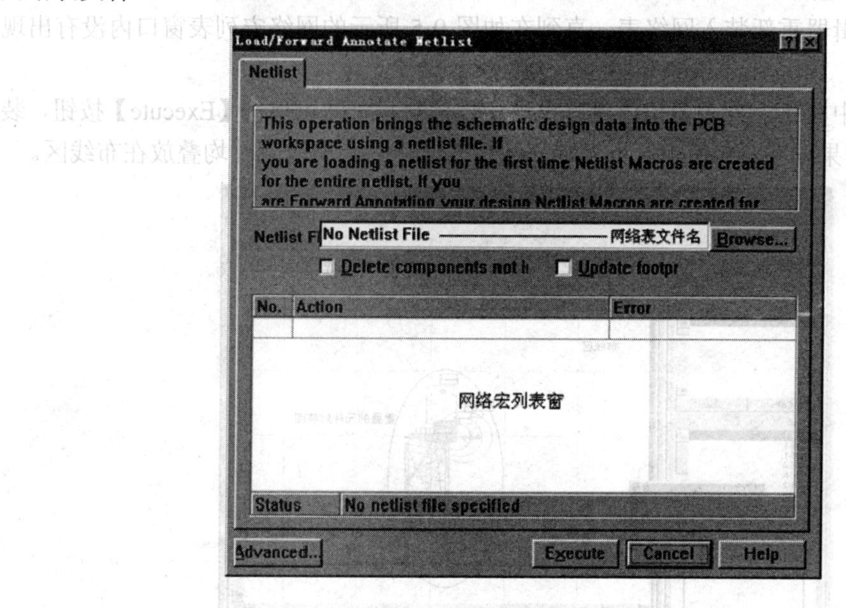

图 9-3　装入原理图网络表文件

(2) 单击图 9-3 中“Netlist File”文本框右侧的【Browse】(浏览)按钮，在如图 9-4 所示的“Select”(选择)窗口内当前设计文件包中找出并单击网络表文件，然后单击【OK】按钮返回，即可在如图 9-3 所示的网络宏列表窗内看到已装入的元件、焊盘等信息，如图 9-5 所示。

如果网络表文件不在当前设计文件包内，可单击【Add…】按钮，从其他设计文件包内或目录下找出体现原理图元件电气连接关系的网络表文件。

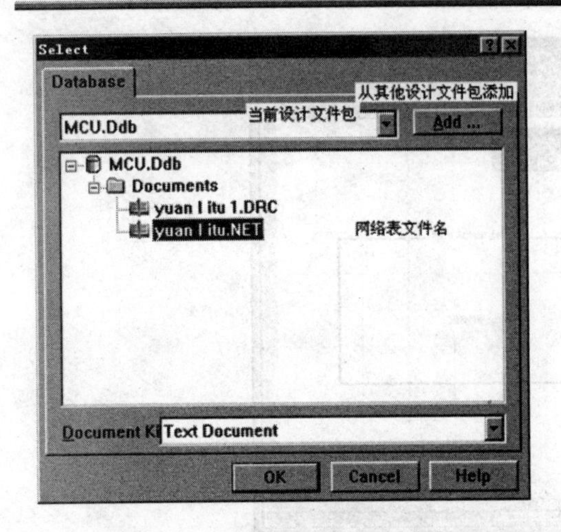

图 9-4　选择装入网络表文件窗口

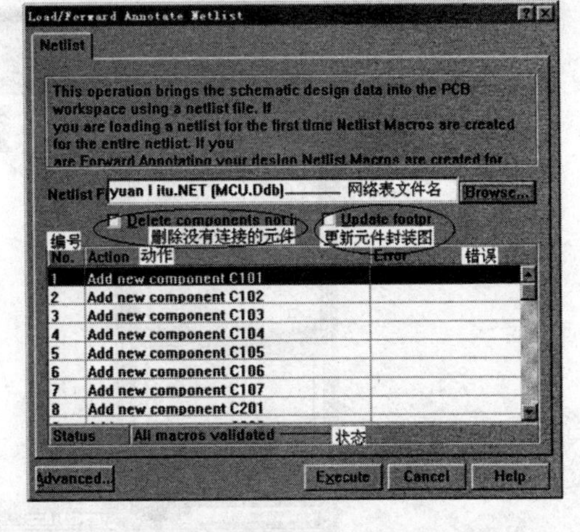

图 9-5　装入网络表文件后的窗口

(3) 根据情况选择图 9-5 中的“Delete components not in netlist”(删除没有连接的元件)和“Update footprint”(更新元件封装图)选项。

(4) 在网络宏列表窗口内，检查网络表文件装入后有无错误。如果发现错误，要具体分析，并加以修正。例如，当发现某一元件没有封装图时，可单击【Cancel】按钮，取消网络表文件装入过程，返回原理图。在元件属性窗口内给出元件封装图后，再生成网络表文件，然后转到 PCB 编辑器重新装入网络表，直到在如图 9-5 所示的网络宏列表窗口内没有出现错误为止。

(5) 当图 9-5 中网络宏列表窗口内没有出现错误信息后，即可单击【Execute】按钮，装入网络表文件，结果如图 9-6 所示。可见装入网络表文件后，所有元件均叠放在布线区。

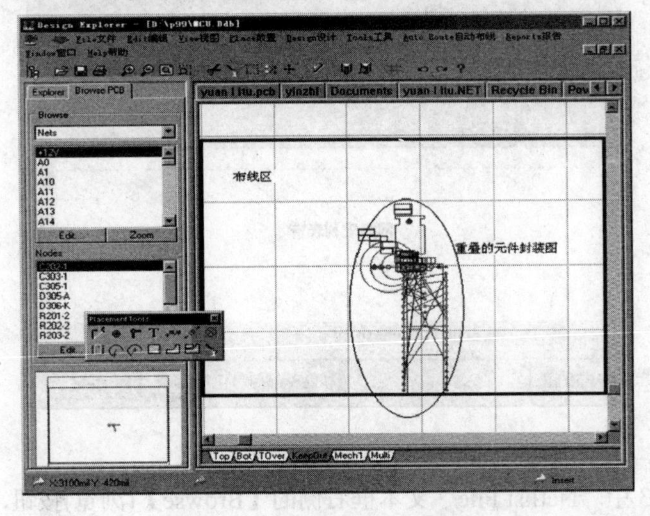

图 9-6　装入网络表后的结果

5) 分离重叠在一起的元件

对于通过“更新”方式生成的 PCB 文件来说，在禁止布线层内画出印制板布线区后，原则上可用手工方法将如图 9-6 所示的每一元件的封装图逐一移到布线区内(当然，在移动过程中，必要时可旋转元件方向)；也可以使用【AutoPlace...】(自动布局)命令，将元件封装图移到布线层内。如图9-6所示，不便手工调整元件布局，需通过【Auto Place...】(自动布局)命令，将布线框内重叠在一起的元件彼此分开，以便浏览和手工预布局(这一操作的目的仅仅是为了使重叠在一起的元件彼此分离，无须设置自动布局参数)。操作过程如下：

(1) 执行【Tools】菜单下的【Auto Place…】(自动布局)命令。

(2) 在如图9-7所示的自动方式窗口内，分别选择菊花链状方式和快速放置方式。

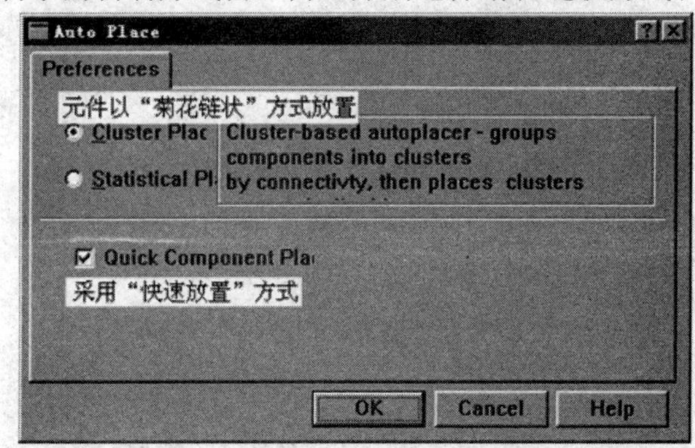

图9-7　设置自动布局方式

(3) 单击【OK】按钮，启动自动布局过程，使重叠在一起的元件彼此分离(如图9-8所示)为随后进行的手工预布局提供方便。

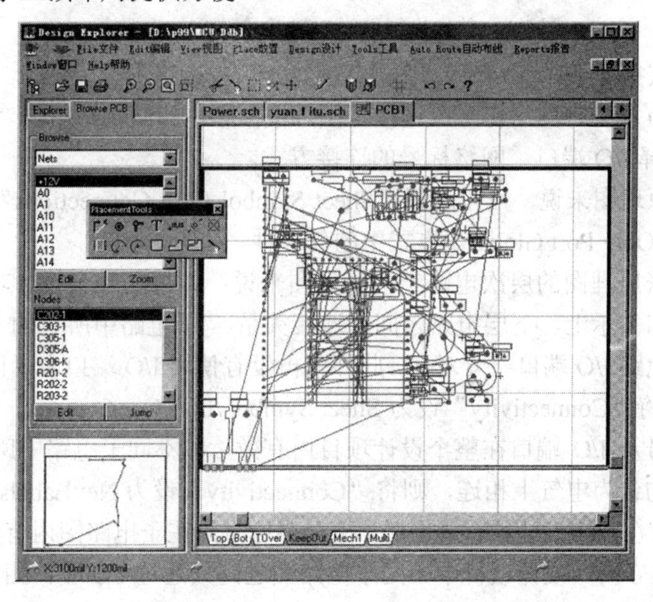

图9-8　执行“自动布局”后重叠在一起的元件已彼此分离

9.2.2　通过更新方式生成印制板文件

在编辑印制板前，必须先编辑好原理图文件。有关原理图文件的编辑方法，在前面已介绍过，这里不再重复。

1. 通过“更新”方式生成PCB文件

在原理图编辑状态，执行【Design】菜单下的【Update PCB…】命令，生成相应的PCB

文件。首次执行更新 PCB 命令时，将给出如图 9-9 所示的提示信息。

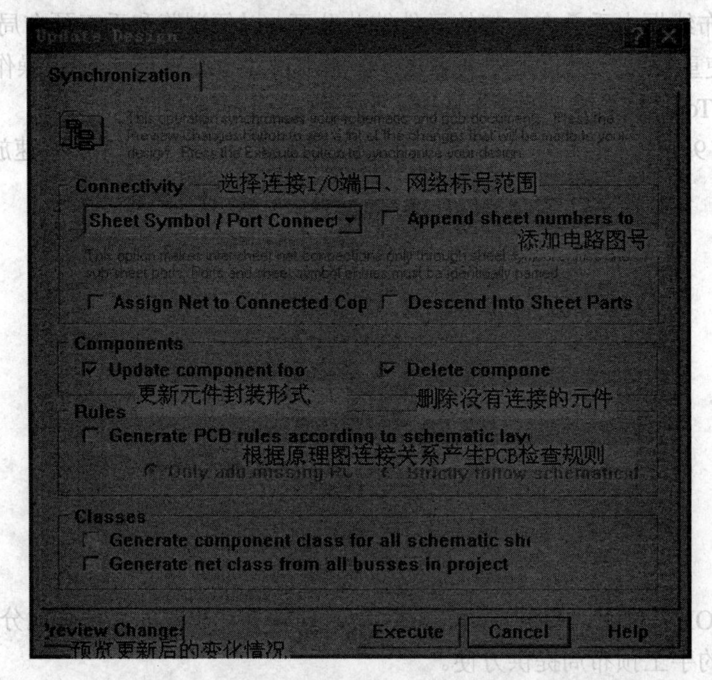

图 9-9 首次执行更新 PCB 命令弹出的设置窗

各选项设置依据如下：

(1) 选择“I/O 端口、网络标号”连接范围。根据原理图结构，单击“Connectivity”(连接)下拉按钮，选择 I/O 端口、网络标号的连接方式。

对于单张电原理图来说，可以选择“Sheet Symbol /Port Connections”、“Net Labels and Port Global”和“Only Port Global”方式中的任一种。

对于含有多张原理图的层次电路结构原理图来说：如果在整个设计项目(.prj)中，只用方块电路 I/O 端口表示上、下层电路之间的连接关系，(子电路中所有的 I/O 端口与上一层原理图中的方块电路 I/O 端口一一对应，此外就再没有使用 I/O 端口表示同一原理图中节点的连接关系)，则将“Connectivity”设为 Sheet Symbol /Port Connections。

如果网络标号及 I/O 端口在整个设计项目内有效，即不同子电路中所有网络标号、I/O 端口相同的节点均认为电气上相连，则将“Connectivity”设为 Net Labels and Port Global。

如果 I/O 端口在整个设计项目内有效，而网络标号只在子电路图内有效，即在原理图编辑过程中，严格遵守同一设计项目中不同子电路图之间只通过 I/O 端口相连，不通过网络标号连接，即网络标号只表示同一电路图内节点之间的连接关系时，则将“Connectivity”设为 Only Port Global。

(2) “Components”(元件)选择。当“Update component Footprint”选项处于选中状态时，将更新 PCB 图中元件封装；当“Delete components”选项处于选中状态时，将删除原理图中没有连接的孤立元件。

(3) 根据需要选中“Generate PCB rules according to schematic layer”选项及其下面的选项。

2. 预览更新情况

单击“Change”标签(或单击【Preview Change】按钮)，观察更新后的改变情况，如图 9-10 所示。

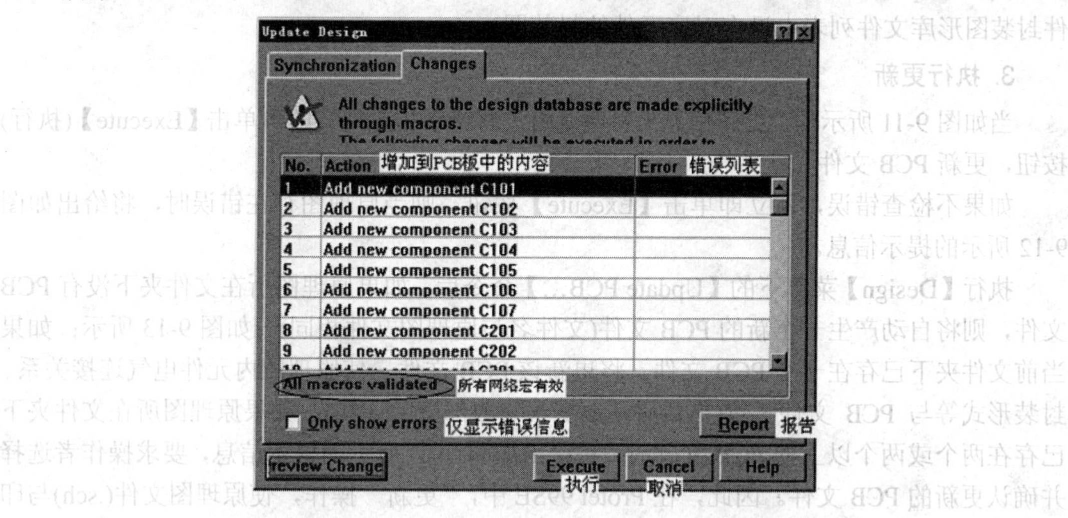

图 9-10　更新信息

如果原理图中存在缺陷，则图 9-10 中的错误列表窗口内将给出错误原因，同时更新列表窗下将提示错误总数，并增加“Warning”(警告)标签，如图 9-11 所示。

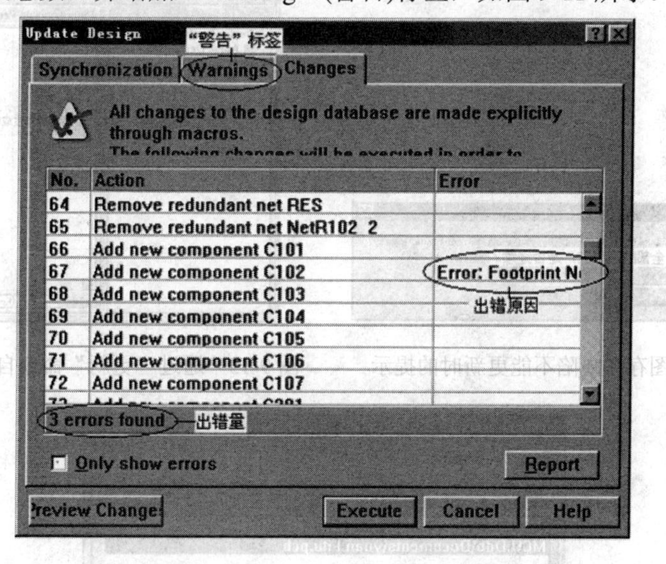

图 9-11　原理图不正确时的更新信息

这时必须认真分析错误列表窗口内的提示信息，找出出错原因，并按下【Cancel】按钮，放弃更新；返回原理图编辑状态，更正后再执行更新操作，直到更新信息列表窗内没有报告出错为止。

常见的出错信息、原因以及处理方法如下：

(1) Component not found(没有元件发现)，原因是原理图中指定的元件封装形式在封装图形库文件(.lib)中没有找到。

(2) Node not found(没有发现焊盘)，原因可能是元件电气图形符号引脚编号与元件封装图引脚编号不一致。

(3) Footprint XX not found in Library(元件封装图形库中没有XX封装形式)，原因是元件封装图形库文件列表中没有对应元件的封装图。

3. 执行更新

当如图9-11所示的“更新信息”列表窗内没有错误提示时，即可单击【Execute】(执行)按钮，更新PCB文件。

如果不检查错误，就立即单击【Execute】按钮，则当原理图存在错误时，将给出如图9-12所示的提示信息。

执行【Design】菜单下的【Update PCB…】命令后，如果原理图所在文件夹下没有PCB文件，则将自动产生一个新的PCB文件(文件名与原理图文件相同)，如图9-13所示；如果当前文件夹下已存在一个PCB文件，将更新该PCB文件，使原理图内元件电气连接关系、封装形式等与PCB文件一致(更新后不改变未修改部分的连线)；如果原理图所在文件夹下已存在两个或两个以上的PCB文件时，将给出如图9-14所示的提示信息，要求操作者选择并确认更新的PCB文件。因此，在Protel 99SE中，“更新”操作，使原理图文件(.sch)与印制板文件(.pcb)保持一致。

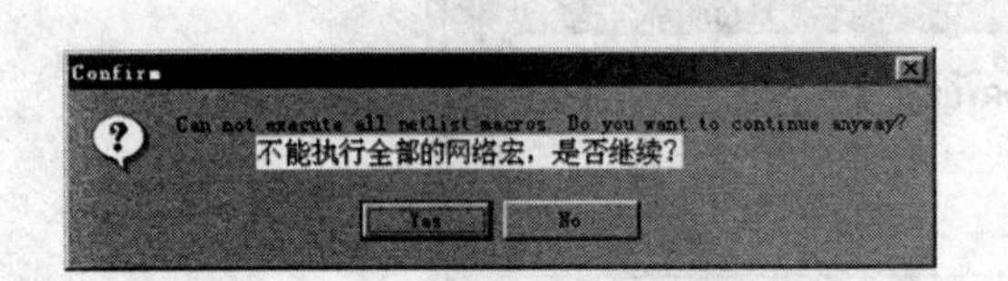

图9-12 原理图存在缺陷不能更新时的提示

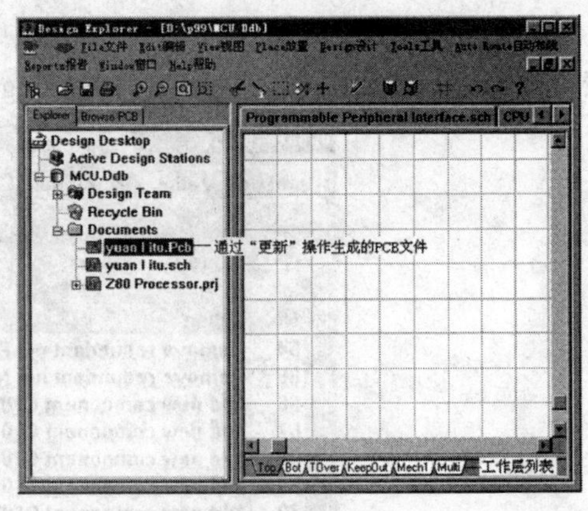

图9-13 通过“更新”命令自动生成的PCB文件

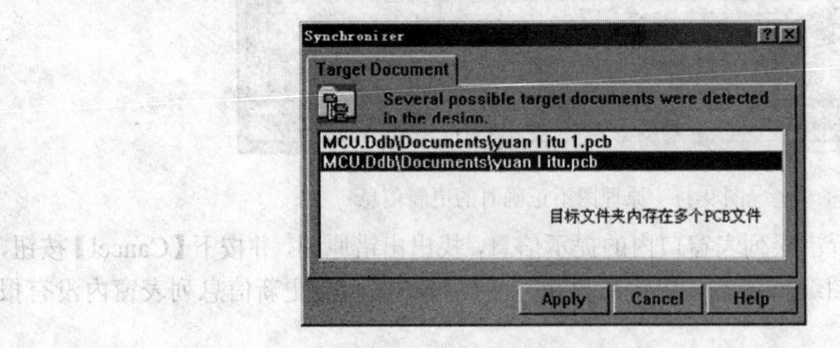

图9-14 选择需要更新的PCB文件

如果在图9-11中没有错误，则更新后，原理图文件中的元件封装图将呈现在PCB文件编辑区内，如图9-15所示。可见，在Protel 99SE中并不一定需要网络表文件。

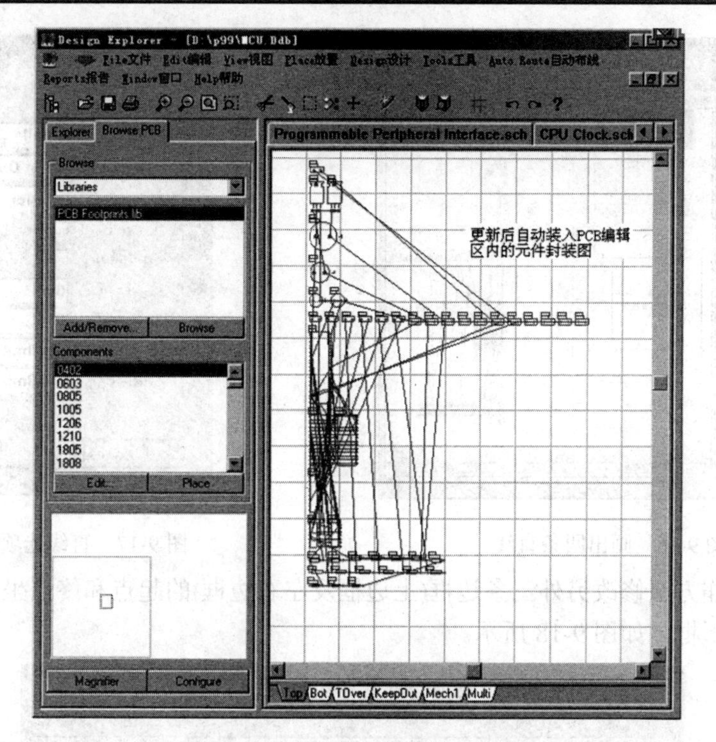

图 9-15　自动装入了元件封装图

4. 在禁止布线层内设置布线区

根据印制板形状及大小，在禁止布线层(Keep Out Layer)内，用“导线”、“圆弧”等工具画出一个封闭的图形，作为印制电路板布线区。在设置布线区时，尺寸可以适当大一些，以方便手工调整元件布局操作，待完成元件布局后，再根据印制板标准尺寸系列、印制板安装位置，确定布线区的最终形状和尺寸。

在禁止布线层内绘制印制电路板布线区边框的操作过程如下：

(1) 单击印制板编辑区下边框的【Keep Out】按钮，切换到禁止布线层。

(2) 在禁止布线层内绘制布线区边框时，单击“导线”工具，可用重复“单击→移动”的操作方式画出一个封闭多边形框。

但由于电路边框直线段较长，为了便于观察，往往缩小了很多倍来显示，精确定位困难，因此在禁止布线层内绘制电路板边框时，可采用如下步骤进行：

(1) 单击放置工具栏中的“导线”工具。

(2) 在禁止布线层内，通过“移动、单击左键固定起点→移动、单击左键固定终点→单击右键结束”的操作方式，在元件封装图附件分别画出四条直线段，如图 9-16 所示。在绘制这四条边框线时，可以暂时不必关心其准确位置和长度，甚至不关心这四条线段是否构成一个封闭的矩形框。

(3) 单击“放置”工具栏内的“设置原点”工具(或执行【Edit】菜单下的【Origin】/【Set】命令)，将光标移到绘图区内适当位置，并单击鼠标左键，设置绘图区原点。

(4) 将鼠标移到直线上，双击左键，进入“导线”选项属性设置窗，修改直线段的起点和终点坐标，如图 9-17 所示，然后单击【OK】按钮。

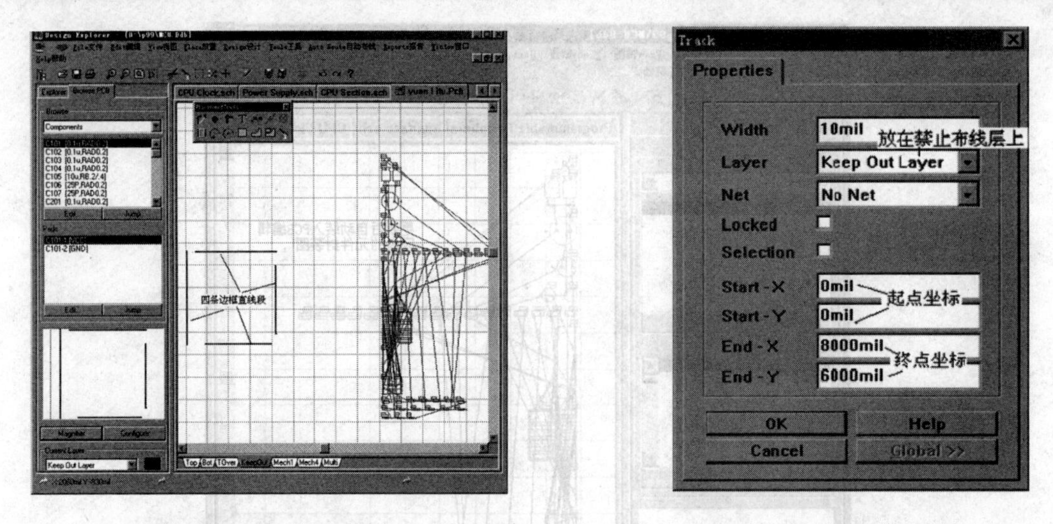

图 9-16　画出四条直线　　　　图 9-17　直线选项属性设置窗

用同样操作方法修改另外三条边框(上边框及左右边框)的起点和终点坐标后，即可获得一个封闭的矩形框，如图 9-18 所示。

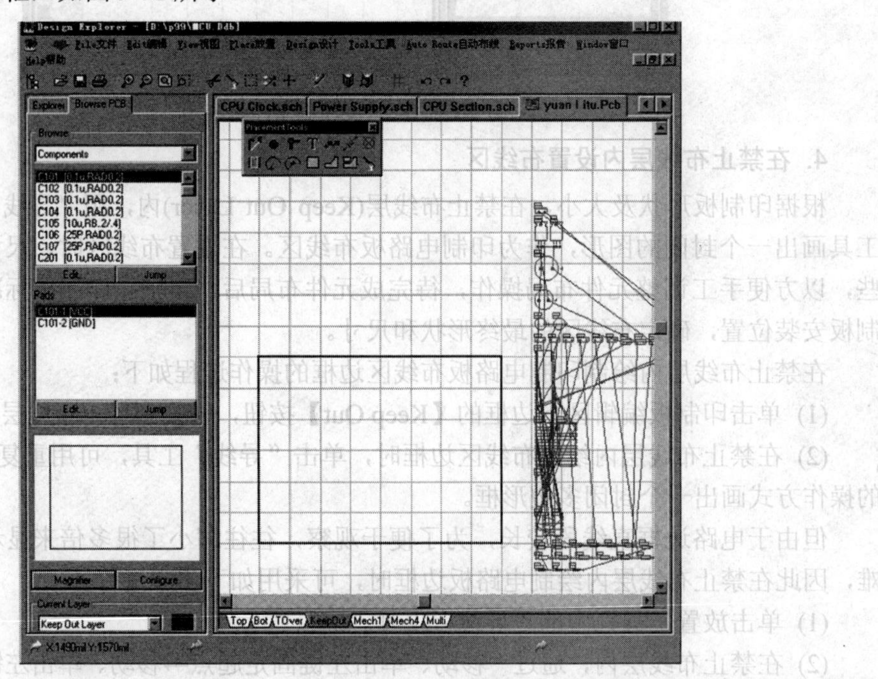

图 9-18　修改四条直线段起点和终点坐标后获得的矩形框

9.3　设置工作层

执行【Design】菜单下的【Update PCB…】命令(或执行【File】菜单下的【New…】命令)生成的 PCB 文件，仅自动打开了 Top(元件面)、Bottom(焊锡面)、Keep Out(禁止布线层)、Mech1(机械层 1)及 Multi(多层重叠)。

由于电路系统中集成电路芯片较多，需要使用双面电路板，操作过程如下：

(1) 执行【Design】菜单下的【Options】命令，并在弹出的“Document Options”(文档选项)窗内，单击“Layers”标签，在如图 9-20 所示的窗口选择工作层。

(2) 由于是双面板，只需选择信号层中的“Top”(顶层，即元件面)、“Bottom”(底层，即焊锡面)，关闭中间信号层。

(3) 为了降低 PCB 生产成本，只在元件面上设置丝印层(除非有特殊要求)。因此，在“Silkscreen”选项框内，只选择“Top”。

(4) 假设所有元件均采用传统穿通式安置方式，没有使用贴片式元件，因此也就不用“Paste Mask”(焊锡膏)层。

(5) 打开阻焊层选项框的“Bottom”和“Top”，即两面都要上阻焊漆。

(6) 在“Other”选项框内，选中“Connent”(元件连接关系)复选项，以便在 PCB 编辑区内显示出表示元件电气连接关系的“飞线”，因为在手工调整布局时，通过“飞线”即可直观地判断是否需要旋转元件方向。

(7) 选择“DRC Error”(设计规则检查)复选项，这样在移动元件、印制导线、焊盘、过孔等操作过程中，当两个导电图形(印制导线、焊盘或过孔)间距小于设定值时，与这两个节点相连的导线、焊盘等显示为绿色，提示这两个导电图形间距不够。

(8) 单击图 9-19 中的“Options”标签，选择可视栅格大小(一般设为 20 mil)、形状(线条)以及格点锁定距离(一般设为 10 mil)，然后单击【OK】按钮，关闭“Document Options”设置窗。

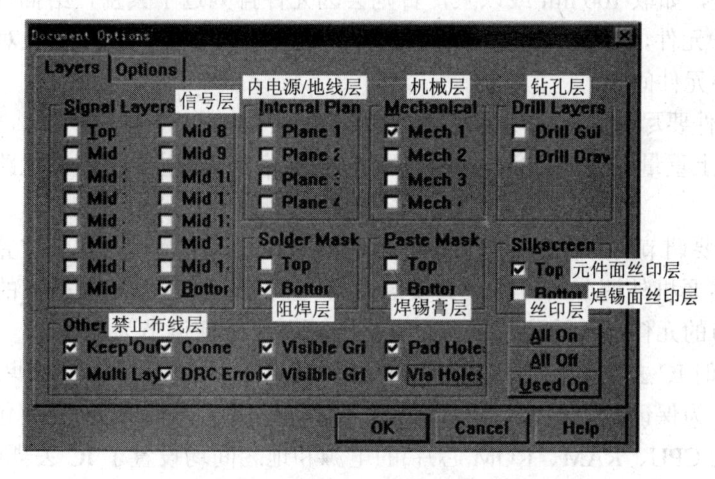

图 9-19　选择 PCB 编辑器的工作层

9.4　PCB 布局

9.4.1　PCB 布局过程及原则

1. 布局过程

对于一个元件数目多、连线复杂的印制板来说，全依靠手工方式完成元件布局耗时多，效果还不一定好(主要是连线未必最短)；而采用“自动布局”方式，连线可能最短，但又未必满足电磁兼容要求，因此一般先按印制板元件布局规则，用手工方式放置好核心元件、输入/输出信号处理芯片、对干扰敏感元件以及发热量大的功率元件，然后再使用“自动布局”命令，放置剩余元件，最后再用手工方式对印制板上个别元件位置做进一步调整。总之，印制板元件布局对电路性能影响很大，绝对不能马虎。

2. 布局原则

尽管印制板种类很多，功能各异，元件数目、类型也各不相同，但印制板元件布局还是有章可循的。

元件位置安排的一般原则：

(1) 在 PCB 设计中，如果电路系统同时存在数字电路、模拟电路以及大电流电路，则必须分开布局，使各系统之间耦合达到最小。

(2) 元件离印制板边框的最小距离必须大于 2 mm，如果印制板安装空间允许，最好保留 5 mm～10 mm 的距离。

(3) 元件放置方向。在印制板上，元件只能沿水平和垂直两个方向排列，否则不利于插件。

(4) 元件间距。中等密度印制板、小元件，如小功率电阻、电容、二极管、三极管等分立元件彼此的间距与插件、焊接工艺有关。当采用自动插件和波峰焊接工艺时，元件之间的最小距离可以取(50～100)mil(即(1.27～2.54)mm)；而当采用手工插件或手工焊接时，元件间距要取大一些，如取 100 mil 或以上，否则会因元件排列过于紧密，给插件、焊接操作带来不便。大尺寸元件，如集成电路芯片，元件间距一般为(100～150)mil。对于高密度印制板，可适当减小元件间距。

(5) 热敏元件要尽量远离大功率元件。

(6) 电路板上重量较大的元件应尽量靠近印制电路板支撑点，使印制电路板翘曲度降至最小。

(7) 对于需要调节的元件，如电位器、微调电阻、可调电感等的安装位置应充分考虑整机结构要求：需要机外调节的元件，其安装位置与调节旋钮在机箱面板上的位置要一致；而需要机内调节的元件，其放置位置以打开机盖后即可方便调节为原则。

(8) 在布局时 IC 去耦电容要尽量靠近 IC 芯片的电源和地线引脚，否则滤波效果会变差。在数字电路中，为保证数字电路系统可靠工作，在每一数字集成电路芯片(包括门电路和抗干扰能力较差的 CPU、RAM、ROM 芯片)的电源和地之间均设置了 IC 去耦电容。

(9) 时钟电路元件应尽量靠近 CPU 时钟引脚。数字电路尤其是单片机控制系统中的时钟电路，最容易产生电磁辐射，干扰系统其他元器件。

9.4.2 手工预布局

按元件布局一般规则，用手工方式安排并固定核心元件、输入信号处理芯片、输出信号驱动芯片、大功率元件、热敏元件、数字 IC 去耦电容、电源滤波电容、时钟电路元件等的位置，为自动布局做准备。

在 PCB 编辑器窗口内，通过移动、旋转元件等操作方法，即可将特定元件封装图移到指定位置。操作方法与在 SCH 编辑器窗口内移动、旋转元件的操作方法完全相同。

1. 粗调元件位置

当印制板上元件数目较多、连线较复杂时，先按元件布局规则大致调节印制板上的元件位置，操作过程如下：

(1) 执行【View】菜单下的【Connections】/【Hidden All】命令，隐藏所有飞线。

(2) 单击【Browse】按钮，在浏览选项列表窗内选择"Components"作为浏览对象，此时 PCB 编辑器窗口状态如图 9-20 所示。

(3) 按上面列举的元件布局规则，优先安排核心元件及重要元件(U101、U102、U103、U104)的放置位置。

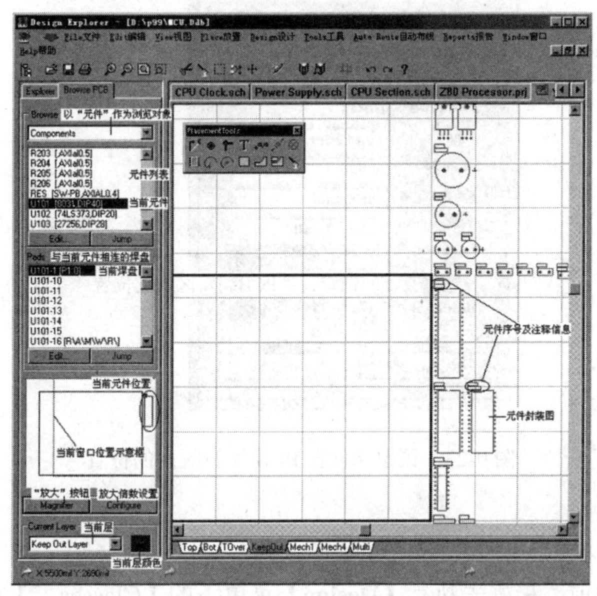

图 9-20　以元件作为浏览对象的 PCB 窗口

(4) 完成了核心元件及各重要元件的初步定位，如图 9-21 所示，按同样方法放置位置有特殊要求的元件，如时钟电路(Y101、C106、C107)、输出信号驱动芯片(U201、U202)、复位按钮(RES)、电源整流二极管(D301～D304)、三端稳压集成块(U301、U302)等移到指定位置，如图 9-22 所示。

(5) 执行【View】菜单下的【Connections】/【Show All】命令，显示所有飞线。

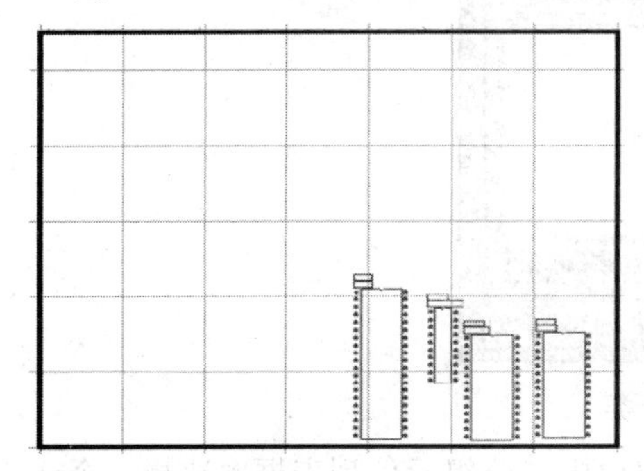

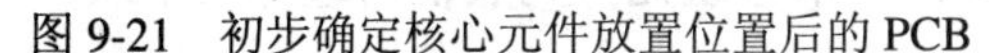

图 9-21　初步确定核心元件放置位置后的 PCB

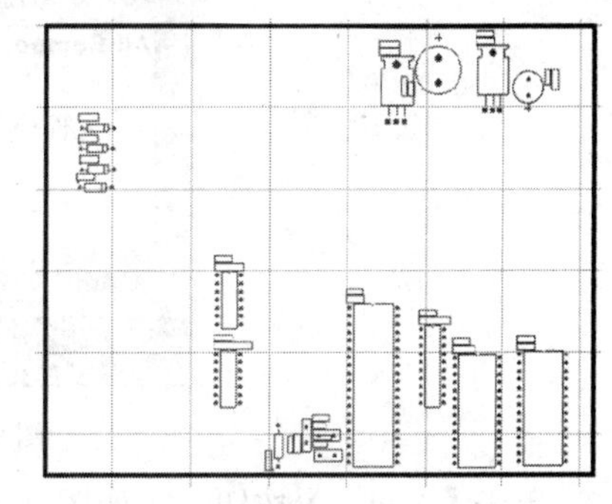

图 9-22　初步确定了放置位置有特殊要求的元件

2. 进一步细调放置位置有特殊要求的元件

借助飞线，利用移动、旋转等操作方法，对元件放置位置做进一步调节，使飞线交叉尽可能少。

3. 固定放置位置有特殊要求的元件

确定了核心元件、重要元件以及对放置位置有特殊要求的元件的位置后，可直接逐一双击这些元件，在如图 9-23 所示的元件属性窗口内，选中“Locked”选项，单击【OK】按钮，退出元件属性窗口，以固定元件在 PCB 编辑区内的位置。

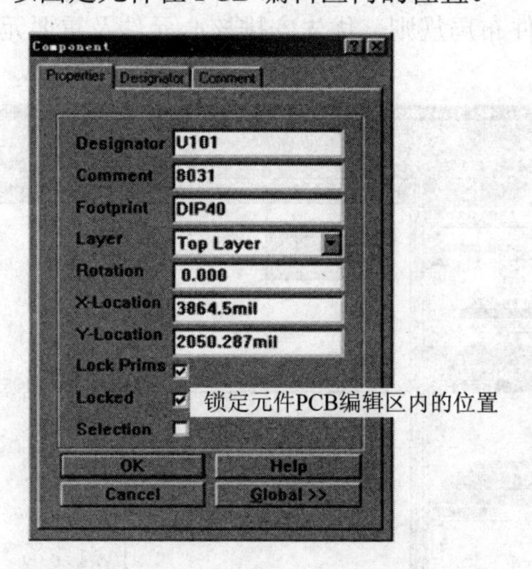

图 9-23　锁定元件在 PCB 编辑区内的位置

9.4.3　元件分类

自动布局、布线前，最好先执行【Design】菜单下的【Classes…】命令，对有特殊要求的元件、节点进行分类，以便在自动布局、自动布线参数设置中，对特定类型的元件、节点选择不同布局、布线方式。下面以元件分类为例，介绍元件、节点分类的操作过程：

(1) 单击【Design】菜单下的【Classes…】命令，在如图 9-24 所示的窗口内，单击“Component”标签，对元件进行分类。

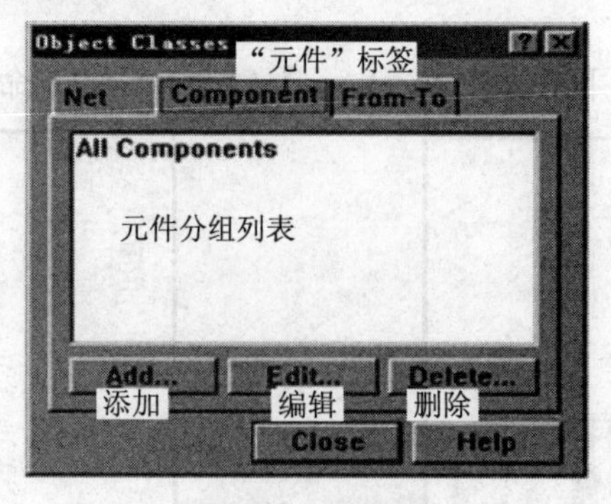

图 9-24　元件分类

(2) 单击【Add…】按钮，在如图 9-25 所示的窗口中未分组元件列表框内选择一个或一批元件后(单击某一元件后，按下【Shift】键不放，再单击另一元件，即可同时选中相邻的元件；按下【Ctrl】键不放，不断单击目标，即可同时选中彼此不相邻的多个元件)，再单击添加选中按钮，即可将左窗口中未分组元件加入到右窗口中组内元件列表内，在“Name”文本框内输入类名“Class 1”，如图 9-26 所示。

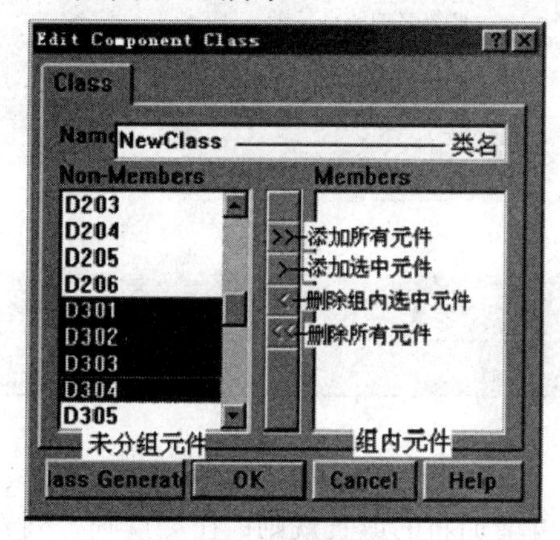

图 9-25 编辑组内元件

(3) 单击【Close】按钮，即可将整流二极管 D301～D304 放入到 Class 1 元件组中。

必要时，重复上述操作，对其他元件再分组。单击图 9-26 中某元件组后，再单击【Edit】按钮，编辑组内元件。

图 9-26 新生成的元件组

9.4.4 自动布局参数设置

在自动布局操作前，必须先设置自动布局参数，以下介绍其操作过程。

1. 设置元件自动布局间距

在 PCB 编辑状态下，单击【Design】菜单下的【Rules…】(规则)命令；在“Design Rules”(设计规则)窗口内，单击“Placement”(放置规则)标签，然后在如图 9-27 所示的窗口内，单击“Rule Classes”(规则分类)列表窗内的“Component Clearance Constraint”(元件间距)设置项，即可观察到元件间距设置信息。

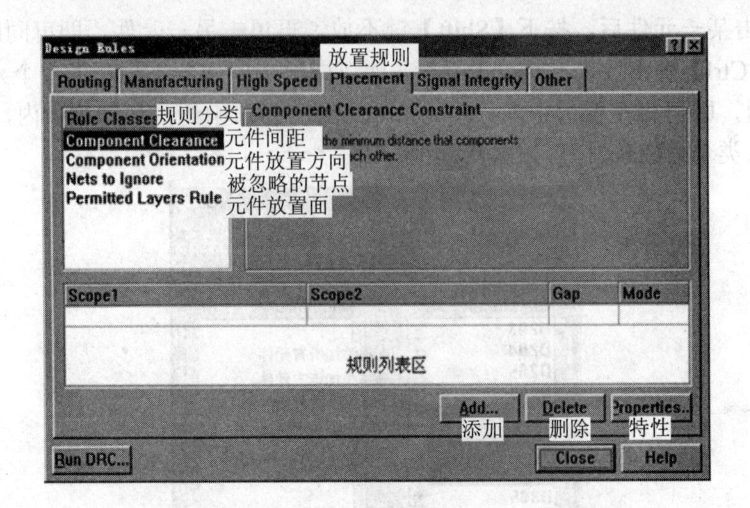

图 9-27　设置元件放置间距

单击【Add…】按钮，可增加新的放置规则；在“规则”列表窗口内，单击某一特定规则后，单击【Delete】按钮，即可删除选定的规则；单击【Properties】按钮，可编辑选定的规则。

当没有指定元件放置间距时，自动布局时默认的元件间距为 10 mil。根据需要，单击图 9-27 中的【Add…】按钮，在如图 9-28 所示的窗口内，即可增加自动布局过程中元件间距约束规则。

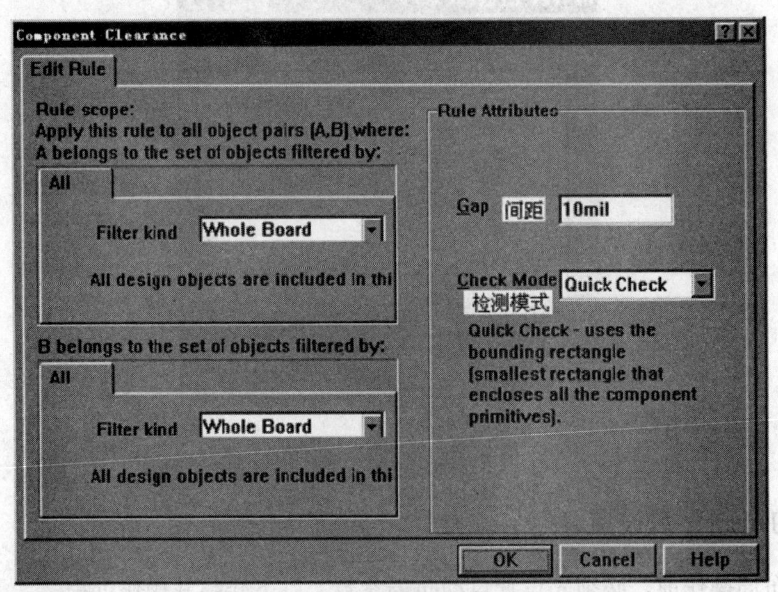

图 9-28　设置元件安全间距及作用范围

2. 设置元件放置方向

在如图 9-27 所示的窗口中，单击“Rule Classes”列表窗下的“Component Orientations Rule”(元件放置方向)，再在如图 9-29 所示的窗口内，重新设定、修改元件放置方向。

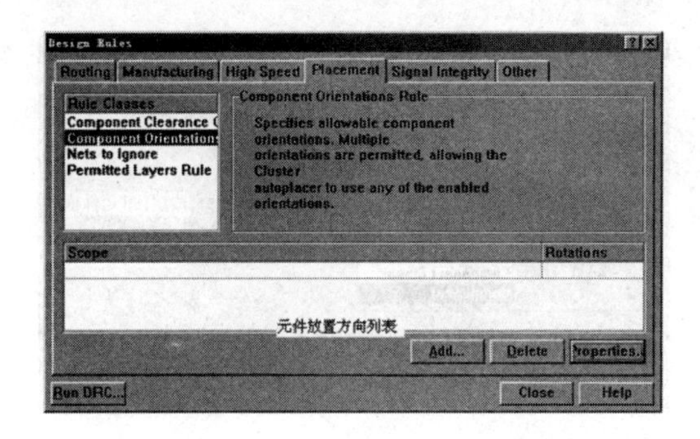

图 9-29　元件放置方向规则列表

单击【Add…】按钮，在如图 9-30 所示的窗口中，即可增加新的放置规则。

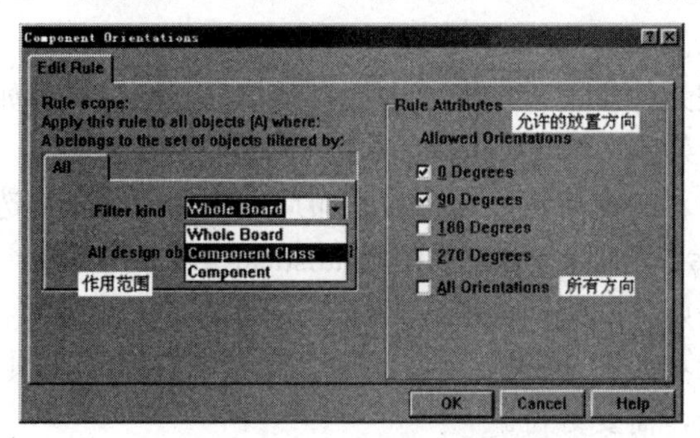

图 9-30　设置元件放置方向

3. 设置元件放置面

在双面板、多面板中，元件一般放置在元件面上，无须特定指定。但在单面板中，表面封装器件 SMD 只能放在焊锡面内，因此需要指定元件放在元件面上还是焊锡面上。

在如图 9-27 所示的窗口中，单击“Rule Classes”列表窗下的“Permitted Layers Rule”(元件放置面)，再在如图 9-31 所示窗口内，重新设定、修改元件放置面。

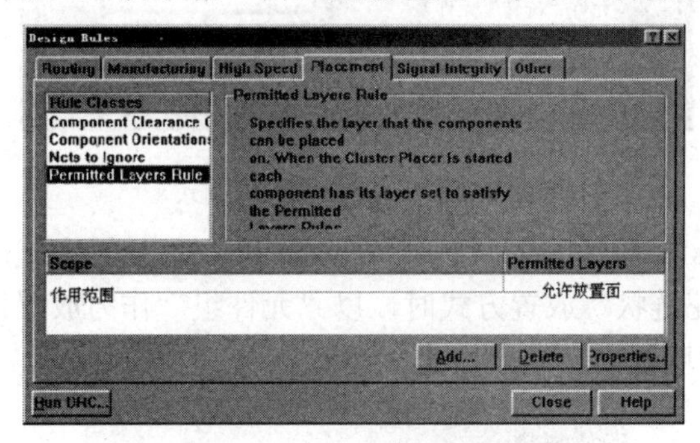

图 9-31　元件放置面信息

按如下步骤操作后，自动布局时，指定元件将放在焊锡面内：单击如图 9-31 所示窗口内的【Add…】按钮；出现如图 9-32 所示的窗口，单击“Filter kind”列表框右侧下拉按钮，并选中“Component”；在随后出现的元件列表框内，找出并单击目标元件；然后选中“Rule Attributes”(规则属性)窗口内的“Bottom Layer”复选项，再单击【OK】按钮。

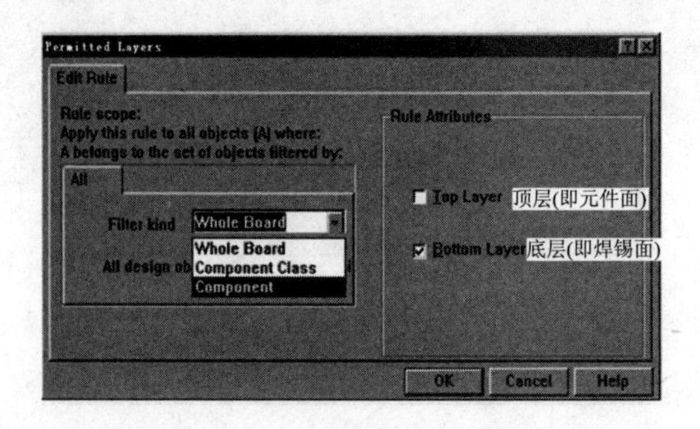

图 9-32　设置元件放置面

9.4.5　自动布局

确定并固定了关键元件位置后，即可进行自动布局，操作过程如下：

(1) 执行【Tools】菜单下的【Auto Place】(自动放置)命令。

(2) 在如图 9-34 所示的窗口内，选择自动布局方式和自动布局选项。

① 在“Preferences”选项框内，选择“Statistical Place”(统计学)放置方式时，以连线距离最短作为布局效果好坏的判断标准。

统计学放置方式选项如图 9-33 所示，可通过禁止/允许以下选项干预布局结果，因此布局效果较好，但耗时长，需要等待。

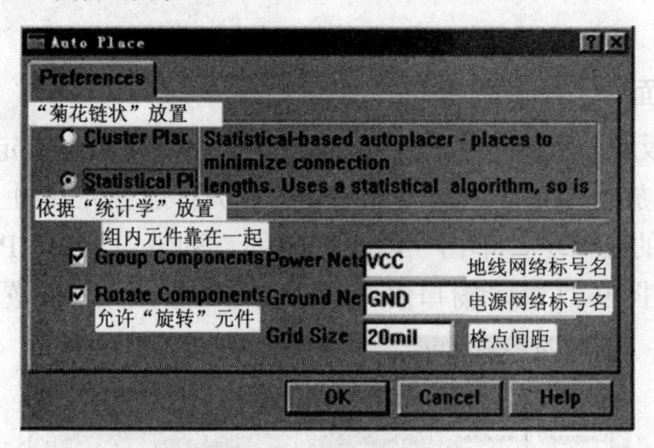

图 9-33　选择自动布局方式

② 在“Preferences”选项框内，选择“Cluster Place”放置方式时，自动布局选项如图 9-34 所示。采用“菊花链状”放置方式时，以“元件组”作为放置依据，即只将组内元件放在一起，因此布局速度较快，结果如图 9-35 所示。

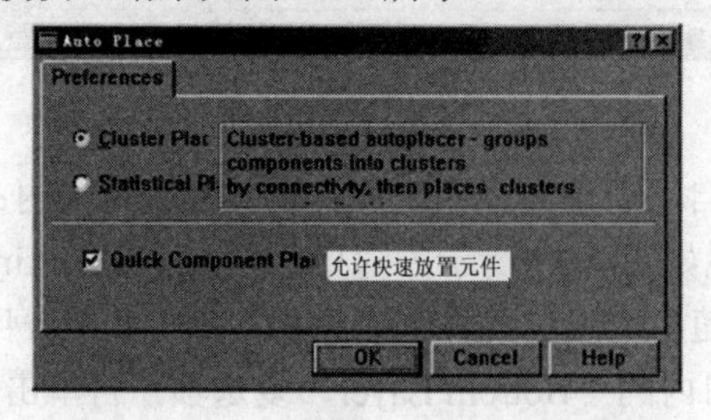

图 9-34　“菊花链状”放置方式选项

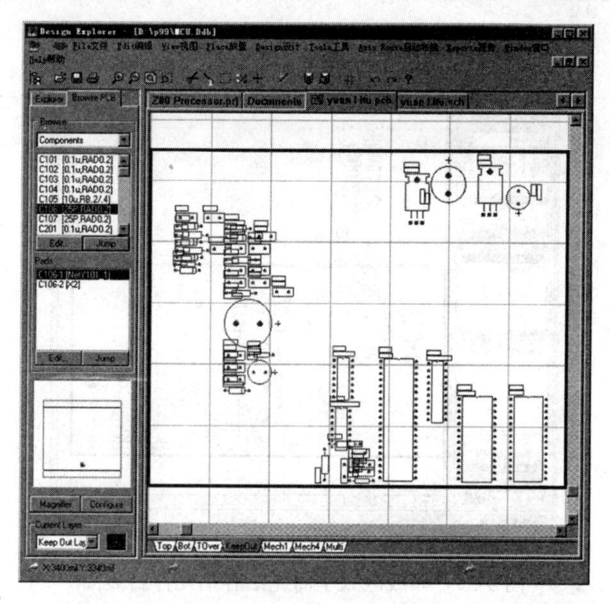

图 9-35　采用“菊花链状”放置方式的自动布局结果

(3) 选择元件放置方式和有关自动布局选项后，单击【OK】按钮，即可启动元件自动布局过程。在以“统计学”作为元件放置方式的自动布局过程中，Protel 99SE 自动在 PCB 文件所在文件夹内创建 Place n(n 为 1，2，3，…)临时文件，并存放自动布局状态和最终结果，如图 9-36 所示。

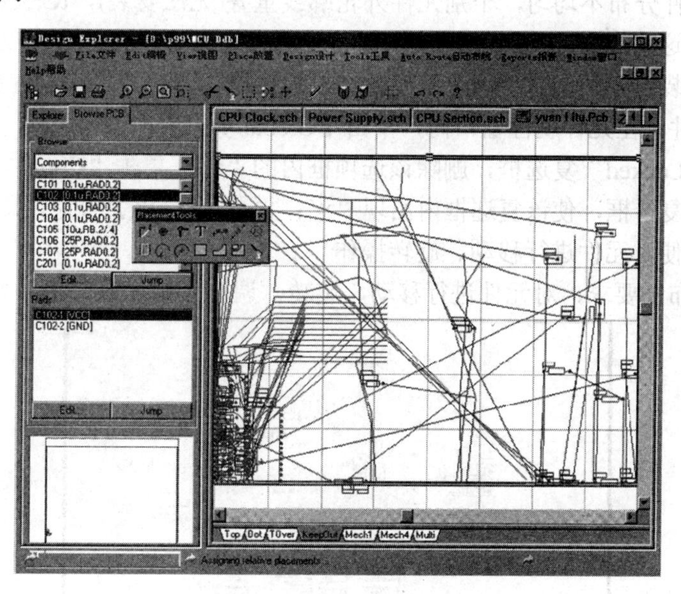

图 9-36　元件自动布局状态

(4) 元件自动布局操作结束后，将自动更新 PCB 元件窗口内元件位置，如图 9-36 所示。在自动布局过程中，当布线区太小，无法按设定距离放置原理图内所有元件封装图时，则在布局结束后将发现个别元件放在禁止布线区外，如图 9-37 所示。出现这种情况后的解决办法是在禁止布线层内，修改构成布线区直线段、圆弧的长度，增大边框后，再自动布局。

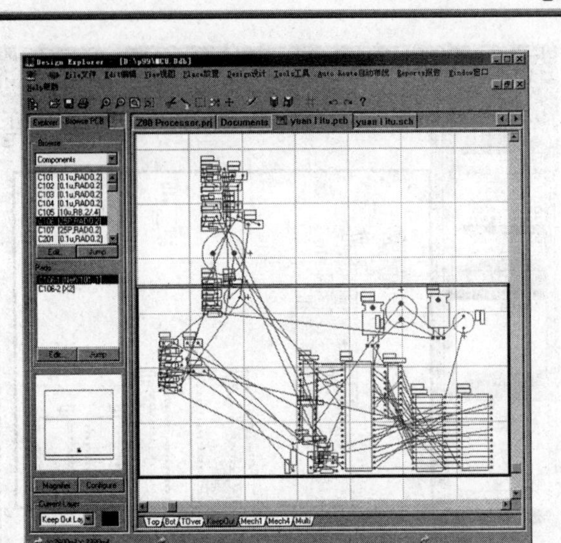

图 9-37　布线区太小而无法容纳元件封装图

9.4.6　手工调整元件布局

1. 粗调元件位置

经过预布局、自动布局操作后，元件在印制板上相对位置大致确定，但还有许多不尽人意之处，如元件分布不均匀，个别元件外轮廓线重叠(无法安装)，IC 去耦电容与 IC 芯片距离太远等等，这些尚需要用手工进一步调整元件位置。有时自动布局仅仅是为了将重叠在一起的元件封装图分开，为手工调整元件布局提供方便而已。操作过程如下：

(1) 双击元件，在元件属性窗口内，单击【Global>>】选项按钮；在“Properties”标签窗口内，单击“Locked”复选框，删除该选项框内的“√”；单击“Copy Attributes”选项框内的“Locked”复选框，使该复选框内出现“√”；再单击【OK】按钮，即可解除所有元件的锁定属性，以便对元件进行移动、旋转操作。

(2) 按元件布局要求，对元件进行移动、旋转，调整元件位置，结果如图 9-38 所示。

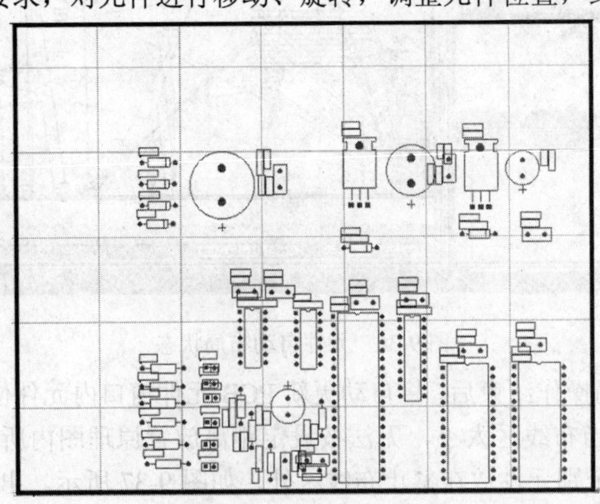

图 9-38　初步布局结果

2. 元件位置精确调整

经过预布局、自动布局及手工调整等操作后，印制板上元件的位置已基本确定，如图 9-38 所示，但元件位置、朝向尚未最后确定，还需要通过移动、旋转、整体对齐等操作方式；仔细调节元件位置，最后再执行元件引脚焊盘对准格点操作，然后才能连线。精密调节元件位置的操作过程如下：

(1) 暂时隐藏元件序号、注释信息。

(2) 执行【View】菜单下的【Connections】/【Show All】命令，显示所有飞线，如图 9-39 所示。

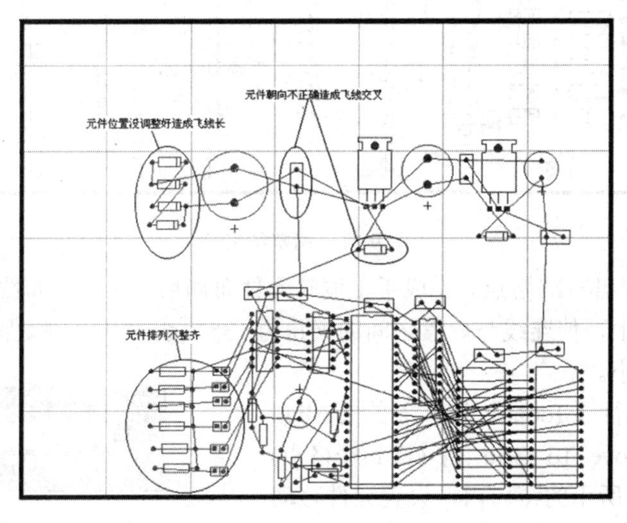

图 9-39　显示所有飞线

旋转、对齐操作方法与 SCH 编辑器相同，这里不再详细介绍。例如，选定了图 9-39 中电阻 R201～R206 后，执行【Tools】/【Align Components】/【Align…】命令，在如图 9-40 所示的“Align Components”(排列元件)设置窗口内指定排列方式，再单击【OK】按钮，即可使已选定的元件按设定的方式重新排列。

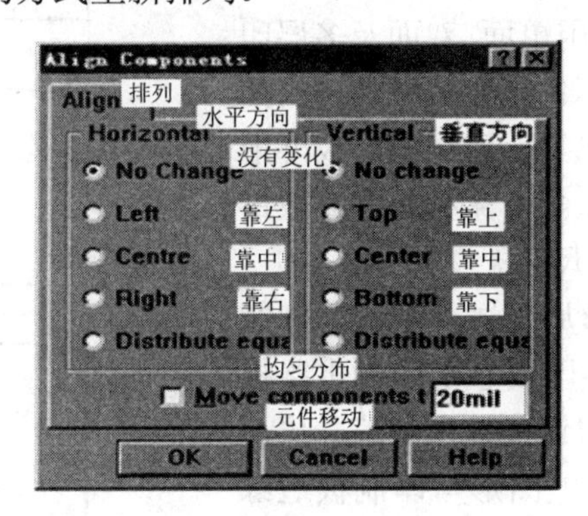

图 9-40　排列元件设置窗

经过反复旋转、选定、对齐操作后，即可获得如图 9-41 所示的调整结果。可见同一行上的元件已靠上或靠下对齐，同一列上的元件已靠左或靠右对齐，交叉的飞线数目已很少。可以认为，手工调整布局基本结束。

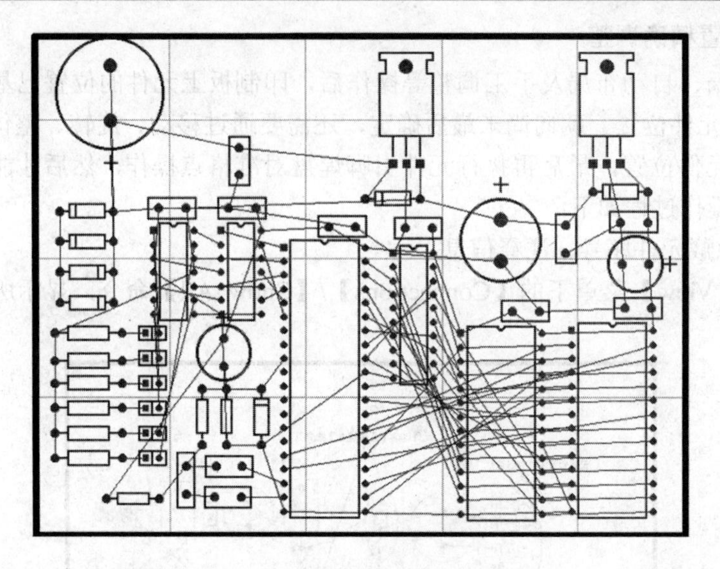

图9-41 调整结果

(3) 元件引脚焊盘对准格点。完成手工调整元件布局后，在自动布线前，必须将元件引脚焊盘移到栅格点上，使连线与焊盘之间的夹角为135°或180°，以保证连线与元件引脚焊盘连接处电阻最小。

操作方法：执行【Tools】菜单下的【Align Components】/【Move To Grid…】(移到栅格点)命令，在如图9-42所示的窗口内，设置元件移动距离，即可将所有元件引脚焊盘移到栅格点上。

图9-42 设置移动距离

(4) 选择电路板外形尺寸。根据布局结果及印制电路板外形尺寸国家标准GB 9316－88规定，选择电路板外形尺寸，并重新调整电路板布线区大小。

GB 9316－88规定了通用单面、双面及多层印制电路板外形尺寸系列(但不包括箱柜中使用的插件式印制电路板)。一般情况下，印制电路板外形为矩形，如图9-43所示，该尺寸系列是电路板最大外形尺寸，而不是布线区尺寸。

为防止印制电路板外形加工过程中触及印制导线或元件引脚焊盘，布线区要小于印制电路板外形尺寸。每层(元件面、焊锡面及内部信号层、内电源/地线层)布线区的导电图形与印制板边缘距离必须大于1.25 mm(约50 mil)。对于采用导轨固定的印制电路板，其导电图形与导轨边缘的距离要大于2.5 mm(约100 mil)，如图9-44所示。

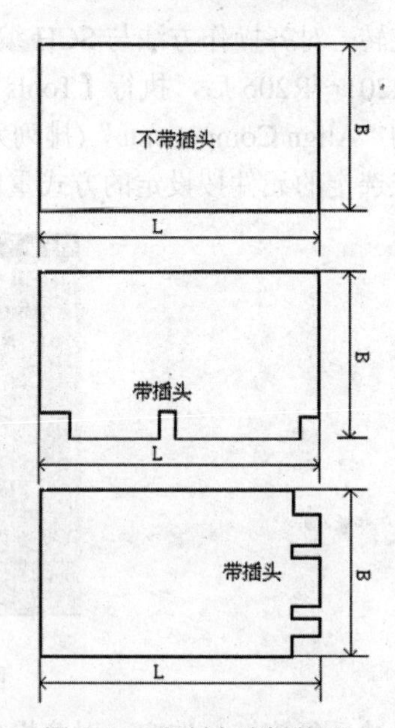

图9-43 印制电路板外形

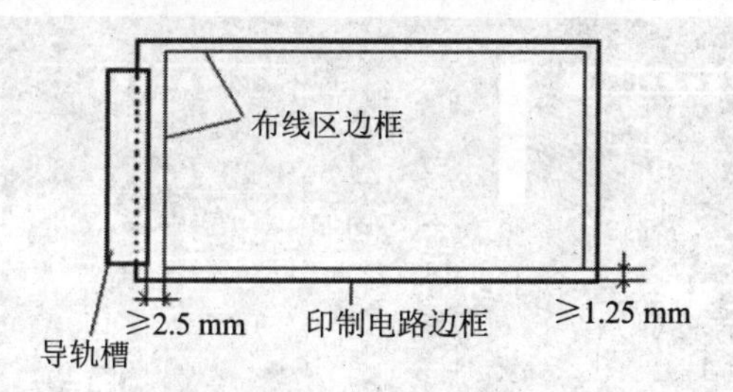

图 9-44　印制电路板外边框与布线区之间的最小距离

(5) 根据印制板最终尺寸，利用“导线”、“圆弧”等工具在机械层 4 内分别绘制出印制电路板外边框和对准孔，如图 9-45 所示。

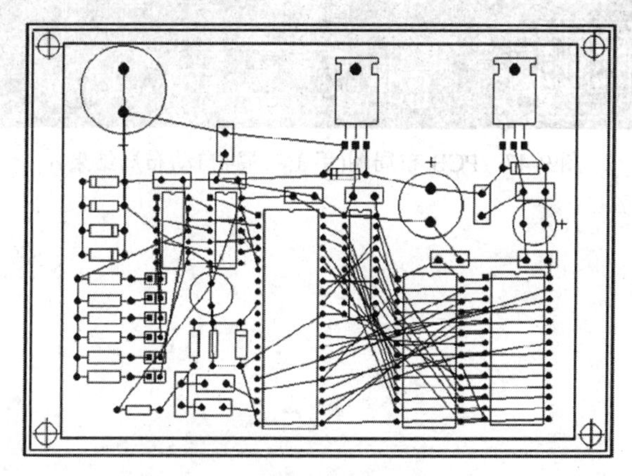

图 9-45　在机械层 4 内画出了印制板边框(双线)和对准孔

习　　题

1. 绘制 MCU51PCB 板框，在机械层绘制物理边界为 6100 mil × 3000 mil，在禁止布线层绘制电气边界，距物理边界四周 50 mil。

2. 装入相应的封装库，将元件封装调入 MCU51PCB 设计窗口并进行自动布局，元件封装之间的距离为 30 mil。

3. 按照 PCB 板图参考图 9-46 及图 9-47，进行手工布局。

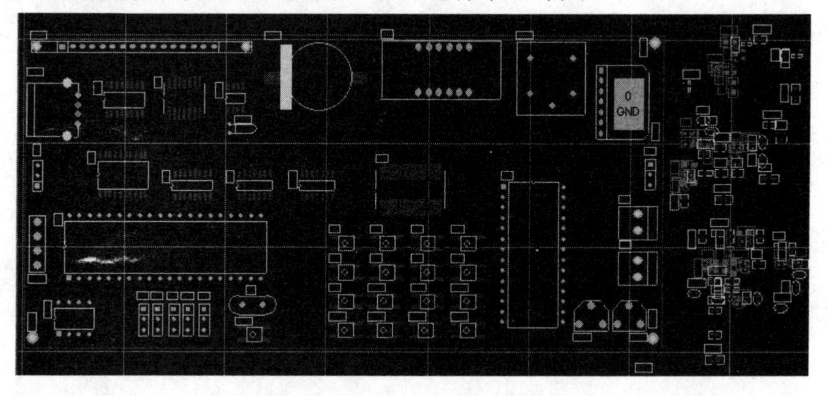

图 9-46　PCB 布局图(手工布局)

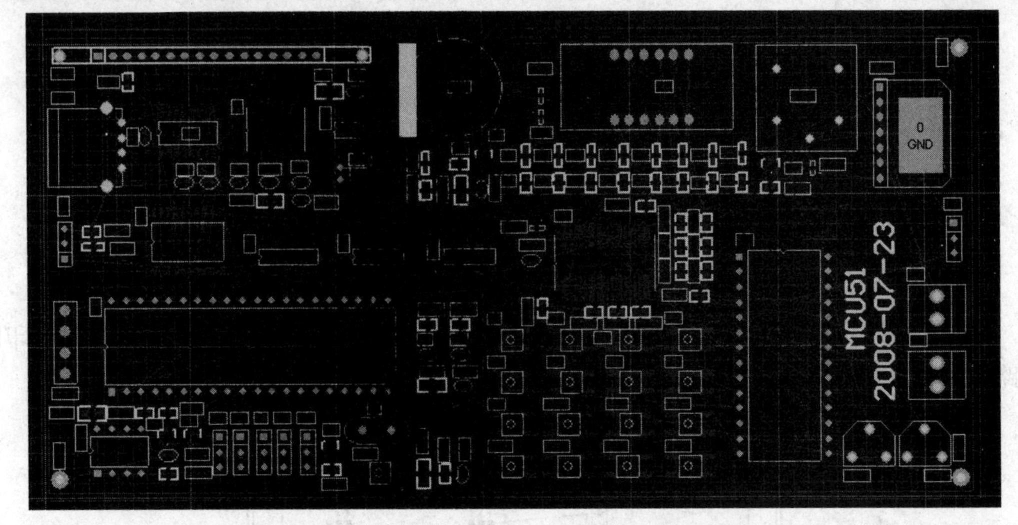

图 9-47　PCB 布局图(手工布局+自动布局结果)

第 10 章

PCB 设计与布线

本章主要介绍了 PCB 设计中最重要的两个部分：设计规则和自动布线。单片机开发系统电路见图 10-1。

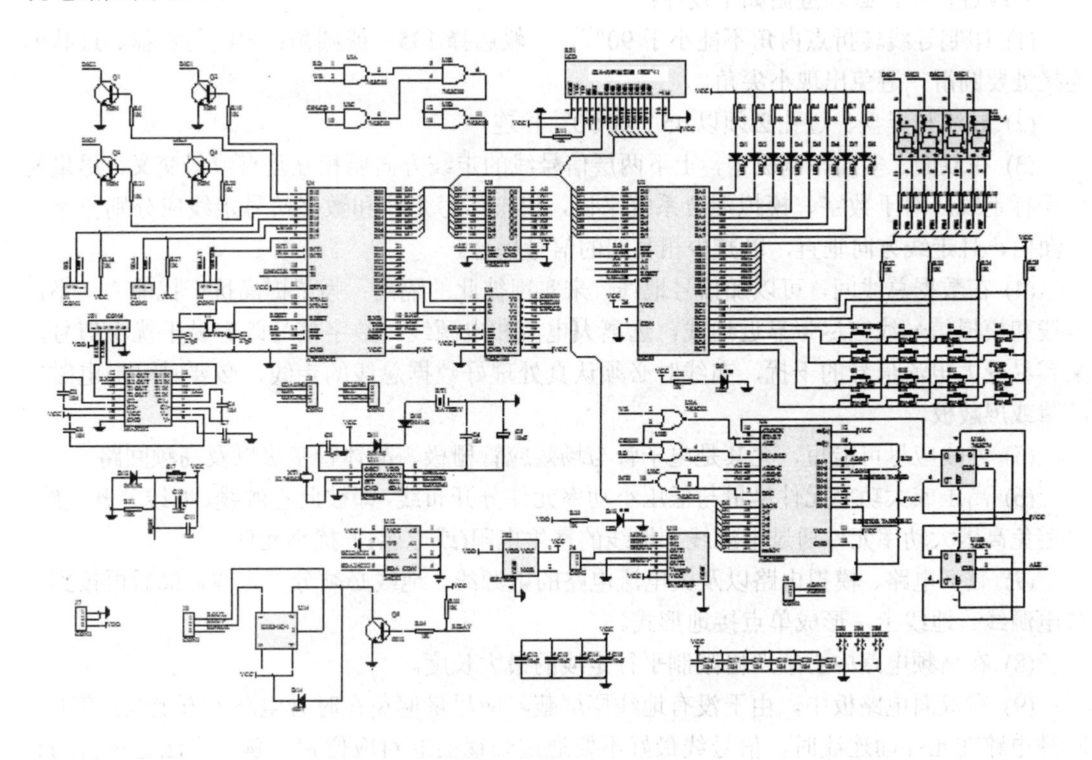

图 10-1　单元机开发系统电路

设计规则部分详细介绍设计规则的功能；自动布线部分主要介绍自动布线所采用的布线策略。另外，本模块还介绍设计规则、自动布线及 PCB 文件输出等相关知识。

本章主要内容包括：

- PCB 的工作环境
- 从原理图到 PCB 的连接
- PCB 的布局设计规则
- PCB 的手工与自动布局

10.1 设置自动布线规则

印制板编辑、设计是电子设计自动化最后的也是最关键的环节，换句话说，原理图编辑是印制板编辑、设计的前提和基础。

印制板的自动布线是根据系统的设计规则来进行的，而设计规则是否合理直接影响布线质量和布通率。

10.1.1 布线的基本要求及过程

1. 布线规则

布线过程中，必须遵循如下规律：

(1) 印制导线转折点内角不能小于 90°，一般选择 135° 或圆角；导线与焊盘、过孔的连接处要圆滑，避免出现小尖角。

(2) 导线与焊盘、过孔必须以 45° 或 90° 相连。

(3) 在双面、多面印制板中，上下两层信号线的走线方向要相互垂直或斜交叉，尽量避免平行走线；对于数字、模拟混合系统来说，模拟信号走线和数字信号走线应分别位于不同面内，且走线方向垂直，以减少相互间的信号耦合。

(4) 在数据总线间，可以加信号地线，来实现彼此的隔离；为了提高抗干扰能力，小信号线和模拟信号线应尽量靠近地线，远离大电流和电源线；数字信号既容易干扰小信号，又容易受大电流信号的干扰，布线时必须认真处理好数据总线的走线，必要时可加电磁屏蔽罩或屏蔽板。

(5) 连线应尽可能短，尤其是电子管与场效应管栅极、晶体管基极以及高频回路。

(6) 高压或大功率元件尽量与低压小功率元件分开布线，即彼此电源线、地线分开走线，以避免高压大功率元件通过电源线、地线的寄生电阻(或电感)干扰小元件。

(7) 数字电路、模拟电路以及大电流电路的电源线、地线必须分开走线，最后再接到系统电源线、地线上，形成单点接地形式。

(8) 在高频电路中必须严格限制平行走线的最大长度。

(9) 在双面电路板中，由于没有地线层屏蔽，应尽量避免在时钟电路下方走线。例如，时钟电路在元件面连线时，信号线最好不要通过焊锡面的对应位置。解决方法是在自动布线前，在焊锡面内放置一个矩形填充区，然后将填充区接地。

(10) 选择合理的连线方式。

2. 布线过程

布线过程包括设置自动布线参数、自动布线前的预处理、自动布线、手工修改四个环节。其中自动布线前的预处理是指利用布线规律，用手工或自动布线功能，优先放置有特殊要求的连线，如易受干扰的印制导线、承受大电流的电源线和地线等；在时钟电路下方放置填充区，避免自动布线时，其他信号线经过时钟电路的下方。

10.1.2　自动布线规则设置

自动布线操作前，必须执行【Design】菜单下的【Rules…】命令，检查并修改有关布线规则，如走线宽度、线与线之间以及连线与焊盘之间的最小距离、平行走线最大长度、走线方向、敷铜与焊盘连接方式等是否满足要求，否则将采用缺省参数布线，但缺省设置难以满足各式各样印制电路板的布线要求。Design Rules(设计规则)设置窗包含"Routing"(布线参数)、"Manufacturing"(制造规则)、"High Speed"(高速驱动，主要用于高频电路设计)、"Placement"(放置)、"Signal Integrity"(信号完整性分析)及"Other"(其他约束)标签，如图 10-2 所示。

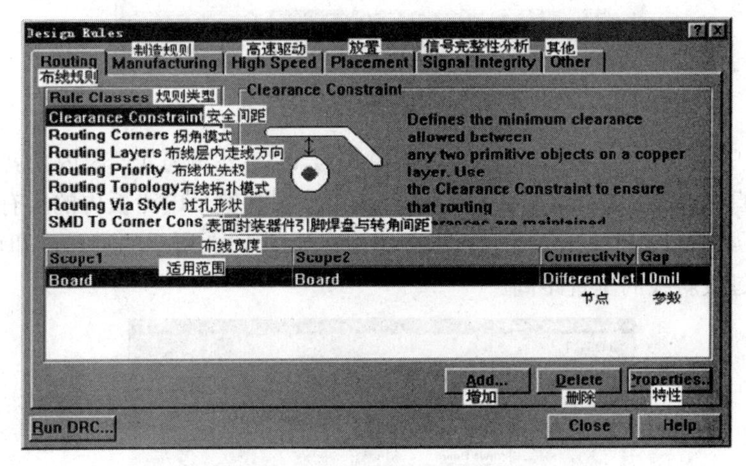

图 10-2　"Routing"(布线参数)设置标签

1. 设置布线参数

1) 布线与焊盘(包括过孔)之间的最小距离

执行【Design】菜单下的【Rules…】命令，在设计规则窗口内，单击"Routing"(布线参数)标签；在如图 10-2 所示的窗口内，单击"Rule Classes"(规则类型)列表窗下的"Clearance Constraint"(安全间距)规则，即可重新设定不同节点导电图形(导线与焊盘及过孔)之间的最小距离，如图 10-3 所示。

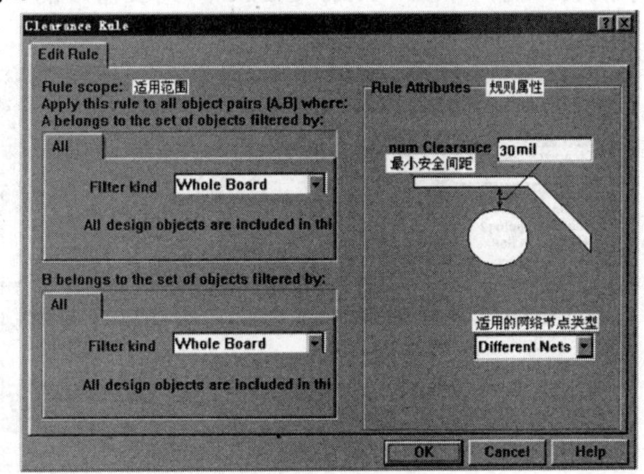

图 10-3　安全间距设置窗

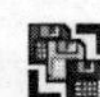

2) 选择印制导线转角模式

在如图 10-2 所示的窗口中，单击“Rule Classes”列表窗下的“Routing Corners”(布线拐角)，即可重新设定印制导线转角模式，如图 10-4 所示。

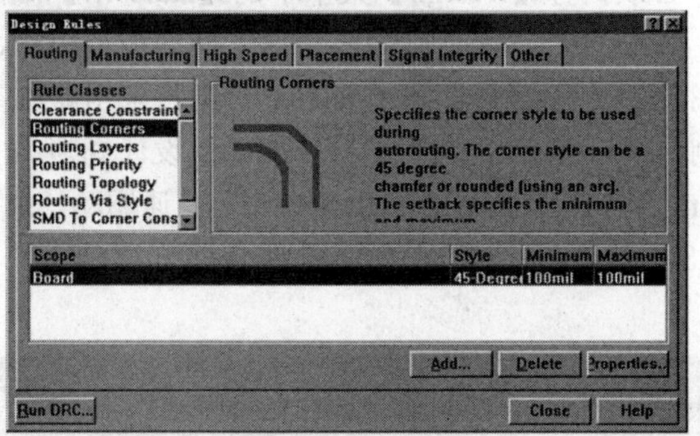

图 10-4 印制导线转角模式

从图 10-4 中可以看出：系统默认的转角模式为 45°(外角为 45°，内角就是 135°)，转角过渡斜线垂直距离为 100 mil(即 2.54 mm)，适用范围是整个电路板内的所有导线。

单击图 10-4 中的【Properties】(特性)按钮，在如图 10-5 所示的窗口内即可重新设置转角模式及转角过渡斜线的垂直距离。

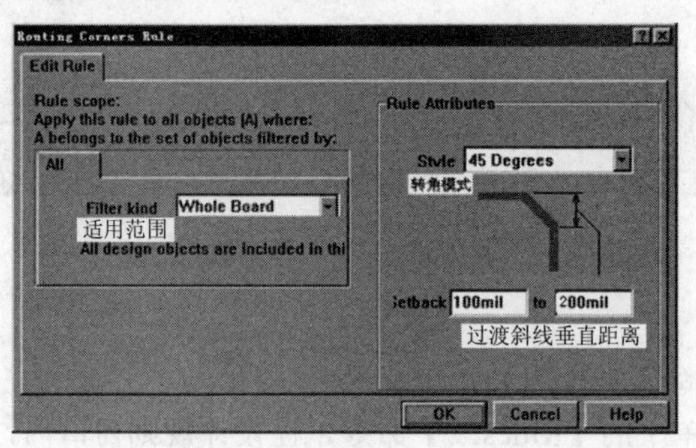

图 10-5 转角模式设置窗

3) 选择布线层及走线方向

在如图 10-2 所示的窗口内，单击“Rule Classes”列表窗下的“Routing Layers”(布线层)，即可弹出如图 10-6 所示的布线层选择窗口。

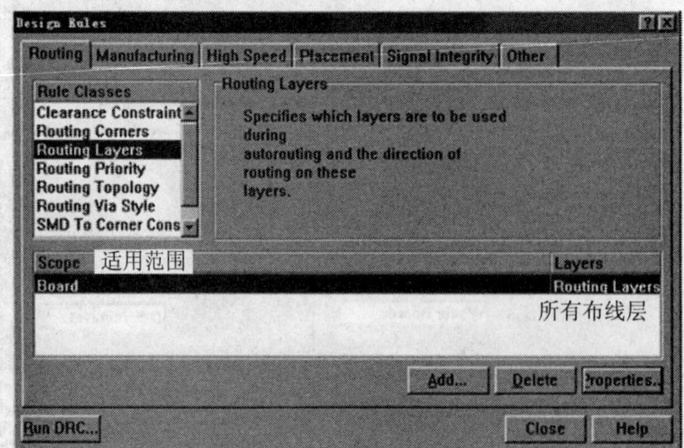

图 10-6 布线层

单击图中的【Properties】按钮，在如图 10-7 所示的窗口内，选择布线层和层内印制导线的走线方向。

缺省状态下，仅允许在顶层(Top Layer)和底层(Bottom Layer)布线，而中间层 1～14 处于关闭状态(Not Used)。

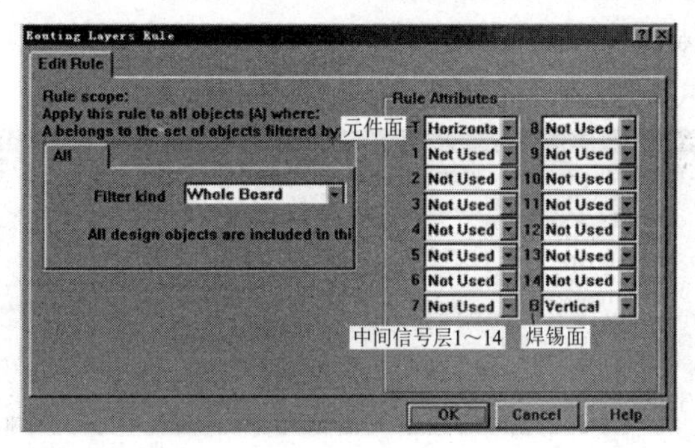

图 10-7 布线层及走线方向设置窗

4) 过孔类型及尺寸

在图 10-2 中，单击“Rule Classes”列表窗下的“Routing Via Style”(过孔类型)，即可弹出如图 10-8 所示的过孔当前状态窗口。

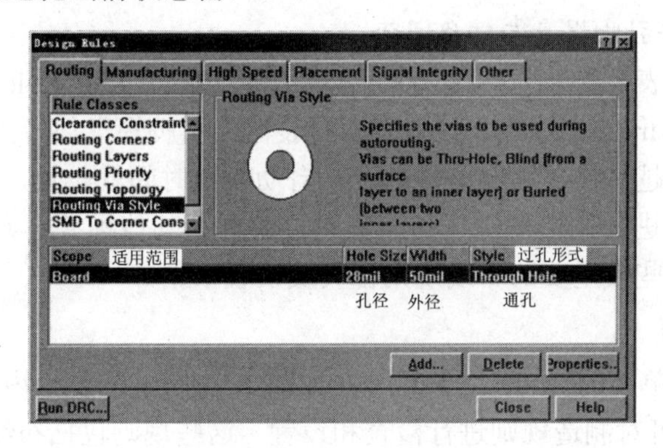

图 10-8 过孔状态窗口

单击图中的【Properties】按钮，在如图 10-9 所示的窗口内，即可重新设置过孔类型及尺寸。

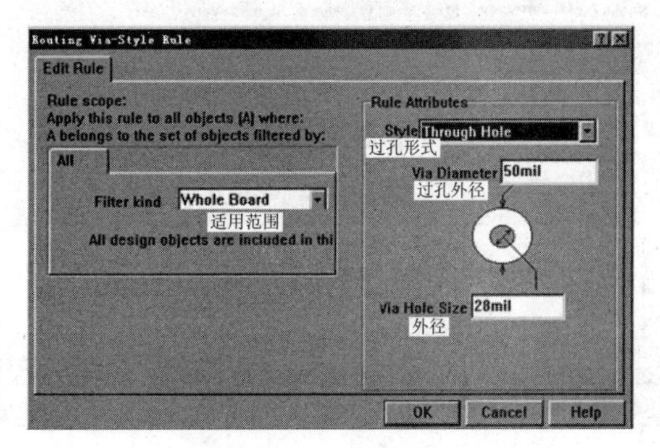

图 10-9 过孔设置窗口

5) 设置布线宽度

在自动布线前，一般均要指定整体布线宽度及特殊网络的，如电源、地线网络的布线宽度。设置布线宽度的操作过程如下：

设置没有特殊要求的印制导线宽度。在图 10-2 中，单击"Rule Classes"列表窗下的"Width Constraint"(布线宽度限制)，即可弹出如图 10-10 所示的布线宽度状态窗口。单击图中的【Properties】按钮，即可重新选择布线宽度。

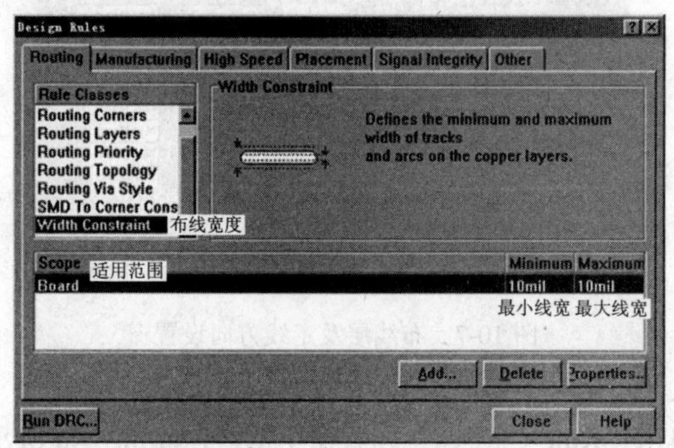

图 10-10 布线宽度状态窗口

6) 表面封装元件引脚焊盘与转角间距

如果印制板含有表面封装元件 SMD，可单击图 10-2 中的"Rule Classes"列表窗下的"SMD To Corner Constraint"选项，设置表面封装器件引脚焊盘与转角之间的距离。

设置的布线规则越严格，限制条件越多，自动布线时间就越长，布通率就越低。

根据需要还可以进入制造规则、高速驱动、放置和其他标签，设置有关布线参数，下面再简要介绍其中一些较重要的布线规则含义及设置依据。

2. 制造规则设置

执行【Design】菜单下的【Rules…】命令，在如图 10-2 所示的窗口内，单击"Manufacturing"(制造规则)标签，即可对制造规则进行检查和设置。这些规则包括布线夹角、焊盘铜环最小宽度、焊锡膏层扩展、敷铜层与焊盘连接方式、内电源/接地层安全间距、内电源/接地层连接方式、阻焊层扩展等，如图 10-11 所示。

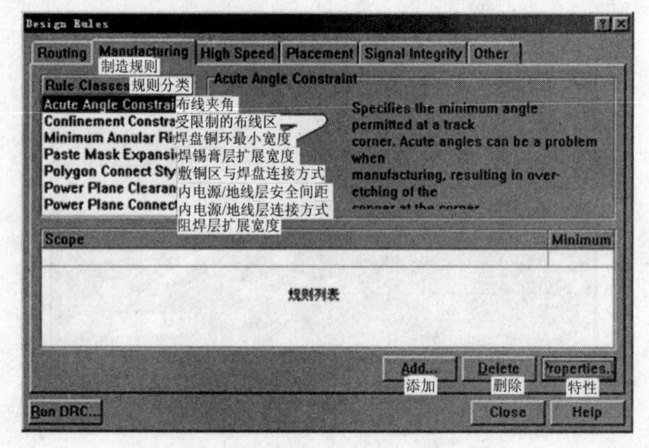

图 10-11 制造规则设置窗口

10.1.3　自动布线

经过以上处理后，就可以使用【Auto Route】菜单下的有关命令进行自动布线。这些命令包括【All】(对整个电路板自动布线)、【Net】(对一网络进行布线)、【Connection】(对某一连线进行布线)、【Component】(对某一元件进行布线)、【Area】(对某一区域进行布线)。在自动布线过程中，若发现异常，可执行该菜单下的【Stop】命令，则停止布线；通过【Pause】命令暂停布线；通过【Restart】命令重新开始。

全局自动布线操作过程如下：

(1) 单击主工具栏内的【Show Entire Document】(显示整个画面)按钮，以便在全局自动布线过程中能观察到整个布线画面。

(2) 执行【Auto Route】菜单下的【All】命令，启动自动布线进程，即可观察到如图 10-12 所示的自动布线进程。

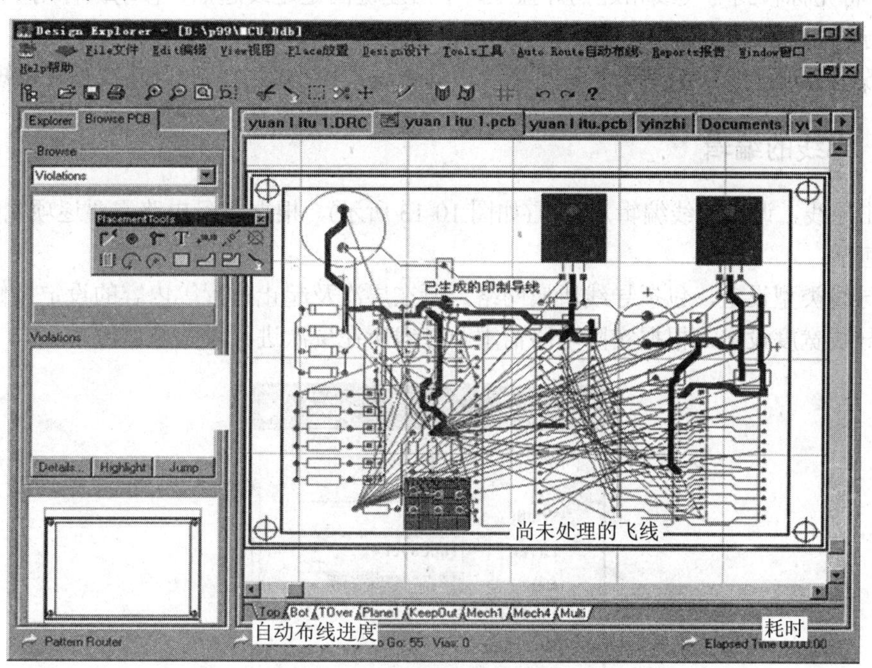

图 10-12　自动布线进程

10.2　手工修改布线

10.2.1　手工布线的基本操作

不论自动布线软件功能多么完善，自动布线生成的连线依然存在这样或那样的缺陷，如局部区域走线太密、过孔太多、连线拐弯多等，使布线显得很零乱、抗干扰性能变差。

1. 修改走线的方法

修改走线的基本方法是利用【Tools】菜单下的【Un-Route】命令组，如【Un-Route】/

【Net】、【Un-Route】/【Connection】和【Un-Route】/【Component】拆除已有连线，然后再通过手工或【Auto Route】菜单下的【Net】(对指定节点布线)、【Connection】(对指定飞线布线)、【Component】(对指定元件布线)等命令重新布线。

2. 修改拐弯很多的走线举例

下面介绍修改走线的操作过程：

(1) 执行【Tools】菜单下的【Un-Route】/【Connection】命令。

(2) 将光标移到待拆除的连线上。

(3) 单击鼠标左键，光标下的连线即可变为飞线。

(4) 单击编辑区下的特定工作层，选择连线所在层。

(5) 单击“放置”工具栏内的“导线”工具。

(6) 必要时，按下 Tab 键，在导线属性选项窗内选择导线宽度、锁定状态等选项。

(7) 将光标移到与飞线相连的焊盘上，单击左键固定连线起点，移动鼠标用手工方式绘制印制导线。

修改不合理连线后的结果。可见修改后的连线不仅拐弯少，而且连线长度也短了。

10.2.2　导线的编辑

双击导线，调出导线编辑对话框(如图 10-13 所示)，根据实际电路需要逐项完成导线的编辑，包括：

- 导线类型设定，包括导线所属网络，所在层次及起止位置等内容的设定及修改。
- 导线宽度设定，根据实际电路需求及导线所在层次进行设定及修改。

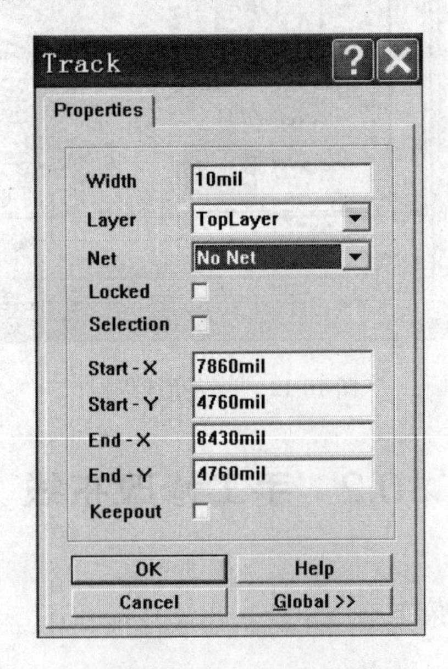

图 10-13　导线编辑对话框

10.3　设计规则检查

完成了电路板设计后，打印前最好执行【Tools】菜单下的【Design Rule Check…】(设计规则检查)命令，检验自动布线及手工调整后的电路板，是否违反了通过【Design】菜单下的【Rules…】命令设定的布线规则，操作过程如下：

1. 启动检查进程

执行【Tools】菜单下的【Design Rule Check…】命令，在如图 10-13 所示的检查选项设置窗内选择检查项目及检查结果报告文件名，再单击【Run DRC】按钮启动检查进程。

PCB 编辑器提供了“Report”(产生报告文件)和“On-Line”(在线检测，不产生报告文件，在印制板编辑区直接给出错误标记)两种检测方式，其中“Report”方式功能最完善。“Report”检测方式的检查项目如图 10-14 所示，其中：

(1) “布线规则检查项”，该项提供了以下选项：

“Clearance Constraint”(安全间距)检查选项。如果在工作参数设置窗内允许在线检测，则在自动布线和手工调整过程中，导电图形间距不会小于设定的安全间距。

“Max/Min Width Constraint”(最大/最小线宽限制)检查选项。

“Short Circuit Constraint”(最短走线)检查选项。

“Un-Routed Net Constraint”(检查没有布线的网络)。

(2) “高速驱动规则”检查项，该项提供了与高速驱动规则设置有关的检查项目。

(3) “制造规则”检查项，该项提供了最小夹角、最小焊盘等检查项目。

(4) “Dptions”选项。如果希望产生报告文件，则必须选择“创建检查报告”复选项。

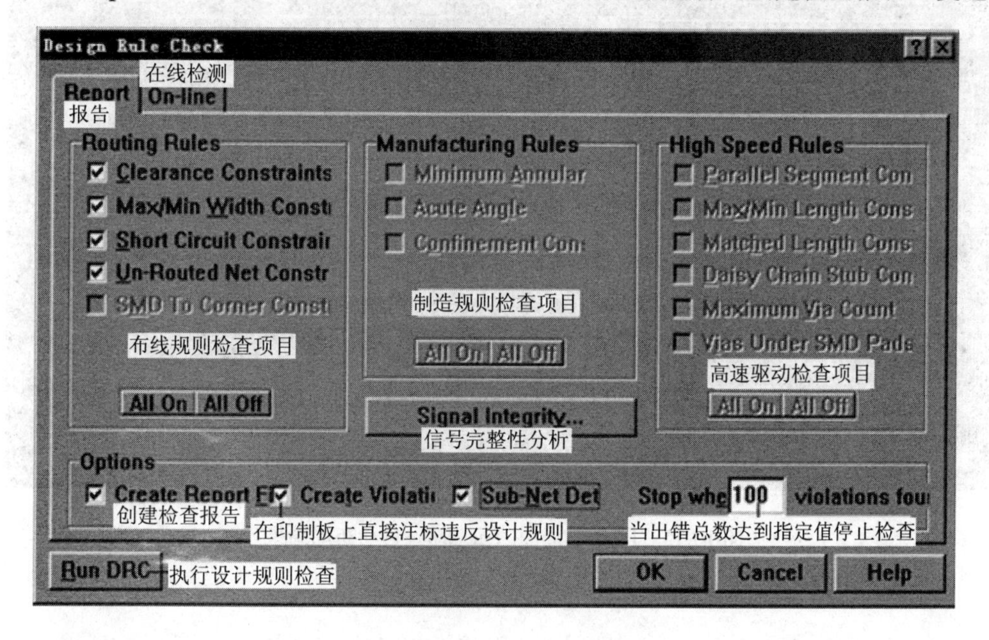

图 10-14　设计规则检查项目设置窗

运行设计规则检查后，在 PCB 文件夹内自动建立.drc 文件(文件名与 PCB 文件名相同)，存

放 DRC 检查结果。

为了方便查看检查结果，最好选择“在印制板上直接标记违反设计规则”的复选项。在这种情况下，不满足设计规则的连线、焊盘等均被打上标记(以绿色显示)。

2. 报告文件内容

如果选择产生报告文件，则检查结束后，PCB 编辑器自动进入文本状态，显示检查结果文件(扩展名为.drc)。

3. 分析并修正错误信息

认真分析报告文件中的错误信息，单击“设计文件管理器”窗口内的“Explorer”标签，再单击相应的 PCB 文件图标，返回 PCB 编辑器。单击 PCB 编辑器浏览对象下拉按钮，在浏览对象列表窗内，找出并单击“Violation”(违反规则)，将“Violation”作为浏览对象。

根据错误性质，灵活运用拆线、删除、移动、手工布线以及修改连线属性等编辑手段，修正所有致命性错误。

然后再运行设计规则检查，直到不再出现错误信息，或至少没有致命性错误为止。

习　题

1. 按照 PCB 板图参考图 10-15，进行自动布线，要求：线宽 12 mil，安全间距 12 mil，双层布线。

2. 根据自动布线结果，手工调整未布通的双面走线。

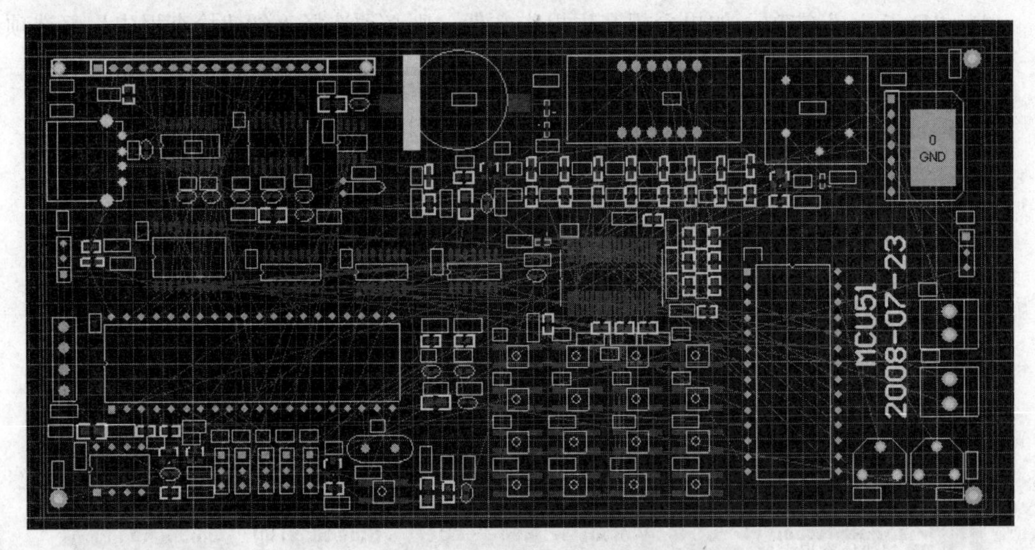

图 10-15　PCB 布局图(手工布局+自动布局结果)

PCB 设计的后续处理

11.1　高级布线技巧

11.1.1　更改元件封装和引脚连接关系

1. 更改元件封装

可以从原理图中修改元器件封装，重新产生网络表，通过加载网络表来修改 PCB 图封装，也可以直接从 PCB 中修改。

在 PCB 编辑器中，双击需修改的元件，进入元件属性对话框，在“Footprint”项中直接输入新的封装即可。

2. 修改元件引脚的连接关系

可以从原理图中修改元器件引脚的连接关系，并重新产生网络表及通过加载网络表来修改；也可以直接在网络表中修改元件引脚的连接关系。

11.1.2　布线

1. 手工交互布线

对一些有特殊要求的信号往往要先进行手工布线，如易受干扰的信号导线、一些承载大电流的电源线和地线、时钟信号线等，并将这些已布通的导线锁定。再对其余的信号进行自动布线。

手工交互布线常用的方法有对指定网络布线、对指定元件布线和对指定区域布线。

2. 自动布线

在自动布线前，应先锁定已经布通的导线。

执行【Auto Route】/【All】菜单命令，进入自动布线界面，先选中“Pre-routes”栏的“Lock All Pre-routes”项，再单击“Route All”，可保护预布线，并完成 PCB 的布线。

3. 手工调整

在手工调整布线过程中，选中【Tools】/【Preferences】/【Options】/【Automatically Remove Loops】选项，允许自动删除布线回路。

11.2　敷　　铜

“敷铜”就是在电路板上没有布线的地方敷设铜膜。往往将敷铜与地线或电源线连接起来，以提高 PCB 的抗干扰能力，改善散热条件。执行【Place】/【Polygon Plane】菜单命令，进入放置敷铜界面。

敷铜过程有时会产生没有与任何网络连接的铜膜，称为“死铜”。

双击敷铜，进入设置敷铜属性界面，可以直接修改敷铜的各个属性。

敷铜技巧:

(1) 可设置不同区域采用不同的敷铜方式。另外，敷铜可覆盖不同连线，如覆盖所有的地线网络，这样可保证地线有足够宽度，便于散热。

(2) 敷铜的形状可以改变。若敷铜线宽大于或等于敷铜的栅格间距，敷的铜膜将会是没有间隙的全铜。

1. 敷铜区的放置及编辑

放置敷铜区的操作过程如下：

(1) 单击放置工具栏内的“Place Polygon Plane…”(放置敷铜层)工具，在如图 11-1 所示的敷铜层选项设置窗口内，设定敷铜层有关参数后，单击【OK】按钮退出。

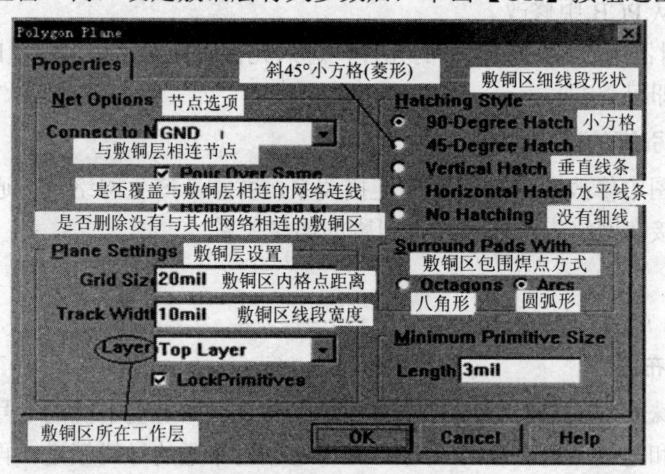

图 11-1　敷铜层选项设置

敷铜层各选项参数含义如下：

在“Net Options”(节点选项)框内，单击“Connect to Net”下拉按钮，在节点列表窗内找出并单击与敷铜层相连的节点，如 GND、VCC 等；单击“是否覆盖与敷铜层相连的网络连线”复选框，即选用该选项。

在“Hatching Style”(敷铜区细线条形状)选项框内，单击所需的细线段形状，确定敷铜区内部细线条的形状，可选择的线条形状有 90° 小方格、斜 45° 小方格(菱形)、水平线条、垂直线条等。

在“Plane Settings”(敷铜层设置)框内，输入线段间距、线段宽度以及所在的工作层。

在“Surround Pads With”(敷铜区包围焊点方式)框内，选择“八角形”或“圆弧形”方式(一般多选择圆弧形)。

(2) 将光标移到敷铜区起点，单击左键，固定多边形第一个顶点；移动光标到多边形第二个顶点，单击左键固定，不断重复移动、单击左键，再单击右键结束，即可绘出一个多边形敷铜区。

(3) 修改敷铜区属性。将鼠标移到敷铜区内任一位置，双击鼠标左键，均可激活敷铜层属性窗，然后即可重新设定敷铜层参数，如线条宽度、线条间距、形状等。单击【OK】按钮，关闭敷铜层属性设置窗口后，即可显示出重建提示。单击【Yes】按钮后，即按修改后参数重建敷铜区。

(4) 敷铜区的删除。在PCB编辑区内，可通过如下步骤删除敷铜区、元件封装图：

- 执行【Edit】菜单下的【Select】/【Toggle Selection】命令，将光标移到敷铜区内任一位置，单击左键选定。此时仍处于选定操作状态，可以继续选定另一需要删除的敷铜区或元件。
- 完成选定后，单击鼠标右键，退出选定操作状态。
- 执行【Edit】菜单下的【Clear】清除命令，即可删除已选定的敷铜区。

2. 敷铜操作方法

放置敷铜填充区的操作过程如下：

(1) 单击放置工具栏内的“Place Fill”(放置填充区)，按下Tab键，在填充区属性窗口内，选定填充区所在工作层、与填充区相连的节点、旋转角等参数后，单击【OK】按钮，退出填充属性设置窗。

(2) 将光标移到编辑区特定位置，单击鼠标左键，固定矩形填充区对角线的一个端点(一般是左上角)；移动光标，即可观察到填充对角线另一端点随光标的移动而移动，单击鼠标左键固定填充区对角线第二个端点，这样便获得矩形填充区。

(3) 可以通过“移动→单击→移动→单击”继续绘制另一填充区，也可以单击鼠标右键，退出命令状态。

利用上面的操作方法在元件面内的三端稳压块下方放置填充区。

11.3 包地、补泪滴

11.3.1 包地

包线(外围线)命令，可以将导线和焊盘用铜膜线包围起来，起到屏蔽的作用。使用时常常将包围线接地，所以习惯上称这种做法为“包地”。

执行【Edit】/【Select】/【Net】菜单命令，将出现的选择鼠标指针指向需要的网络，单击鼠标左键选择该网络。执行【Tools】/【Outline Selected Objects】菜单命令，完成包线操作。如果要将包线接地，必须选中整个包线，即要选中包线的圆弧部分，进行一次整体修改，使其网络连接为接地；也要选中包线的直线部分，进行一次整体修改，使其网络连接也为接地。再用导线将包线连接到地线上。

进行包地操作时要注意选取网络，不能使用【Edit】/【Select】/【Physical Connection】命令，否则会产生不正确的结果。

删除包地线时要执行【Edit】/【Select】/【Connected Copper】菜单命令选中包线，再按快捷键 Ctrl + Delete 删除包线。

11.3.2 补泪滴

钻孔时，应力易集中在导线与焊盘的连接处而使接触处断裂。为了防止这种应力破坏 PCB 板，将过渡区域设计为泪滴形状，称为补泪滴。补泪滴是为了提高 PCB 板的抗拉伸强度，提高 PCB 板的可靠性。

执行【Edit】/【Select】/【Net】菜单命令。选择需要补泪滴的网络，再执行【Tools】/【Teardrops】菜单命令，进入补泪滴界面，如图 11-2 所示。

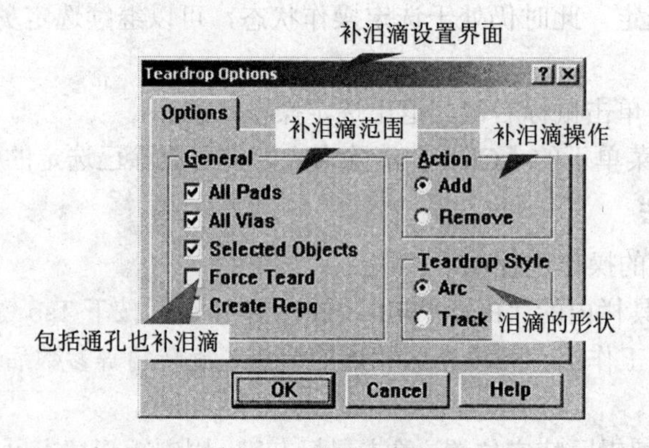

图 11-2 补泪滴界面

11.4 生 成 报 表

Protel 99SE 的生成报表功能可为用户提供有关设计过程及设计内容的详细资料，主要包括设计过程中的电路板状态信息、引脚信息、元件封装信息、网络信息及布线信息等。

1. 生成引脚报表

用户可选择多个引脚，然后通过报表功能生成有关这些引脚相关信息的*.dmp 报表文件。使用这个报表，用户可以方便地检验网络上的连线。生成引脚报表的操作步骤如下：

(1) 在电路板上选择需要生成报表的引脚。

(2) 执行【Reports】/【Selected Pins】命令，显示“Selected Pins”对话框。其中列出了所选择引脚的信息。

(3) 单击【OK】按钮，系统切换到文本编辑器中，生成引脚报表文件*.dmp，以下为报表文件的内容。

2. 生成电路板信息报表

电路板信息报表包括电路板尺寸、电路板上的焊点、导孔的数量以及电路板上的元件标号等，其作用在于为用户提供一个电路板的完整信息。生成电路板信息报表的过程如下：

(1) 执行【Reports】/【Board Information】命令，显示“PCB Information”对话框。

其中包括以下 3 个选项卡。

【General】选项卡。显示电路板的一般信息，如大小、各个组件的数量、导线数、焊点数、导孔数、敷铜数和违反设计规则的数量等。

【Components】选项卡。显示当前电路板上使用的元件序号以及元件所在的板层等信息。

【Nets】选项卡。显示当前电路板中的网络信息。

单击【Nets】选项卡中的【Pwr/Gnd】按钮，显示“Internal Plane Information”对话框。其中列出了各个内部板层所接的网络、导孔和焊点，以及导孔或焊点和内部板层间的连接方式。查看后单击【OK】按钮。

(2) 单击【Nets】选项卡中的【Report】按钮，显示“Board Report”对话框。

选中所需项目的复选框，也可单击【All On】按钮，选择所有项目，或者单击【All Off】按钮，不选择任何项目。如果选中“Selected Objects”复选框，则产生选中对象的电路板信息报表。

(3) 单击【All On】按钮。

(4) 单击【Report】按钮，生成以 .rep 为后缀的报表文件。

3. 生成网络状态报表

执行【Reports】/【Netlist Status】命令。生成以 .rep 为后缀名的网络状态报表，其中列出电路板中每一条网络的长度。

4. 生成设计层次报表

有关 PCB 文件层次的报表列出了文件系统的构成。为生成该报表，执行【Reports】/【Design Hierarchy】命令，系统将切换到文本编辑器，显示生成的 PCB 文件层次报表的内容。

5. 生成 NC 钻孔报表

钻孔报表提供制作电路板时，可直接用于数控钻孔机的所需钻孔信息，生成 NC 钻孔报表的操作如下：

(1) 执行【File】/【New】命令，显示“New Document”对话框。

(2) 双击 CAM Output Configura 图标，显示“Choose PCB”对话框。

在该对话框中，用户可选择需要产生报表的 PCB 文件。

(3) 单击【OK】按钮，显示 Output Wizard(输出向导)的第 1 步。

(4) 单击【Next】按钮，显示 Output Wizard 的第 2 步。

6. 生成元件报表文件

元件报表文件可用来整理一个电路或一个项目中的元件，形成一个元件列表供用户查询，生成的步骤如下：

(1) 前 3 步操作同前述生成 NC 钻孔报表的操作相同，在 Output Wizard 的第 2 步中选择“Bill of Material”项。

(2) 单击【Next】按钮，显示 Output Wizard 的第 3 步。

(3) 单击【Next】按钮，显示 Output Wizard 的第 4 步。

(4) 选择 BOM 报表的样式，Spreadsheet 为展开的表格式，Text 为文本格式，CSV 为字符串形式。单击【Next】按钮，显示 Output Wizard 的第 5 步。其中：

List：将当前电路板上的所有元件列表显示，每个元件占一行，所有元件按顺序向下排列。

Group：将当前电路板上的具有相同元件封装和元件名的元件合为一组，每组占一行。

(5) 输入 PCB1-Bom，单击【Next】按钮，显示 Output Wizard 的第 6 步。

(6) 选择 Comment，用元件名排序元件报表。Check the fields to included in the report 标题下的复选框用于选择报表包含的范围。

(7) 选择后单击【Next】按钮，显示 Output Wizard 的第 7 步。

(8) 单击【Finish】按钮，结束产生辅助制造管理器文件，系统默认为 CAMManager2.cam，本例中创建了一个 PCB1-Bom 报表。

(9) 执行【Tools】/【Generate CAM Files】命令，产生 BOM for PCB1.Bom、txt 和 Csv 等元件报表文件。

7. 生成电路特性报表

电路特性报表用于提供一些有关元件的电特性信息。为生成该报表，执行【Reports/Signal Integrity】命令切换到文本编辑器，在其中产生电路特性报表。

8. 生成元件位置报表

元件位置报表用于提供元件之间的距离，以判断元件的位置布置是否合理，生成该报表的步骤如下：

(1) 前 3 步操作与前面生成 NC 钻孔报表的操作相同，在 Output Wizard 的第 2 步中选择 Pick Place (Generate Pick and Place File)选项。

(2) 单击【Next】按钮，显示 Output Wizard 的第 3 步。

(3) 输入 PCB1-Pick Place，然后单击【Next】按钮，显示 Output Wizard 的第 4 步。

(4) 选择报表格式后单击 Next 按钮，显示 Output Wizard 的第 5 步。

(5) 单击【Next】按钮，显示 Output Wizard 的第 6 步。

(6) 单击【Finish】按钮，结束产生辅助制造管理器文件，系统默认为 CAMManager3 .eam。

(7) 执行【Tools】/【GenerateCAMFiles】命令产生 Pick Place for PCB1.pik、txt 和 Csv 元件位置报表文件。以表格显示的是本实例的元件位置报表文件 Pick Place for PCB1.pik 的内容。

11.5 PCB 图的打印

完成 PCB 图设计后，还需要打印输出图形，以及各焊接元件并存档。使用打印机打印输出 PCB 图的步骤如下：

1. 设置打印机

(1) 执行【File】/【Printer】/【Preview】命令，生成 Preview PCB I.PRC 文件。

(2) 执行【File】/【Setup Printer】命令，显示“PCB Print Options”对话框。

对话框中需设置以下选项。

- “Printer”下拉列表框：从中选择打印机名。

- “PCB Filename”文本框：输入要打印的文件名。
- “Orientation”标题：可在其中选择打印方向。
- “Portrait”单选按钮：纵向。
- “Landscape”单选按钮：横向。
- “Print What”下拉列表框：可以选择打印的对象。
- “Standard”选项：标准形式。
- “Whole Board On Page”选项：整块板打印在一页上。
- “PCB Screen Region”选项：打印 PCB 区域。其他为边界和打印比例选项。

(3) 设置后单击【OK】按钮。

2. 打印输出

打印 PCB 图的命令如下：

(1) 【File】/【Print All】：打印所有图形。

(2) 【File】/【Print Job】：打印操作对象。

(3) 【File】/【Print Page】：打印给定的页面，执行该命令后，显示“Print Single Page”对话框，在其中可输入需要打印的页码。

(4) File/Print Current：打印当前页。

习　题

1. 将第 10 章习题中的 PCB 板图生成 PCB 报表文件(包括引脚报表、电路板信息报表、网络状态报表、元件报表等)。

2. 对第 10 章习题中的 PCB 板图进行地线网络的双面敷铜，要求：敷铜线宽为 28 mil，敷铜网格尺寸为 4 mil。

3. 打印输出第 10 章习题中的 PCB 板图。

元件封装编辑

随着电子工业技术的飞速发展，新型电子元器件层出不穷，各种新的封装形式也不断涌现。系统自带的元件封装库已经不能够完全满足设计的需要。这时就需要用户自己来制作所需的元件封装，并将其添加到库文件中。

本章主要内容包括：

- 元件封装库编辑器
- 创建新的元件封装

12.1 元件封装库编辑器

Protel 99SE 提供了功能强大的元件封装库编辑器，方便用户创建自己的 PCB 元件封装库。下面将对启动方法和其中的各种菜单做简单的介绍。

在设计数据库中选择【File】/【New】命令，或单击右键选择【New】命令，会弹出新建文件对话框，双击其中的元件封装编辑器图标，即可启动元件封装编辑器，如图 12-1 所示。

单击【OK】按钮，新的 PCBLIB 文件就出现在文件夹中，如图 12-2 所示。

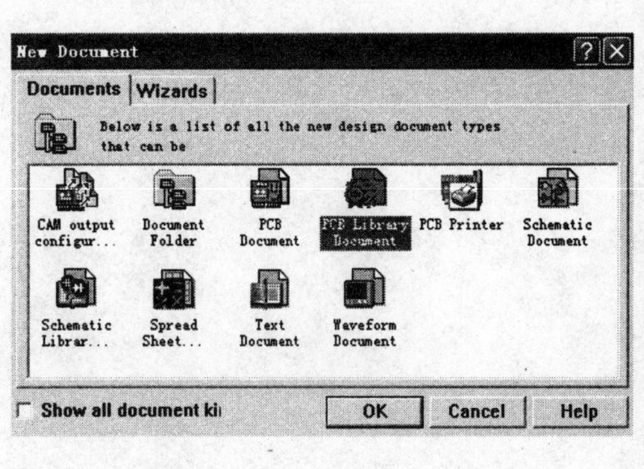

图 12-1 启动元件封装编辑器

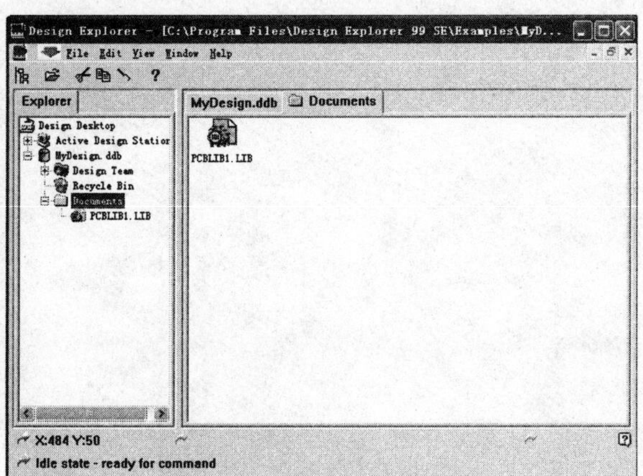

图 12-2 新建 PCBLIB 文件

双击文件图标，即可进入 PCBLIB 系统，如图 12-3 所示。

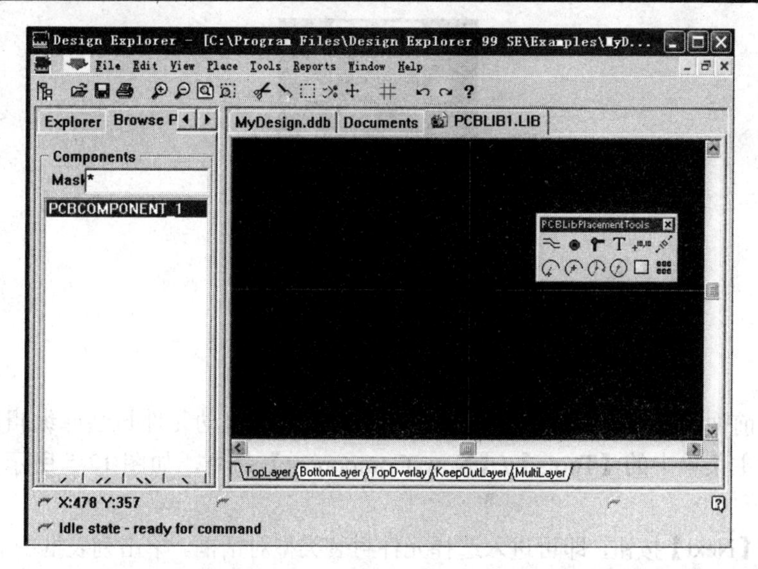

图 12-3　进入 PCBLIB 文件操作界面

PCBLIB 编辑界面主要由菜单栏、主工具栏、元件封装管理器栏、板层标签栏、编辑区和放置工具栏组成。其界面与 PCB 界面非常相似，各部分功能也基本相同，这里不再赘述。

12.2　创建新元件封装

PCB 封装库与原理图元件库不同，原理图元件库只表示了整个元件的引脚信息，而 PCB 封装库和实际的元件有关，具有与实际元件相同的属性，包括大小、引脚之间的距离、引脚含义的定义等。因此，在创建元件封装时，一定要根据实际尺寸来确定元件封装的各个部分，特别是焊点的位置一定要精确，如果焊点间的相对位置和实际情况不符，会影响电路板的设计和后面的焊接过程。

Protel 99SE 为用户提供了两种制作元器件封装的方法：

(1) 利用向导创建元件封装。

(2) 手工创建元件封装。

利用向导创建元件封装适用于创建标准的元件封装，而手工创建元件封装适用于制作外形或焊盘布局都不是很标准的元器件。

12.2.1　利用向导创建元件封装

Protel 99SE 的 PCB 元件库编辑器为用户提供的 Wizard(元件封装创建向导)使得创建新的元件封装变得十分方便。

下面以图 12-4 所示的元器件封装(DIP14)为例，介绍利用向导创建元件封装的基本方法和步骤。

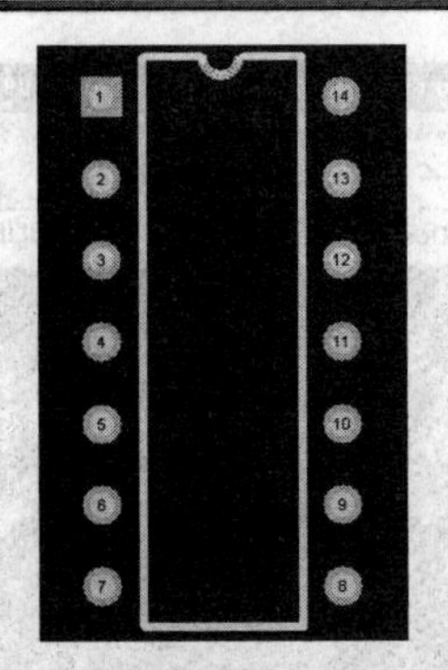

图 12-4 元件封装(DIP14)实例

(1) 打开前面建立的 PCB 库文件“PCBLIB1.LIB”，启动元件封装库编辑器。

(2) 选择主菜单中的【Tools】/【New Component】命令，如图 12-5 所示，出现创建元件封装向导。

(3) 单击【Next】按钮，即可进入选择元件封装类型对话框。单击列表框中的“Dual in-line Package(DIP)”选项，并设置描述元件大小的单位为“Imperial(mil)”(英制)，如图 12-6 所示。

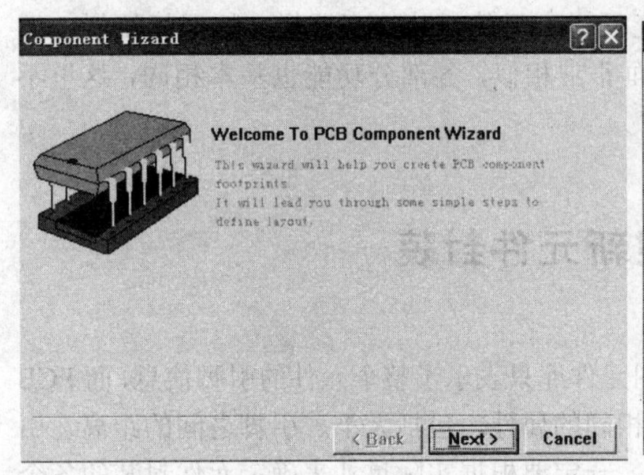

图 12-5 创建元件封装向导

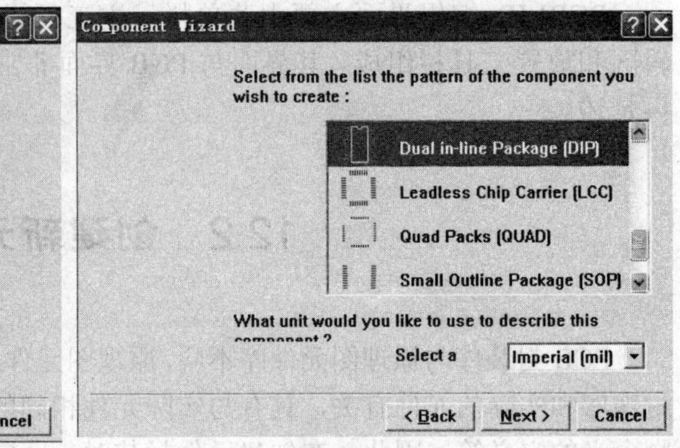

图 12-6 选择元件封装类型对话框

图 12-6 所示的对话框中总共列举了 12 种标准的元件封装，简单介绍如下：

- “Ball Grid Arrays(BGA)”：BGA(球栅阵列)型封装。
- “Diodes”：二极管型封装。
- “Edge Connectors”：边缘连接器型封装。
- “Pin Grid Arrays(PGA)”：PGA(插针栅格阵列)型封装。
- “Resistors”电阻型封装。
- “Staggered Pin Grid Arrays(SPGA)”：SPGA(交错针栅阵列)型封装。
- “Staggered Ball Grid Arrays(SBGA)”：SBGA(交错球栅阵列)型封装。
- “Capacitors”：电容型封装。
- “Dual in-line Package(DIP)”：双列直插型封装。
- “Leadless Chip Carrier(LCC)”：无引脚芯片载体型封装。
- “Quad Packs(QUAD)”：方形扁平封装。
- “Small Outlines Package(SOP)”：小外形封装。

(4) 单击【Next】按钮，即可打开焊盘尺寸设置对话框，如图 12-7 所示，可以根据需要修改焊盘各部分尺寸。

(5) 修改尺寸后，单击【Next】按钮，即可打开焊盘间距设置对话框，如图 12-8 所示，可以根据需要修改焊盘间距。

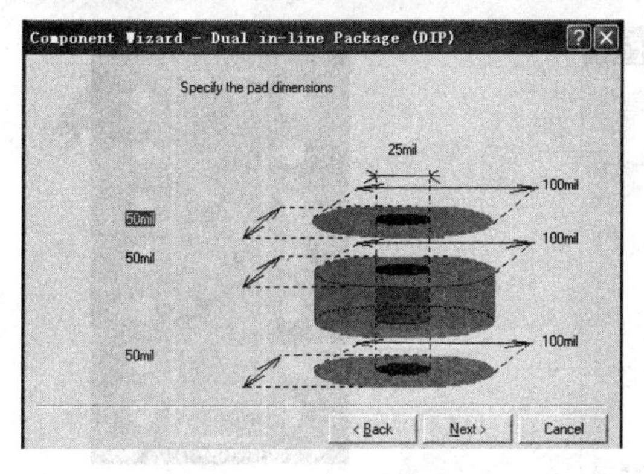

图 12-7　焊盘尺寸设置对话框

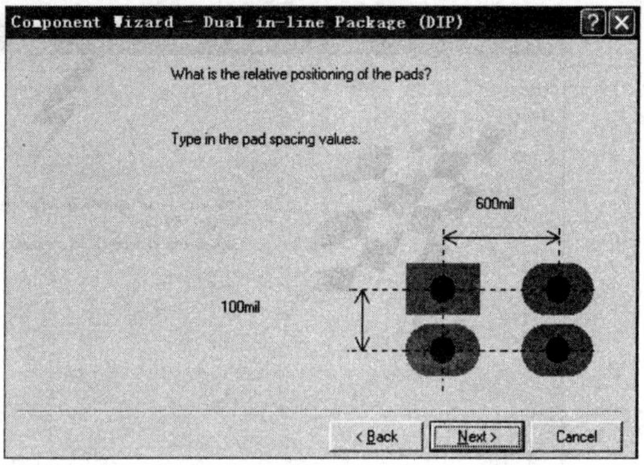

Component Wizard - Dual in-line Package (DIP)
What is the relative positioning of the pads?
Type in the pad spacing values.
600mil
100mil
< Back
Next >
Cancel

图 12-8　焊盘间距设置对话框

(6) 单击【Next】按钮，即可打开轮廓线宽度设置对话框，如图 12-9 所示，可以根据需要修改轮廓线宽度。

(7) 单击【Next】按钮，即可设置引脚数量，如图 12-10 所示，选取引脚数为 14。

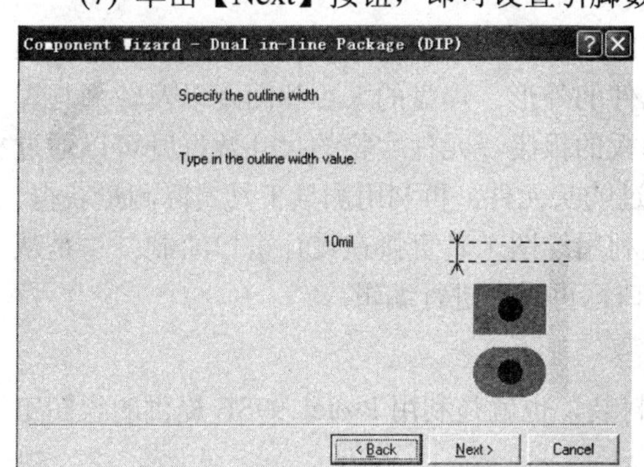

图 12-9　轮廓线宽度设置对话框

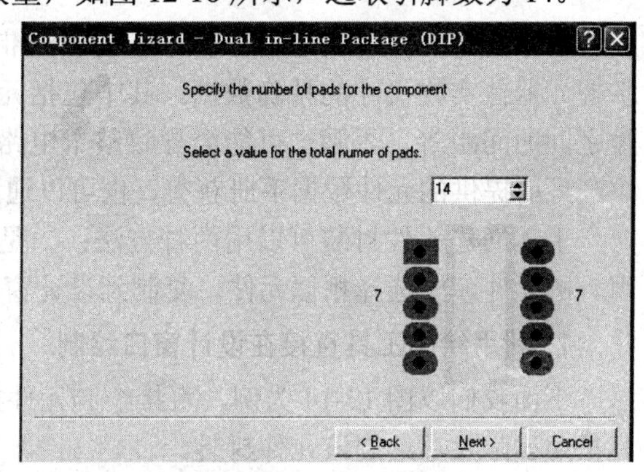

图 12-10　设置引脚数量

(8) 单击【Next】按钮，为新元件封装命名，如图 12-11 所示，命名为 DIP14。

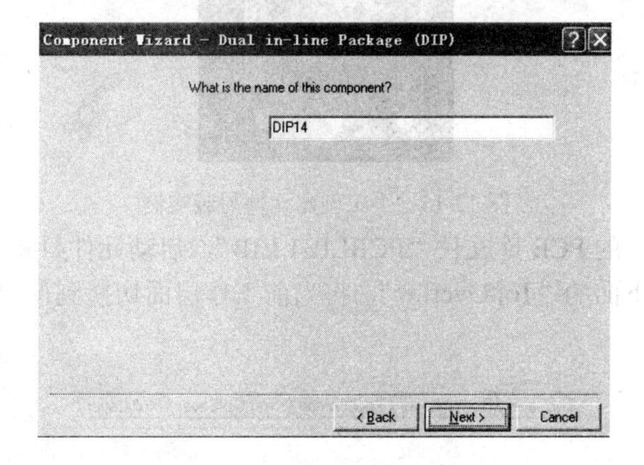

图 12-11　为新元件封装命名

(9) 单击【Next】按钮，所有设置工作结束，进入最后一个对话框，如图 12-12 所示。

(10) 点击【Finish】按钮，确认设置完成，此时程序会在 PCB 库文件工作窗口中自动生成如图 12-13 所示的元件封装。

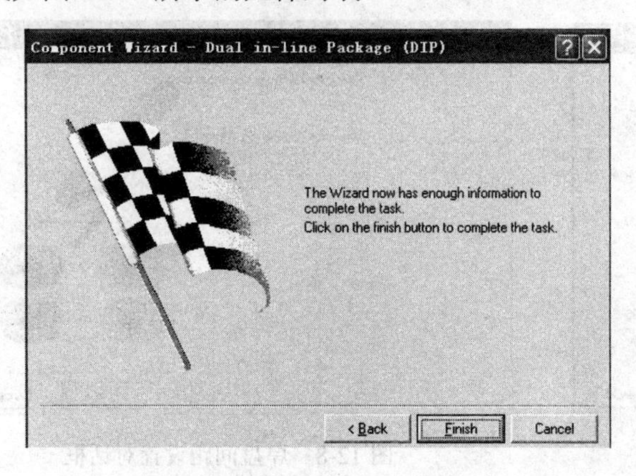

图 12-12　完成元件封装参数设置

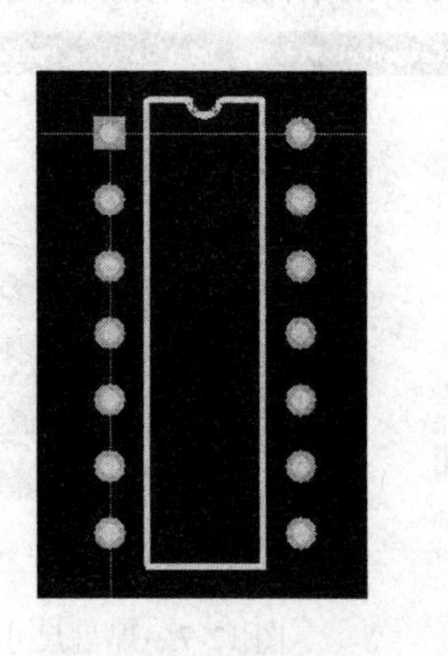

图 12-13　新创建的 DIP14 元件封装

12.2.2　手工创建元件封装

手工创建元件封装适用于制作那些非标准的元件封装。在开始绘制之前，设计者必须掌握元器件实物尺寸的精确数据，其中包括元件的外形、焊盘的大小和间距以及轮廓与焊盘之间的间距等，否则，可能会导致整个电路板的报废。元件实物的尺寸数据既可以通过生产厂商提供的元件数据手册获得，也可以通过购买元件，再利用测量工具实际测量获得。

手工创建元件封装可以用两种方法：一是利用绘图工具直接在设计窗口绘制；二是从现有的元件库中选择相似元件，复制到设计窗口，再对其进行编辑。

1. 利用绘图工具直接在设计窗口绘制

下面我们以图 12-14 为例，直接绘制元件封装，也就是利用 Protel 99SE 提供的绘图工具按照实际尺寸绘制该元件封装。

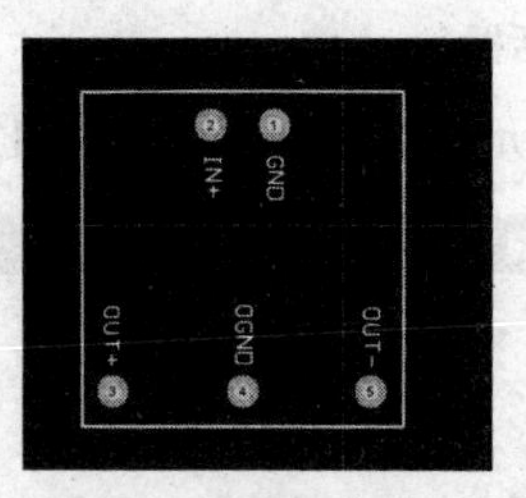

图 12-14　手工创建元件封装实例

(1) 打开前面建立的 PCB 库文件“PCBLIB1.LIB”，启动元件封装编辑器。

(2) 单击工作区下面的“TopOverlay”，将当前工作层面切换到顶层丝印层，如图 12-15 所示。

TopLayer | BottomLayer | TopOverlay | KeepOutLayer | MultiLayer

图 12-15　切换工作层面

(3) 打开【View】/【Toolbars】/【Placement】工具栏，单击如图 12-16 所示的●按钮，或者执行【Place】/【Pad】命令，光标变为十字形，移动光标将焊盘放置到合适位置。

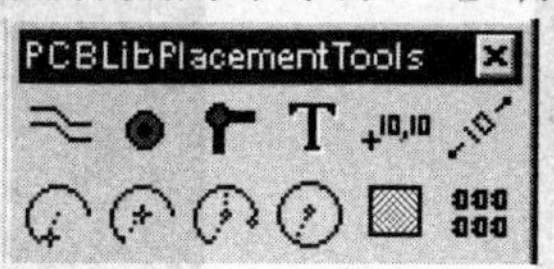

图 12-16　元件封装编辑器中的绘图工具

(4) 双击焊盘，对焊盘属性进行设置，如图 12-17 所示。

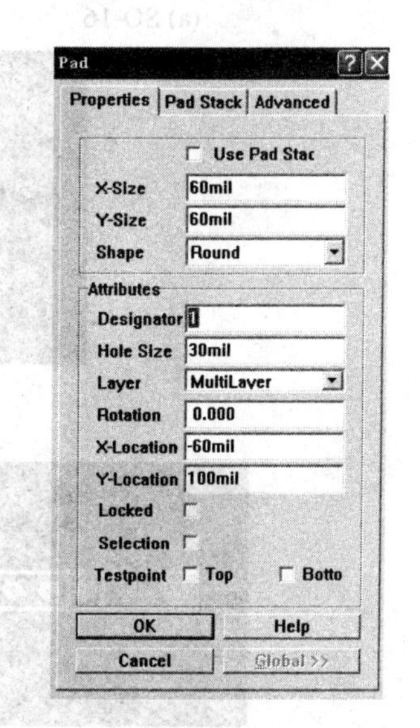

图 12-17　设置焊盘属性对话框

(5) 用同样的方法放置好其他焊盘，要特别注意使各个焊盘间的位置关系精确。

(6) 在当前的【TopOverlay】工作层，单击如图 12-16 所示的画导线按钮，或者执行【Place】/【Track】命令，光标变为十字形，移动光标，按照实际尺寸绘制轮廓线。

(7) 单击如图 12-16 所示的放置文字按钮，或者执行【Place】/【String】命令，光标变为十字形，移动光标在合适位置放置文字。

(8) 绘制完成后，单击元件封装管理器左边的【Rename】按钮，在显示的对话框中为该元件封装重新命名后，单击【OK】按钮。

(9) 执行【File】/【Save】菜单命令，保存新建的元件封装库。

通过上面的步骤，成功地绘制了一个新的元件封装。

采用直接绘制的方式创建元件封装，用户必须对 PCB 库文件的图纸参数进行设置，并掌握一定的方法和技巧。这样，才能够事半功倍地制作出合乎要求的元件封装。

2. 编辑相似元件

如果 Protel 99SE 提供的元件封装库中含有与要创建的元件封装相似的元件，那么用户就可以打开已有的元件封装库，并找到与要新建的元件相似的元件封装，将它复制并粘贴到新建的元件封装库中。然后，再根据元件实物的外形尺寸和焊盘间距做出适当的修改，重新命名并保存经过修改的元件封装，就可以快速完成一个新的元件封装的创建工作了。

习　题

1. 上机练习：新建一个 PCB 文件，装载 Headers、Miscellaneous 和 PGA 三个库文件，并在 PCB 图中添加元件 HDR1X2、IDC-10 和 PGA36_6X6，并依次命名为 Q1、Q2 和 Q3。

2. 上机练习：在设计数据库 MCU51.DDB 中，新建 PCB 库文件，并在其中创建如图 12-18 所示的元件。

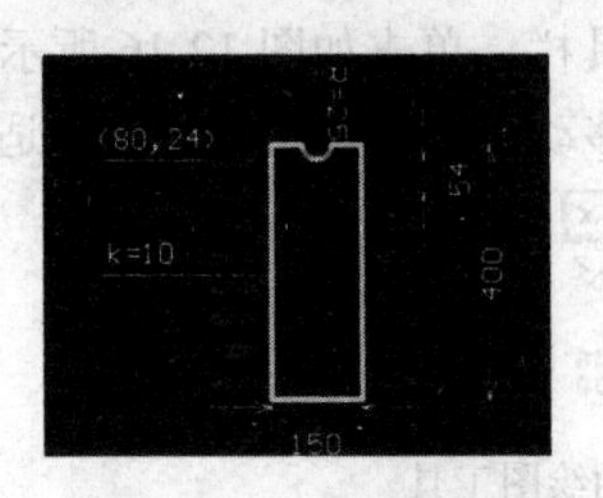

(a) SO-16

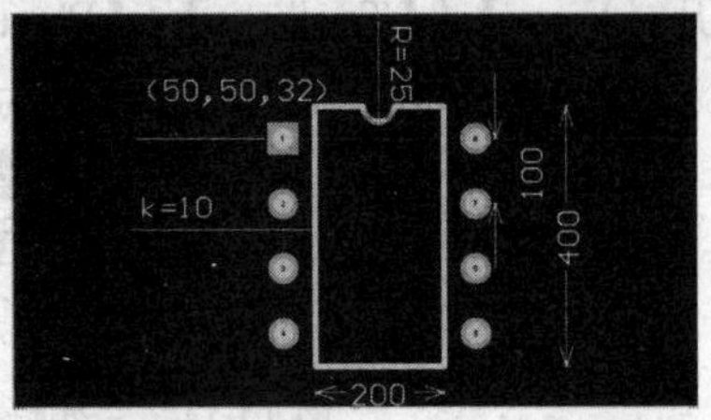

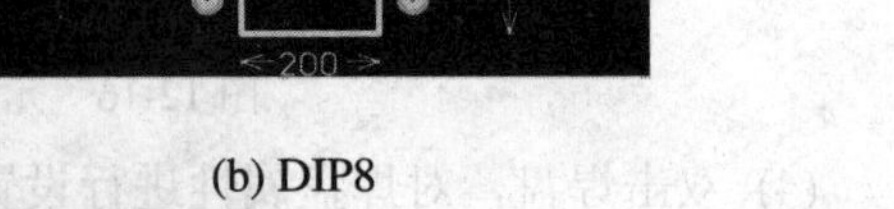
(b) DIP8

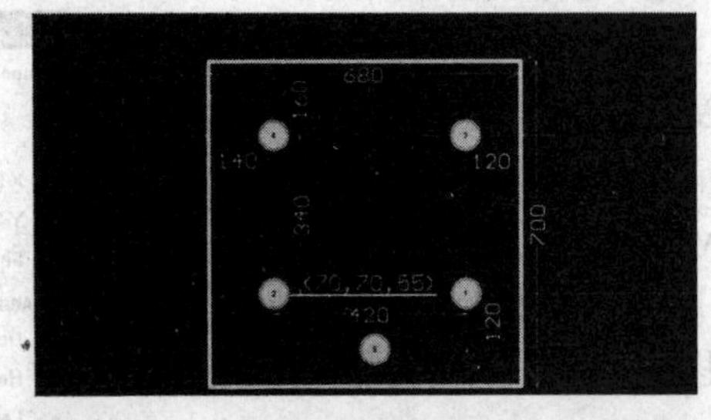

(c) PS833H-1C-1

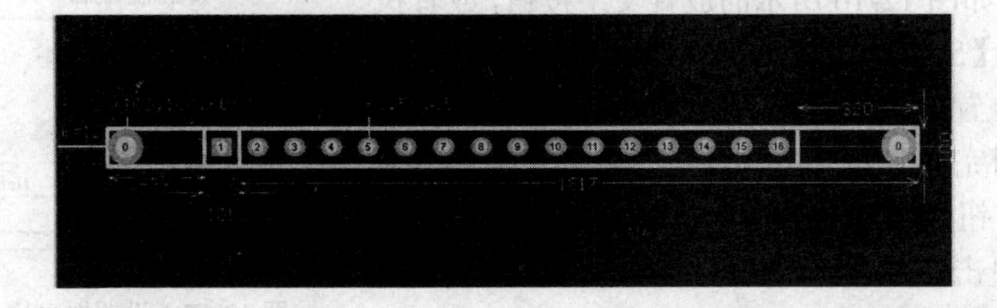

(d) PCBLCD16

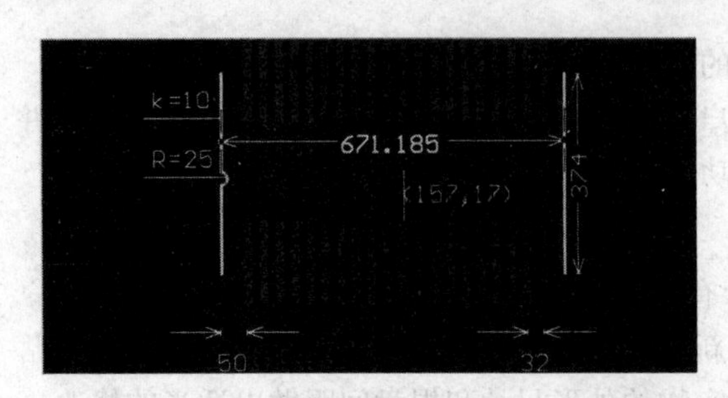

(e) P82C55-40

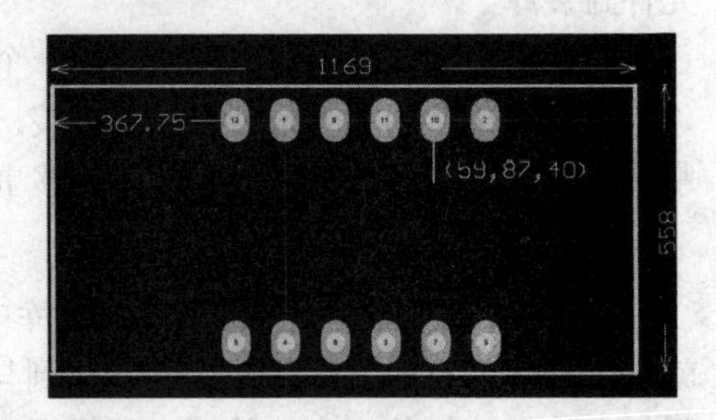

(f) PCBLED

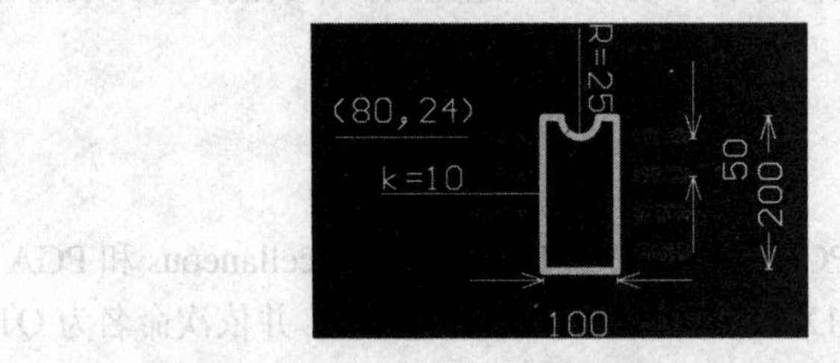

(g) PSQFP8

图 12-18 创建 PCB 库元件

参 考 文 献

[1] 李东生，张勇. Protel 99 SE 电路设计教程. 北京：电子工业出版社，2007.
[2] 李永平，董欣. PSpice 电路设计实用教程. 北京：国防工业出版社，2004.
[3] 陈永清，劳文薇. 电子 CAD. 深圳：深圳信息职业技术学院院本教材，2009.